普通高等学校机械基础课程规划教材

金工实习教程

（第二版）

主　编　霍仕武
副主编　韩　亮　　张文武　　刘江楠　　王笑竹
　　　　齐鹏远　　李秋鹤　　孙　琪
主　审　徐广晨

华中科技大学出版社
中国·武汉

内 容 简 介

本书是根据教育部工程材料及机械制造基础课程指导组关于"工程训练基本要求",结合营口理工学院等院校在金工实习教学方面的经验总结而编写的,可作为应用型高等学校工科专业学生的金工实习教材。

本书包括机械制造基础知识、铸造、金属压力加工、焊接、车削加工、铣削加工、刨削加工、磨削加工、钳工以及数控机床等章节。本书是按照机械类专业工程训练的要求编写的,适用于普通高等学校机械类和近机械类专业的机械工程训练,非机械类专业可对内容适当删减后使用。

图书在版编目(CIP)数据

金工实习教程/霍仕武主编. —2 版. —武汉:华中科技大学出版社,2019.8
普通高等学校机械基础课程规划教材
ISBN 978-7-5680-5579-6

Ⅰ.①金… Ⅱ.①霍… Ⅲ.①金属加工-实习-高等学校-教材 Ⅳ.①TG-45

中国版本图书馆 CIP 数据核字(2019)第 181087 号

金工实习教程(第二版)
Jingong Shixi Jiaocheng (Di-er Ban)

霍仕武 主编

策划编辑:万亚军
责任编辑:刘 飞
封面设计:刘 卉
责任监印:周治超
出版发行:华中科技大学出版社(中国·武汉)   电话:(027)81321913
　　　　　武汉市东湖新技术开发区华工科技园   邮编:430223
录　排:武汉三月禾文化传播有限公司
印　刷:武汉华工鑫宏印务有限公司
开　本:787mm×1092mm　1/16
印　张:18
字　数:464 千字
版　次:2019 年 8 月第 2 版第 1 次印刷
定　价:45.00 元

第二版前言

金工实习是机械类各专业学生必修的一门实践性很强的技术基础课。通过本课程的学习，能使学生了解机械制造的一般过程，熟悉典型零件的常用加工方法及其所用加工设备的工作原理，了解现代制造技术在机械制造中的应用。在主要工种上应具有独立完成简单零件加工制造的动手能力。对简单零件具有初步选择加工方法和进行工艺分析的能力。结合实训培养学生的创新意识，为培养应用技能型人才打下一定的理论与实践基础，并使学生在提高工程师素质方面得到培养和锻炼。

本书根据教育部对金工实习教学的要求和国内金工实习教学改革的现状，针对一般工科院校金工实习的条件，在传统实习科目的基础上加强现代制造基础的比重。按实习工种建立教材结构体系，以理论、工艺、操作、案例、习题为章节编写脉络。以各种工艺基本方法的介绍为主，减少理论方面的介绍，加强对基本技能可操作性的论述，同时对当前工业生产中应用较广的新材料、新技术、新工艺作简明介绍。内容包括传统冷、热加工的基础知识，以及钳工、铸、锻、焊、热处理、车、铣、刨、磨等工艺和当前工业生产中应用较广的新材料、新技术、新工艺。本书适用于普通高等院校机械类、近机械类及非机械类各专业的金工实习教学和实习指导，也可作为有关专业工程技术人员的参考书。

此次印刷针对读者反馈的问题进行了修正，同时为了响应学院要求，培养机械类创新型应用人才，推动课程改革和建设，提高教学质量，遂对第1章和第2章进行了重新编写。徐广晨副教授对新编内容进行了审核，并提出了很多宝贵意见和建议，在此深表感谢。

本书由霍仕武任主编，并负责全书统稿工作。具体编写安排如下：第1章由张文武编写，第2章由韩亮编写，第3、4章由李秋鹤编写，第5章由王笑竹编写，第6、7、8章由齐鹏远编写，第9章由孙琪编写，第10章由刘江楠编写。

限于编者的水平和经验，书中难免有欠妥甚至是错误之处，敬请广大读者批评指正，以便再版时修正和完善。

编　者

2019 年 3 月

目　　录

第 1 章　概述 ……………………………………………………………………… (1)

　1.1　金工实习动员 …………………………………………………………… (1)

　1.2　机械制造基础知识 ……………………………………………………… (3)

　1.3　机械工程材料 …………………………………………………………… (17)

　1.4　钢的热处理 ……………………………………………………………… (25)

第 2 章　铸造 ……………………………………………………………………… (29)

　2.1　概述 ……………………………………………………………………… (29)

　2.2　铸造基本原理 …………………………………………………………… (30)

　2.3　砂型铸造 ………………………………………………………………… (34)

　2.4　铸造工艺设计 …………………………………………………………… (47)

　2.5　特种铸造 ………………………………………………………………… (54)

　2.6　金属的熔炼和浇注 ……………………………………………………… (57)

　2.7　铸件常见缺陷分析和质量控制 ………………………………………… (62)

　2.8　铸造新技术、新工艺简介 ……………………………………………… (65)

　2.9　铸造安全操作规程 ……………………………………………………… (67)

　复习思考题 …………………………………………………………………… (68)

第 3 章　金属压力加工 …………………………………………………………… (69)

　3.1　概述 ……………………………………………………………………… (69)

　3.2　锻造 ……………………………………………………………………… (70)

　3.3　冲压 ……………………………………………………………………… (77)

　3.4　锻造和冲压安全操作规程 ……………………………………………… (80)

　复习思考题 …………………………………………………………………… (81)

第 4 章　焊接 ……………………………………………………………………… (82)

　4.1　概述 ……………………………………………………………………… (82)

　4.2　焊条电弧焊 ……………………………………………………………… (83)

　4.3　气体保护焊 ……………………………………………………………… (95)

　4.4　气焊与气割 ……………………………………………………………… (100)

　4.5　埋弧自动焊 ……………………………………………………………… (102)

　4.6　焊接与气割安全操作规程 ……………………………………………… (102)

　复习思考题 …………………………………………………………………… (103)

第5章　车削加工 ·· (105)

　5.1　概述 ·· (105)

　5.2　切削基本原理 ·· (106)

　5.3　车床 ·· (107)

　5.4　车刀 ·· (111)

　5.5　车床附件 ·· (120)

　5.6　车削操作 ·· (125)

　5.7　车削综合工艺举例 ·· (137)

　5.8　车削加工安全操作规程 ·· (142)

　复习思考题 ·· (143)

第6章　铣削加工 ·· (148)

　6.1　概述 ·· (148)

　6.2　铣床刀具及主要附件 ·· (154)

　6.3　铣削加工工艺介绍 ·· (159)

　6.4　铣削工艺实操案例 ·· (166)

　6.5　铣床安全技术生产操作规程 ···································· (168)

　复习思考题 ·· (169)

第7章　刨削加工 ·· (170)

　7.1　概述 ·· (170)

　7.2　刨刀的装卡及工件安装 ·· (175)

　7.3　刨削加工工艺介绍 ·· (177)

　7.4　刨削工艺实操案例 ·· (179)

　7.5　刨床安全技术生产操作规程 ···································· (181)

　复习思考题 ·· (181)

第8章　磨削加工 ·· (182)

　8.1　概述 ·· (182)

　8.2　砂轮简介 ·· (183)

　8.3　磨削加工工件的安装及磨床主要附件 ···························· (186)

　8.4　磨削加工工艺介绍 ·· (187)

　8.5　磨削工艺实操案例 ·· (190)

　8.6　磨床安全技术生产操作规程 ···································· (191)

　复习思考题 ·· (191)

第9章　钳工 ·· (192)

　9.1　概述 ·· (192)

　9.2　划线 ·· (194)

　9.3　锯削 ·· (197)

　9.4　锉削 ·· (199)

　9.5　钻孔 ·· (202)

9.6 攻螺纹与套扣 ……………………………………………………（204）

9.7 刮削 ………………………………………………………………（206）

9.8 钳工综合工艺举例 ………………………………………………（208）

9.9 钳工安全操作规程及注意事项 …………………………………（210）

复习思考题 ……………………………………………………………（210）

第10章 数控机床 ……………………………………………………（211）

10.1 概述 ……………………………………………………………（211）

10.2 数控机床的分类 ………………………………………………（213）

10.3 数控编程基础 …………………………………………………（218）

10.4 数控车床编程 …………………………………………………（225）

10.5 数控铣床编程 …………………………………………………（231）

10.6 电火花成形机床 ………………………………………………（235）

10.7 数控电火花线切割机床 ………………………………………（238）

10.8 数控加工仿真操作 ……………………………………………（243）

10.9 数控机床安全操作规程 ………………………………………（273）

复习思考题 ……………………………………………………………（276）

参考文献 ………………………………………………………………（277）

第1章 概 述

本章主要介绍了金工实习相关事宜、机械制造基本知识、机械工程材料、钢的热处理等内容,要求学生重点掌握工程材料的种类、工程材料的力学性能以及常用工程材料的种类;了解常用热处理设备,掌握常用热处理方法;了解机械加工质量的相关知识,掌握几种常用测量器具的使用方法。

1.1 金工实习动员

1.1.1 金工实习性质和任务

金工实习是工科专业学生的必修课,是使学生获得机械制造基本知识和技能的一项实践性教学环节,是高等工科院校学生必修的工程实践课程和综合性的工艺技术基础课程。它担负着全面提高学生的工程素质和工程实践能力,培养综合型、应用型和创新型现代工程技术人才的重要任务。另外,通过金工实习的操作技能训练,使学生的动手能力得到较好的锻炼,为后续课程的学习打下良好的基础。

金工实习的任务包括三个方面。

(1) 建立对机械制造生产基本过程的感性认识,学习机械制造的基础工艺知识,了解机械制造生产的主要设备。

在实习中,学生要学习机械制造的各种主要加工方法及其所用主要设备的基本结构、工作原理和操作方法,并正确使用各类工具、夹具、量具,熟悉各种加工方法、工艺技术、图样文件和安全技术,了解加工工艺过程和工程术语。使学生对工程问题从感性认识上升到理性认识。这些实践知识将为其以后学习有关专业技术基础课、专业课及毕业设计等打下良好的基础。

(2) 培养实践动手能力,进行基本技能训练。

通过直接参加生产实践。操作各种设备,使用各类工具,独立完成简单零件的加工制造全过程,可培养学生对简单零件的加工工艺分析能力、主要设备的操作能力和加工技能,初步掌握工科专业人才应具备的基础知识和基本技能。

(3) 全面开展素质教育和创新能力培养,树立实践观念、劳动观念和团队协作观念,培养高质量人才。

金工实习是在学校的工程训练中心进行的。实训现场不同于教室,它是生产、教学、科研三者结合的基地,教学内容丰富,实习环境多变,接触面宽广。这样一个特定的教学环境正是对学生进行思想作风教育的好场所。金工实习场地是校内的工业环境,学生在实习时置身于工业环境中,接受思想品德教育,培养工程技术人员应有的全面素质。因此,金工实习是强化学生工程意识教育的良好教学手段。

1.1.2 安全教育

金工实习是学生接受高等教育阶段进行的一次直接上手操作的实践教学,实习内容又是具有高度危险性的机械加工工作,因此全体参与实习的师生一定要时刻树立"安全第一"的思想意识,要做到警钟长鸣。实习安全包括人身安全、设备安全和环境安全,其中最重要的是人身安全。

(1) 实习开始前,要认真研读每个工种的安全操作规范并严格遵守。实习中,要做到专心听讲,仔细观察,做好笔记,要独立操作机床设备。

(2) 严格执行安全制度,进入车间前必须穿好规定的工作服装。女生必须戴好工作帽,将长发放入帽内,不得穿高跟鞋、凉鞋。

(3) 遵守设备操作规程,未经教师允许不得随意乱动车间设备,更不准乱动开关和按钮。

(4) 实习时不打闹,不串车间,不随地而坐,不擅离工作岗位。机床设备等在工作时,不得无人看守。

(5) 操作机床时不准戴手套,严禁身体、衣袖与转动部位接触,必要时要佩戴防护镜;机床工作时,严禁使用清洁工具擦拭机床。

(6) 焊工实习时,不得在无防护下直视强光;搬动工件材料前,要试探温度,防止烫伤;严禁触动电焊机接入电源,电焊场地要保持干燥,防止触电;焊接操作前,要清理周围可燃物,防止火灾发生。

(7) 钳工实习时,工具、工件等要放置稳妥,防止掉落砸脚;要使用刷子清理切屑,切勿嘴吹,防止切屑入眼。

(8) 实习结束及上、下班时应认真清点工具、夹具、量具,做好保养、保管工作。

(9) 每天下班后擦拭机床,清洁整理工具、工件,打扫工作场地,保持环境卫生。

(10) 爱护劳动保护用品,实习结束时及时交还工作物品,损坏、丢失按价赔偿。

1.1.3 金工实习守则

(1) 学生实习前须预习实习的内容,明确学习目的、要求、方法和步骤,做好准备工作。在实习中要认真听讲,专心操作,服从金工教师的安排、指导和管理,按时独立完成实习报告。

(2) 实习时,除必须严格遵守安全操作规程(详见《理工学院金工实习安全操作规程》),加强自身安全防护意识外,还应做到:

① 实习时必须按要求专心操作,严禁在操作时聊天,不许在实习场地嬉戏打闹,不做与实习无关的事情,例如看报、杂志及其他各种书籍。

② 未经实习指导教师允许,不得擅自操作和开动设备。操作中若发现设备运转异常或有事故发生,应立即停止操作,保护现场并及时向指导教师报告。

③ 不得擅离操作岗位,并坚持人走必须停止设备运转,严禁在设备运转时离开。

④ 在分组进行独立实验时,必须在指定设备上进行操作,严禁擅自串岗。

⑤ 实习场地内所有的电气设备开关均不得擅自扳动。

⑥ 严禁让别人替做工件或拿别人的工件顶替。

⑦ 实习场地内严禁吸烟,禁止吃各种食品,爱护实习场地环境卫生。

(3) 遵守考勤制度,不迟到、不早退。病假要有医院的诊断书,事假要有辅导员签字。因正当原因而未做的实习,经学院教务部门批准,可补做实习。

(4) 学生应维护保养好机器设备,保管好实习工具,不得动用与本次实验无关的设备,丢失、损坏工具要酌情赔偿。

(5) 认真做好设备、场地的清洁工作,工具、工件应摆放有序,做到文明实习。经实习指导人员或教师允许后,才能离开现场。

(6) 对于实习过程中由于学生违反安全操作规程或不听从老师指导而发生的事故,责任主要由违规操作个人承担,并须赔偿损失。责任人实习成绩一律以零分计。

(7) 实习学生应自觉遵守金工实习守则,以保证顺利安全完成金工实习任务。对违反者将视其情节态度给予批评教育、取消实习资格或给予纪律处分。

1.2　机械制造基础知识

1.2.1　机械制造的一般过程

机械是机器与机构的总称。机构是用来传递与变换运动和力的机械装置,如连杆机构、齿轮机构、凸轮机构、螺旋机构等。机器是根据某种使用要求而设计的用来变换和传递能量、物料和信息的执行机械运动的装置,如电动机和发电机用来转换能量、加工机械用来改变物料的状态、起重运输机械用来传递物料、计算机用来变换信息等。

机械制造是指将各种原材料经过加工转变为可供人们使用或利用的机械产品的过程。机械制造业与人们的生活密切相关,它既为国民经济各部门提供技术装备,又为社会提供物质财富。机械制造发展水平是国家工业化程度的重要标志。

机械产品的生产过程是一个复杂的生产系统。首先要根据市场的需求作出生产什么产品的决策;接着要完成产品的设计工作;而后需综合运用工艺技术理论和知识来确定制造方法和工艺流程;最后才进入制造过程,实现产品的输出。

因此,机械制造的一般过程可简要归纳为生产技术准备、机械产品加工、辅助生产和生产服务四个过程。

1.生产技术的准备过程

生产技术准备是指产品在投入生产前所进行的各种准备工作。如产品设计、工艺设计和专用工夹具的设计与制造、生产计划的编制、生产资料的准备、生产管理内容的制定、劳动组织的组建以及新产品的试制和鉴定工作等。

2.机械产品的加工过程

机械产品的加工是指把原材料变为成品的全过程。一般情况下,原材料经过铸造、锻压、冲压、焊接等方法制成毛坯,然后由毛坯经机械加工制成零件(有的零件在毛坯制造和加工过程中穿插不同的热处理工艺),最后经装配调试、验收合格后,产品出厂,机械产品生产过程如图 1-1 所示。

机械制造以使用金属材料为主。金属材料主要分两类:一类为锭料及粉状材料,用于铸造、锻造及烧结等加工用;另一类为型材(如棒料、管料、板带料),供机械加工用。有些零件所用的材料为工程塑料、工程陶瓷、橡胶及复合材料等。

半成品零件加工和成品零件加工多采用切削加工(车、铣、刨、钻、镗、磨和钳工等)及焊接、

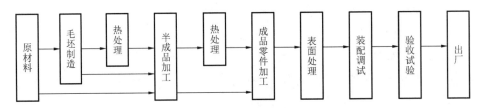

图 1-1　机械产品生产过程

冲压等工艺方法。除了这些加工方法外,还可采用特种加工方法,如电火花加工、电解加工、激光加工、超声波加工、化学加工等。

热处理用于工艺过程中对材料的改性,如正火、退火、淬火与回火等热处理方法。而表面处理则用于装饰和保护零件,如发蓝、喷丸、抛光、电镀、阳极氧化、涂装等表面处理方法。

装配是将生产出的各种零件按要求连接在一起,组成机械产品的工艺过程。装配是机械制造过程中的最后一个生产阶段,其中还包括调整、试验、检验、涂装和包装等工作。因此装配工作对产品质量的影响很大。

验收试验是按产品的技术要求,对产品的有关性能进行试验,只有验收试验合格的产品才能出厂。验收试验和贯穿于整个机械制造工艺过程的检验工作,都是保证产品质量和工艺过程正确实施的主要措施。验收试验方法有用测量器具测量、目视检验、无损探伤、力学性能试验及金相检验等。

3.辅助生产过程

辅助生产是指为保证产品加工过程所必需的各种辅助生产活动。如包括各种动力及工艺工装的提供,设备备件的制造及设备维修等。辅助生产过程是整个生产过程不可分割的组成部分。

4.生产服务过程

生产服务包括原材料的供应、外购件和工具的供应、运输及搬运、检验、仓库保管等。实际上生产服务是为产品加工过程和辅助生产过程服务的。

机械制造方法很多,一般按加工方法的本质可分为材料成形加工、切削加工、特种加工以及金属材料的热处理等。

材料成形加工是将材料在固态、液态、半液态、粉末等状态下,通过在特定的型腔中加热、加压、连接等方式形成所需形状、尺寸的产品的加工方法。材料成形加工方法包括铸造、锻造、冲压、焊接等。

切削加工是使用切削刀具用机械力从毛坯上去除多余材料,从而获得所需形状和尺寸零件的加工方法。切削加工方法包括车削、刨削、铣削、磨削、钳工等加工方法。

特种加工是不使用机械力去除毛坯上的多余材料,而是使用电火花加工、激光加工、等离子束加工等方法,将毛坯上的多余材料去除,获得所需要的形状和尺寸的加工方法。

热处理是指通过物理加热和冷却、化学反应等方式,使零件材料内部组织结构发生变化,从而改变材料的力学、物理、化学性能,提高零件性能的加工方法。

1.2.2　机械加工质量及其检测

机械产品的质量和使用性能与机械零件的加工和装配质量有直接的关系,保证机械零件加工质量是保证机械产品质量的基础。

机械加工质量包括机械加工精度和表面质量两个方面的内容,前者指机械零件加工后宏观的尺寸、形状和位置精度,后者主要指零件加工后表面的微观几何形状精度和物理机械质量。

1. 机械加工精度的基本概念

机械加工精度是指零件加工后实际几何参数(包括尺寸、形状和表面间的相互位置)与理想几何参数的符合程度。符合程度越高,精度越高。加工误差是指加工后零件的实际几何参数(包括尺寸、形状和相互位置)与理想几何参数的偏离程度。加工误差是表示加工精度高低的数量指标,一个零件的加工误差越小,加工精度就越高。

零件的机械加工精度包括三方面内容:尺寸精度、形状精度和位置精度。这三者之间是有联系的,形状误差应限制在位置公差之内,而位置误差又应限制在尺寸公差之内。当尺寸精度要求高时,相应的位置精度、形状精度也要求高。但形状精度要求高时,相应的位置精度和尺寸精度有时不一定要求高。

1) 尺寸精度

尺寸精度是指加工零件实际尺寸与理想尺寸的接近程度。尺寸精度用尺寸公差等级表示。尺寸公差就是零件尺寸在加工中允许的变动量,公差越小,则精度越高。公差等于零件设计尺寸的最大极限尺寸与最小极限尺寸的差值。

国家标准将公差等级分为 20 级,分别用 IT01、IT0、IT1……IT18 表示,IT01 公差值最小,尺寸精度最高。

2) 形状精度和位置精度

① 形状精度　构成零件几何特征的线、面等形状要素与设计理想形状的符合程度,称为形状精度,用形状公差来控制。国家标准规定了 6 项形状公差,形状公差的名称、符号见表1-1。

② 位置精度　构成零件几何特征的点、线、面的实际位置与设计理想位置的符合程度称为位置精度,用位置公差来控制。国家标准规定了 8 种位置公差,位置公差的名称及符号见表1-1。

表 1-1　形状、位置公差名称及符号

公差类别	项　目	符　号	公差类别		项　目	符　号
形状公差	直线度	—	位置公差	定向	平行度	//
	平面度	▱			垂直度	⊥
	圆度	○			倾斜度	∠
	圆柱度	⌀		定位	同轴度	◎
	线轮廓度	⌒			对称度	═
					位置度	⊕
	面轮廓度	◠		跳动	圆跳动	/
					全跳动	//

2. 机械加工质量及其检测方法

机械加工表面质量是指由一种或几种加工、处理方法获得的表层状况(包括几何的、物理的、化学的或其他工程性能的)。一般说来,机械加工表面质量主要包括两项基本内容:一是加工表面粗糙度;二是加工表面层材料物理、力学性能的变化。

1) 加工表面粗糙度

在切削加工过程中,由于挤压、摩擦、振动等原因,使已加工表面质量受到不同程度的影响,看似非常光滑的表面,通过放大,会发现它们高低不平,有微小的峰谷,微小峰谷的高低程度和间距组成的微观几何形状表面特征称为表面粗糙度。表面粗糙度的评定参数可从轮廓算术平均偏差 Ra、微观不平度十点高度 Rz、轮廓最大高度 Ry 三项中选取,在常用的参数范围内推荐优先选用 Ra。机械加工中常用的表面粗糙度数值为:50、25、12.5、6.3、3.2、1.6、0.8、0.4、0.2、0.1、0.05、0.025、0.012、0.008,单位为 μm。

2) 加工表面层材料物理、力学性能的变化

加工表面层材料物理、力学性能的变化,主要包括加工表面层的加工硬化、残余应力、金相组织变化等三方面内容。其中,加工硬化常用表层显微硬度 H、硬化层深度 h_a 及硬化程度 N 表示。

3. 机械加工检测

为保证零件的加工精度,在加工过程中要对零件进行测量;加工完的零件是否符合设计图纸要求,也要进行检验。这些测量和检验所使用的工具称为测量器具。

常用测量器具有金属尺、游标卡尺、外径千分尺、百分表、卧式测长仪、立式光学比较仪、电感测微仪、浮标式气动量仪、三坐标测量仪、光切显微镜等。

在不同的条件下对零件进行测量时,通常采用不同的测量方法。测量方法是指测量时所采用的方法、测量器具和测量条件的综合,但在实际工作中一般单纯从获得测量结果的方式来理解测量方法。

常用测量器具如下:

1) 钢直尺

钢直尺是最简单的长度量具,如图 1-2 所示,其用不锈钢片制成。可直接用来测工件尺寸。它的测量长度有 150 mm、200 mm、300 mm、500 mm、1000 mm、2000 mm 等规格。测量工件的外径和内径尺寸时,常与卡钳配合使用。钢直尺的测量精度一般只能达到 0.2~0.5 mm。

图 1-2　钢直尺

钢直尺使用及注意事项:如果精度允许,在中等精度测量中可以使用钢直尺。测量时尺的一端尽量顶住轴肩或台阶,以保证其测量精度。但经过长期使用,直尺的端部会产生磨损,此时从端部测量时,就会产生误差,为了保证测量精度,一般在测量时可以从 1 cm 的地方算起,读数时再减去 1 cm。钢直尺上不应有碰伤划痕、刻度线断线以及漆面脱落等影响使用性能的外观缺陷,包装前应该做防锈处理,并妥善包装。

2) 角尺

金属直角尺主要用于工件直角的检验和划线。常用金属直角尺的形式有:圆柱直角尺、三角形直角尺、刀口形直角尺、矩形直角尺、平面形直角尺、宽座直角尺等,这里主要介绍宽座直角尺。

宽座直角尺的形式如图 1-3 所示,可精确测量工件内角、外角的垂直偏差,用于检验工件

的垂直度或检定仪器纵横向导轨的相互垂直度。通常用铸铁、钢或花岗岩制成。精度等级为 0 级、1 级和 2 级三种。0 级精度一般用于检验精密量具；1 级精度可用于精密工件的检验；2 级精度可用于一般工件的检验。角尺的规格用长边（L）×短边（B）表示，从 63 mm×40 mm 到 1600 mm×1000 mm 等共 15 种规格。

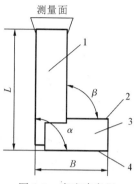

图 1-3　宽座直角尺

1—长边；2、4—基面；3—短边

3）游标卡尺

游标卡尺（简称卡尺）是直接测量工件的内径、外径、宽度、长度和深度等的中等精度量具，其结构如图 1-4 所示，游标卡尺主要由尺身、内径量爪、外径量爪、深度测标和游标组成，其读数准确度有 0.1 mm、0.05 mm、0.02 mm 三种。

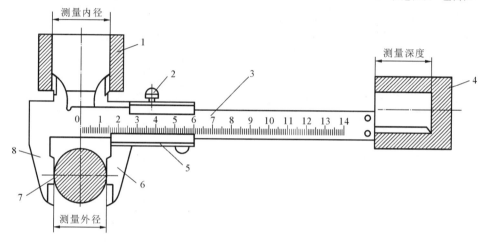

图 1-4　游标卡尺结构

1、4、7—工件；2—制动螺钉；3—尺身；5—游标；6—活动卡脚；8—固定卡脚

游标卡尺的读数原理是：游标卡尺利用尺身的刻线间距与游标的刻线间距差来进行分度。以精度为 0.02 mm 的游标卡尺为例，尺身刻线间距为 1 mm，而游标将 49 mm 均分为 50 个刻度，即每小格长度为 0.98 mm，尺身与游标之差是 0.02 mm，表明该游标卡尺精度为 0.02 mm，如图 1-5 所示。

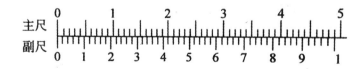

图 1-5　0.02 mm 游标卡尺的刻线原理

具体读数方法如图 1-6 所示，具体如下：

（1）读出尺身上的整数尺寸。游标零线左侧，尺身上的毫米整数值，图纸为 23 mm。

（2）读出游标上的小数尺寸。找出游标上哪一条刻线与尺身上刻线对齐，该游标刻度次序数乘以该游标的精度值，得到毫米内小数值，图中游标刻度次序数为 12，乘以卡尺精度值 0.02 mm，所得游标数值为 0.24 mm。

（3）把尺身和游标上的两个数值相加，即（23＋12×0.02）mm＝23.24 mm。

用游标卡尺测量工件的方法如图 1-7 所示，使用时应注意下列事项。

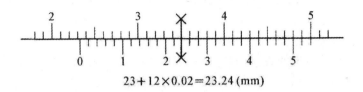

$$23 + 12 \times 0.02 = 23.24 \, (\text{mm})$$

图 1-6　游标卡尺的读数方法

(1) 检查零线。使用前应首先检查量具是否在检定周期内,然后用软布擦净卡尺,使量爪闭合,检查量爪间测量面的密合性,应密不透光,否则,应进行修理或更换。检查尺身与游标的零线是否对齐,若未对齐,则在测量后应根据原始误差修正数值。

(2) 放正卡尺。测量内外圆直径时,尺身应垂直于轴线,应使两量爪处于直径处。

(3) 用力适当。测量时,右手拿住尺身,大拇指移动游标,左手拿待测物体,使待测物位于量爪之间,应使量爪逐渐与工件被测量表面靠近,最后达到轻微接触适宜,不能使被夹紧的物体在量爪内挪动,不能把量爪用力抵紧工件、以免变形和磨损,影响测量精度。读数时为防止游标移动,可锁紧游标,视线应垂直于尺身。

(4) 勿测毛坯面。游标卡尺仅用于测量已加工的表面,表面粗糙的毛坯件不能用游标卡尺测量。

(5) 卡尺存放。测量结束后,用软布擦净卡尺,使量爪闭合后轻微拧紧游标紧固螺钉,把卡尺平放,尤其是大尺寸的卡尺更应该注意,否则尺身易弯曲变形。

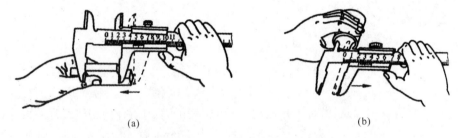

(a)　　　　　　　　　　　　　　　　　(b)

图 1-7　游标卡尺分别测量内、外表面尺寸

(a) 测量外表面　(b) 测量内表面

为了方便读取游标卡尺测量数据及测量的准确性,市场上还有带表卡尺及数字显示游标卡尺,分别如图 1-8 和图 1-9 所示。

图 1-8　带表卡尺

图 1-9　数字显示游标卡尺

在测量中,除了游标卡尺外,还会用到深度游标卡尺和高度游标卡尺。深度游标卡尺用于测量凹槽或孔的深度、梯形工件的梯层高度、长度等尺寸,常被简称为“深度尺”。高度游标卡尺的主要用途是测量工件的高度,另外还经常用于测量形状和位置公差,有时也用于精密划线。如图 1-10 所示为深度游标卡尺和高度游标卡尺。

4) 万能角度尺

万能角度尺又被称为角度规、游标角度尺和万能量角器,是利用游标读数原理来直接测量工件角或进行划线的一种角度量具,如图 1-11 所示。万能角度尺适用于机械加工中的内、外角度测量,可测 0°～320°外角及 40°～130°内角。

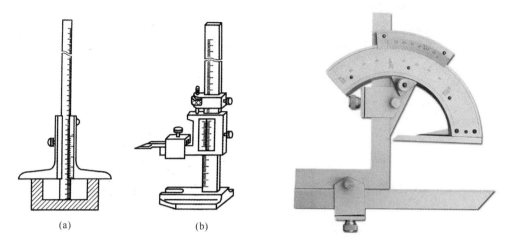

图 1-10　深度游标卡尺和高度游标卡尺　　　　　　图 1-11　万能角度尺

万能角度尺的读数机构是根据游标原理制成的。主尺刻线每格为 1°。游标的刻线是取主尺的 29°等分为 30 格,因此游标刻线每格为 29°/30,即主尺与游标一格的差值为 $2'$,也就是说万能角度尺读数准确度为 $2'$。除此之外还有 $5'$ 和 $10'$ 两种精度。其读数方法与游标卡尺完全相同。

万能角度尺的应用实例如图 1-12 所示。

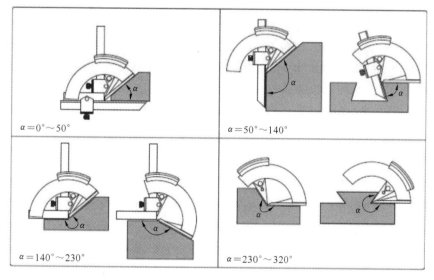

$\alpha = 0°～50°$

$\alpha = 50°～140°$

$\alpha = 140°～230°$

$\alpha = 230°～320°$

图 1-12　万能角度尺应用实例

5）外径千分尺

外径千分尺,也叫螺旋测微器,常简称为“千分尺”,分为机械式千分尺和电子千分尺两类。它是比游标卡尺更精密的长度测量仪器,精度有 0.01 mm、0.02 mm、0.05 mm 几种,加上估读的 1 位,可读取到小数点后第 3 位(千分位),故称千分尺。

外径千分尺是用来测量或检验零件的外径、凸肩厚度以及板厚或壁厚等的测量工具,常用规格有 0～25 mm、25～50 mm、50～75 mm、75～100 mm、100～125 mm 等若干种。

图 1-13 是测量范围为 0～25 mm 的机械式外径千分尺,尺架的一端装着固定测砧 2,另一端装有测微螺杆。固定测砧和测微螺杆的测量面上都镶有硬质合金,以提高测量面的使用寿命。尺架的两侧面覆盖着隔热装置 8,使用千分尺时,手拿在隔热装置上,防止人体的热量影响千分尺的测量精度。

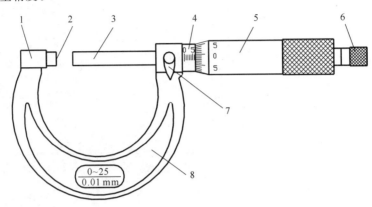

图 1-13　外径千分尺

1—尺架;2—固定测砧;3—测微螺杆;4—固定套管;5—微分筒;6—测力装置;7—锁紧装置;8—隔热装置

在测量使用外径千分尺时,应先将千分尺的测砧和测微螺杆的测量面擦拭干净,并校准千分尺零线,以保证测量准确性。测量步骤如下:

(1) 先将工件被测表面擦净,以保证测量准确。

(2) 用左手握住千分尺的尺架隔热位置,用右手握住微分筒;或者将千分尺固定在千分尺固定架上,用左手握住工件,用右手握住微分筒。

(3) 将被测件放到测砧和测微螺杆的测量接触面之间,用右手转动微分筒,使测微螺杆前移,当测微螺杆快接触到被测件时,改调测力装置,直至听到三声"咔、咔、咔"声音时停止。这点很重要,如果快接近测量件时,依然转动微分筒,将会产生高的测量压力而影响测量的正确性且容易损坏千分尺,如图 1-14 所示。

(4) 测量完毕后,转动微分筒使两测量面与被测工件表面脱离,不要直接拉出或转动测力装置退出。

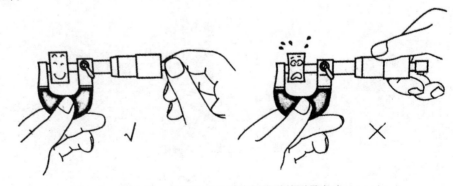

图 1-14　外径千分尺正确和错误的测量方法

千分尺的读数如图 1-15 所示,在固定套管基准线之上是整毫米数的分度刻线,在基准线之下是半毫米数(0.5 mm)的分度刻线。在微分套筒的圆周上共刻有 50 格等分刻线。转动微分套筒一格刻线,则测微轴杆移动 0.01 mm,因此微分套筒转一圈,测微轴杆就移动0.5 mm,读数方法如下:

（1）先读出固定套管上露出刻线的整毫米数和半毫米数（0.5 mm）。

（2）看准微分筒上哪一格与固定套筒纵向刻线对准，将刻线的序号乘以 0.01 mm，即为小数部分的数值。

（3）将上述整数部分与小数部分相加，即得到被测工件的尺寸。

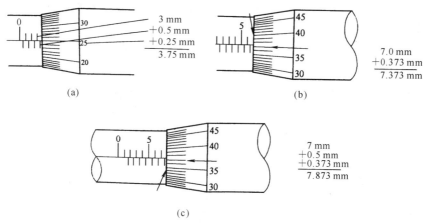

图 1-15　外径千分尺读数方法

6）百分表

百分表是利用精密齿条齿轮机构制成的表式通用长度测量工具。通常由测头、量杆、弹簧、齿条、齿轮、游丝、圆表盘及指针等组成，如图 1-16 所示。

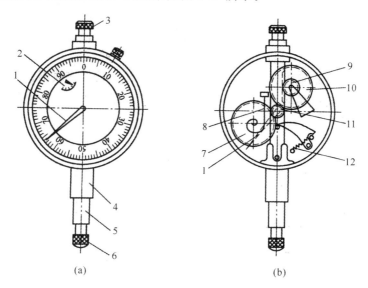

图 1-16　百分表外形及传动原理图

（a）外形图　（b）传动原理图

—指针；2—转数指针；3—测帽；4—装夹套；5—量杆；6—测头；7、10—大齿轮；8—游丝；
9—小齿轮；11—中心小齿轮；12—弹簧

百分表工作时，带有齿条的量杆 5 将上下移动，带动与齿条啮合的小齿轮 9 传动。由于小齿轮 9 与大齿轮 10 固定在同一个轴上，大齿轮也跟着转动。通过大齿轮又带动中心小齿轮 11 转动，与中心小齿轮固定在一起的指针也随之转动。这样通过齿轮的传动机构就将量杆的小位移转变为指针的偏转。

为了清除齿轮传动机构中的间隙引起的测量误差,在百分表内装有游丝,由游丝产生的扭转力矩作用在另一个大齿轮7上,这个大齿轮也与中心小齿轮啮合,从而可保证齿轮在正反转时都与同一齿侧面啮合,表内的弹簧用来控制百分表的测量力。

百分表表盘上有100格刻线,其分度值为0.01 mm。即每转动一格,相当于测量杆向上或向下移动0.01 mm;转一周,表示移动1 mm;转数指示盘上只刻有10格刻度,每个表示1 mm。百分表测量范围有0~3 mm、0~5 mm和0~10 mm三种。在使用时,应按照工件的形状和精度要求,选用合适的百分表精度等级和测量范围。

百分表使用前,应检查量杆活动的灵活性。轻轻推动量杆时,量杆在套筒内的移动要灵活,应没有任何扎卡现象,且每次放松后,指针能回复到原来的刻度位置。采用百分表测量工件时,要对工件推压量杆,至少使指针转动半圈。设定好百分表后,转动表壳使指针与表盘面上的零刻线对齐,为方便读数,一般将大指针指到刻度盘的零位,如图1-17所示。

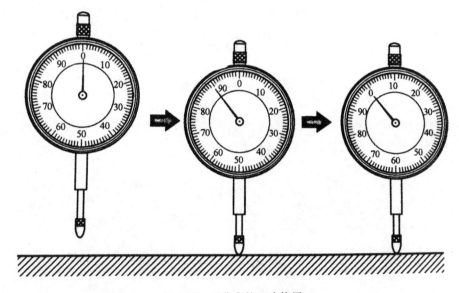

图1-17 百分表的正确使用

7)量块

量块又称块规,如图1-18所示。它是机器制造业中控制尺寸的最基本的量具,是从标准长度到零件之间尺寸传递的媒介,是技术测量上长度计量的基准。

长度量块是用耐磨性好,硬度高而不易变形的轴承钢制成矩形截面的长方形六面体。它有上、下两个测量面和四个非测量面。两个测量面是经过精密研磨和抛光加工的很平、很光的平行平面。矩形量块的截面尺寸是:基本尺寸为0.5~10 mm的量块,其截面尺寸为30 mm×9 mm;基本尺寸大于10 mm小于1000 mm,其截面尺寸为35 mm×9 mm。

按照JJG 146—2011《量块》检定规程将量块的制造精度分为K、0、1、2、3五级,其中K级精度最高、3级精度最低,精度依次降低。

按照JJG 146—2011《量块》检定规程将量块的检定精度分为1、2、3、4、5五等。其中1等精度最高、5等精度最低,精度依次降低。

组合量块尺寸时,为了减少量块组合的累计误差,应尽可能地减少量块的数目,一般不超过四块。选取量块的方法是每选取一个量块消除尺寸组的一个最小尾数,以此类推,直到组成所需尺寸。例如尺寸为26.685 mm,应从83块成套量块中依次选取1.005 mm、1.18 mm、

4.5 mm、20 mm 四块量块。

图 1-18　量块

8）量规

量规是一种没有刻度只能判断零件合格与否的专用计量器具,由于省去读数的过程,检验效率高,使用方便,在机械产品的大生产中广泛应用。

光滑极限量规有通规和止规。通规用来模拟体现被测孔或轴的最大实体边界,检测孔或轴的实际轮廓(实际尺寸和形状误差的综合结果)是否超出其实体边界,即检验孔或轴的体外作用尺寸是否超出其最大实际尺寸。止规用来检验被测孔或轴的实际尺寸是否超出其最小实体尺寸。若用光滑极限量规检验孔和轴时,通规可以在孔或轴的全长范围自由通过、而止规通不过,则表示被测孔或轴合格。

检验孔的量规称为塞规,其测量面为外圆柱面,如图 1-19(a)所示。检验轴的量规称为环规或卡规,环规的测量面为内圆柱面,卡规的测量面为两平行面,如图 1-19(b)所示。

光滑极限量规按用途分为:

（1）工作量规。在零件制造过程中,操作者检验用的量规。

（2）验收量规。检验部门或用户代表在验收零件时使用的量规。

（3）校对量规。用来检验工作量规或验收量规的量规。

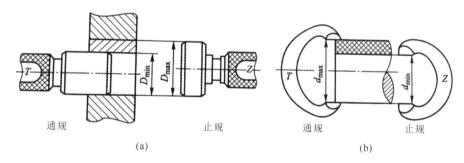

通规　　　　　　　止规　　　　　　通规　　　　　止规

(a)　　　　　　　　　　　　　(b)

图 1-19　光滑极限量规

(a)塞规　(b)环规(卡规)

9）塞尺

产品执行标准为 GB/T 22523—2008,塞尺是由一组具有不同厚度级差的薄钢片组成的量规,如图 1-20 所示。

塞尺用于测量间隙尺寸。在检验被测尺寸是否合格时,可以用通止方法判断。也可由检测者根据塞尺与被测表面配合的松紧程度来判断,用塞尺和 90°角尺检测垂直度如图 1-21 所示。

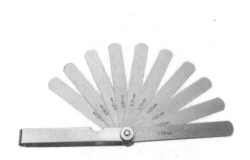

图 1-20 塞尺

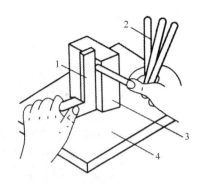

图 1-21 用塞尺和 90°角尺检测垂直度
1—90°角尺;2—塞尺;3—工件;4—精密平板

塞尺一般用 65Mn 钢或同等性能的材料制造,其硬度应在 360~600 HV。通用塞尺厚度为 0.02~1 mm,各钢片厚度级差为 0.01 mm;厚度在 0.1~1 mm 之间,各钢片的厚度级差一般为 0.05 mm。塞尺片的工作表面粗糙度:0.02~0.5 mm 厚的塞尺为 $Ra0.4$;0.5~1 mm 厚的塞尺为 $Ra0.8$。

塞尺片不应有毛刺、铸迹、划痕及其他明显的外观缺陷;塞尺片与保护板的连接应可靠,围绕回转轴心的转动应平稳、灵活,不得有卡住或松动的现象。塞尺使用前必须先清除塞尺和工件上的污垢与灰尘。使用时可用一片或数个塞尺片重叠插入间隙,以稍感拖滞为宜。测量时动作要轻,不允许硬插,不允许测量温度较高的零件。

10) 卡钳

卡钳分为内、外卡钳,是最简单的比较量具,如图 1-22 所示。内卡钳是用来测量内径和凹槽的,外卡钳是用来测量外径和平面的。它们本身都不能直接读出测量结果,而是把测量所得的长度尺寸(直径也属于长度尺寸)在钢直尺上进行读数,或在钢直尺上先取下所需尺寸,再去检验零件的直径是否符合。

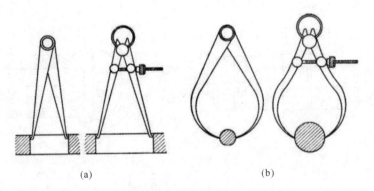

图 1-22 卡钳
(a) 内卡钳 (b) 外卡钳

(1) 卡钳开度的调节。

首先检查钳口的形状,钳口形状对测量精确性影响很大,应注意经常修整钳口的形状,图 1-23 所示为卡钳钳口形状好与坏的对比。调节卡钳的开度时,应轻轻敲击卡钳脚的两侧面。先用两手把卡钳调整到和工件尺寸相近的开口,然后轻敲卡钳的外侧来减小卡钳的开口,敲击卡钳内侧来增大卡钳的开口(见图 1-24(a)),但不能直接敲击钳口(见图 1-24(b))。这会因卡钳的钳口损伤测量面而引起测量误差,更不能在机床的导轨上敲击卡钳,如图 1-24(c)所示。

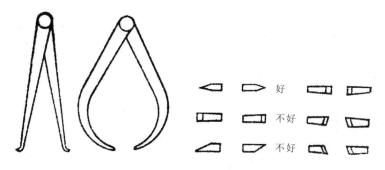

图 1-23　卡钳钳口形状好与坏的对比

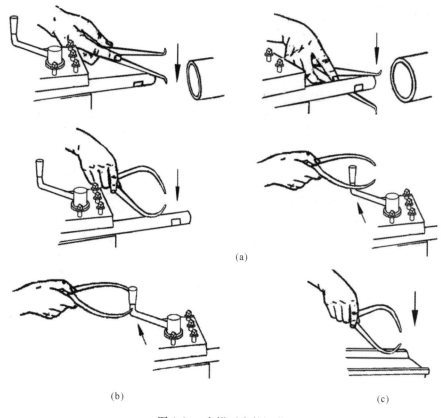

(a)

(b)　　　　　　　　　　　　　(c)

图 1-24　卡钳开度的调节

(a) 正确　(b) 错误　(c) 错误

（2）卡钳的使用。

用内卡钳测量内径时，应使两个钳脚的测量面的连线正好垂直相交于内孔的轴线，即钳脚的两个测量面应是内孔直径的两端点。因此，测量时应将下面的钳脚的测量面停在孔壁上作为支点（见图 1-25(a)），上面的钳脚由孔口略往里面一些逐渐向外试探，并沿孔壁圆周方向摆动，当沿孔壁圆周方向能摆动的距离为最小时，则表示内卡钳脚的两个测量面已处于内孔直径的两端点了。再将卡钳由外至里慢慢移动，可检验孔的圆度公差，如图 1-25(b)所示。用已在钢直尺上或在外卡钳上取好尺寸的内卡钳去测量内径（见图 1 26(a)），就是比较内卡钳在零件孔内的松紧程度。如内卡钳在孔内有较大的自由摆动时，就表示卡钳尺寸比内孔径小；如内卡钳放不进，或放进孔内后紧得不能自由摆动，就表示内卡钳尺寸比孔径大；如果内卡钳放入孔内，按照上述的测量方法能有 1～2 mm 的自由摆动距离，这时孔径与内卡钳尺寸正好相等。测量时不要用手抓住卡钳测量（见图 1-26(b)），这样手感就没有了，难以比较内卡钳在零件孔内的松紧程度，并使卡钳变形而产生测量误差。

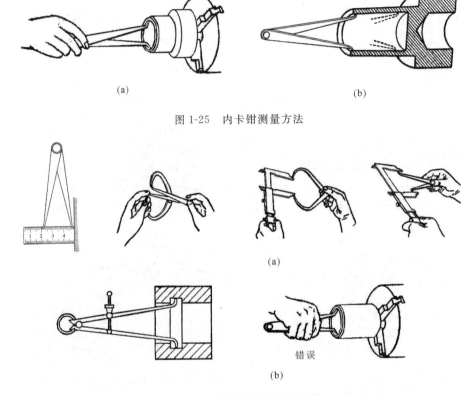

(a)　　　　　　　　　　　　　　(b)

图 1-25　内卡钳测量方法

(a)

错误

(b)

图 1-26　卡钳取尺寸和测量方法

使用外卡钳在钢直尺上取下尺寸时，如图 1-27(a)所示，一个钳脚的测量面靠在钢直尺的端面上，另一个钳脚的测量面对准所需尺寸刻线的中间，且两个测量面的连线应与钢直尺平行，人的视线要垂直于钢直尺。

用已在钢直尺上取好尺寸的外卡钳去测量外径时，要使两个测量面的连线垂直零件的轴线，靠外卡钳的自重滑过零件外圆时，我们手中的感觉应该是外卡钳与零件外圆正好是点接触，此时外卡钳两个测量面之间的距离，就是被测零件的外径。所以，用外卡钳测量外径，就是比较外卡钳与零件外圆接触的松紧程度，如图 1-27(b)以卡钳的自重能刚好滑下为合适。如果当卡钳滑过外圆时，我们手中没有接触的感觉，就说明外卡钳比零件外径尺寸大，如果靠外卡钳的自重不能滑过零件外圆，就说明外卡钳比零件外径尺寸小。切不可将卡钳歪斜地放上工件测量，这样有误差，如图 1-27(c)所示。由于卡钳有弹性，把外卡钳用力压过外圆是错误的，更不能把卡钳横着卡上去，如图 1-27(d)所示。对于大尺寸的外卡钳，靠它的自重滑过零件外圆的测量压力已经太大了，此时应托住卡钳进行测量，如图 1-27(e)所示。

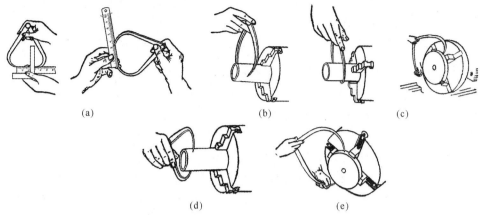

图 1-27　外卡钳在钢直尺上取尺寸和测量方法
(a) 正确　(b) 正确　(c) 错误　(d) 错误　(e) 正确

1.3　机械工程材料

　　材料是发展国民经济和机械工业重要的物质基础。工程材料主要是指制造机器零件使用的材料，主要包括金属材料、非金属材料和复合材料三大类，如图 1-28 所示。在机械工程中金属材料的发展历史悠久，因具有良好的物理、化学、力学和工艺性能，得到广泛的应用。随着科技的进步，推动了材料工业的发展，而且科技的进步也对材料的要求越来越高，非金属材料和复合材料得到了迅猛发展，新材料不断涌现。非金属材料如陶瓷、橡胶等的发展历史也十分悠久，因为这些非金属材料具有某些金属材料不具备的性能，在现代生产领域已成为不可替代的材料，如陶瓷材料具备耐腐蚀、耐高温等特性，在化工、冶金、建筑及尖端技术等领域已成为主要用材。复合材料是将两种或两种以上的材料组合在一起，不仅兼有各组成材料的优良性能，而且形成了一材料所不具备的特性，随着现代科学技术的发展，传统的单一的材料已不能满足高技术领域的使用要求，复合材料已成为一种新型的高科技材料，不仅应用于航天航空以及通信电子等高技术领域，而且广泛应用于建筑、石油化工及机械等各个领域，成为工程材料不可缺少的组成部分。

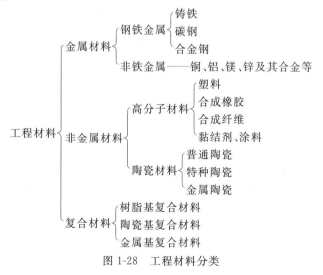

图 1-28　工程材料分类

1.3.1　常用金属材料

1.金属材料

金属材料是目前用量最大、用途最广泛的材料。金属材料是由金属元素或以金属元素为主,其他金属或者非金属元素为辅构成的,并具有金属特性的工程材料。工程上常用的金属材料主要有钢铁金属材料和非铁金属材料等。

1) 钢铁金属

钢铁金属材料中使用最多的是钢铁,钢铁是世界上头号的金属材料,通常所说的钢铁是钢与铁的总称,钢铁是以铁为基体的铁碳合金。

(1) 铸铁　铸铁是指碳的质量分数大于2.11%的铁碳合金。工业上常用铸铁的碳的质量分数一般在2.5%～4.0%之间,此外,因工业冶炼、原材料等因素,铸铁中还含有较多的锰、硅、磷、硫等元素。

铸铁中的碳由于成分和凝固时冷却条件的不同,可以呈化合状态(Fe_3C)或游离状态(石墨)存在,进而导致铸铁内部组织、性能、用途方面存在较大差异,根据铸铁中碳的形态不同,通常铸铁分为白铸铁、灰铸铁、可锻铸铁和球墨铸铁等。常用的灰铸铁的分类、牌号、性能及用途见表1-2。

表1-2　常用灰铸铁的分类、牌号、性能及用途

分　　类	牌　　　　号		性能与用途
	牌号	符号说明	
灰铸铁	HT100 HT150 HT200 HT300	HT:灰铁汉语拼音字头 数字:材料的最低抗拉强度,单位 MPa 如:HT300 表示 $\sigma_b \geq 300$ MPa 的灰铸铁	加工性、减磨性、吸振性好,可用于制造机床床身、飞轮、机座、轴承座齿轮箱、液压泵壳体等
可锻铸铁	KT300-06 KT350-10 KT450-06	KT:可铁汉语拼音字头 数字:前面的数字表示材料的最低抗拉强度值,单位 MPa 后面的数字表示材料的最低伸长率 $\delta(\%)$ 如:KT350-10 表示抗拉强度 $\sigma_b \geq 350$ MPa,伸长率 $\delta \geq 10\%$	强度、塑性、韧性较好,可制造曲轴、连杆、凸轮轴、摇臂、活塞环等
球墨铸铁	QT400-18 QT500-07 QT600-03	QT:球铁汉语拼音字头 数字:前面的数字表示材料的最低抗拉强度值,单位：MPa 后面的数字表示材料的最低伸长率 $\delta(\%)$ 如:QT500-07 表示抗拉强度 $\sigma_b \geq 500$ MPa,伸长率 $\delta \geq 18\%$	强度、耐磨性较高、有一定韧性,可用于制造承受较大载荷、受冲击和耐磨损的零件,如大功率柴油机的曲轴、轧辊、汽车后桥等

铸铁与钢相比,虽然力学性能较低(强度低、塑性低、脆性大),但却有着良好的铸造工艺性、切削加工工艺性、减震性以及耐磨性等,因此铸铁在工程上仍获得普遍应用。

(2) 钢　钢是碳的质量分数小于2.11%(实际上小于1.35%),并含有少量锰、硅、磷、硫等杂质的铁碳合金。碳素钢具有良好的使用性能和工艺性能,并且产量大、价格低,因此获得了非常广泛的应用。钢的分类方法有很多,常见的分类方法如图1-29所示。

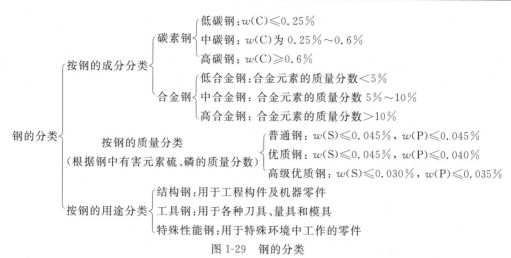

图 1-29　钢的分类

普通碳素结构钢的牌号是由代表钢材屈服强度的汉语拼音首位字母、屈服强度值、质量等级符号、脱氧方法符号四个部分按顺序组成，即由 Q＋屈服强度值＋质量等级符号(A、B、C、D、E，由 A 到 E，质量提高)＋脱氧方法("F"表示沸腾钢、"B"表示半镇静钢、"Z"表示镇静钢、"TZ"表示特殊镇静钢)组成。这类钢一般在热轧状态下供货，如热轧钢板、钢带、型钢、钢棒等，广泛应用于工程建筑、车辆、船舶以及桥梁等，大多不需要热处理而直接使用，常用的普通碳素结构钢的牌号、化学成分以及力学性能见表 1-3。

表 1-3　普通碳素结构钢的牌号、力学性能和化学成分表

牌号	等级	力 学 性 能			化 学 成 分 质 量 分 数 /(％)					应　　用
		屈服强度 σ_s/ MPa	抗拉强度 σ_b/ MPa	伸长率 δ/(％)	C	Mn	Si	S	P	
								≤		
Q195	—	195	315～390	33	0.06～0.12	0.25～0.50	0.30	0.050	0.045	
Q215	A	215	335～410	31			0.30	0.050	0.045	用于制造受力不大的零件，如螺钉、垫圈、焊接件、冲压件及桥梁等
	B				0.09～0.15				0.045	
Q235	A	235	375～460	26	0.14～0.22	0.30～0.65	0.30	0.050	0.045	
	B				0.12～0.20	0.30～0.70		0.045	0.040	
	C				≤0.18	0.30～0.80		0.040	0.035	
	D				≤0.17			0.035	0.035	
Q255	A	255	410～510	24	0.18～0.28	0.40～0.70	0.30	0.045	0.045	用于制造承受中等载荷的零件，小轴、销子、连杆等
	B									
Q275		275	490～610	20	0.28～0.38	0.50～0.80	0.35	0.035	0.045	

优质碳素钢的牌号用两位数字表示，数字表示钢平均含碳量的万分之几，如 45 钢，表示钢的平均含碳量为万分之四十五，即 0.45％。常用优质碳素结构钢的牌号、力学性能和应用见表 1-4。

表 1-4 优质碳素结构钢的牌号、力学性能和应用

牌　　号	性　　能	应　　用
08F、10	塑性好,强度低	用于制作薄钢板、冷冲压件、容器等
15、20、25	渗碳后,表面具有较高的硬度,高耐磨性,心部具有良好的塑性和韧性	用于制造齿轮、连杆、轴类零件等
40、45	热处理后具有良好的综合力学性能	用于制造轴、齿轮、丝杠等
55、60 以上	热处理后具有较高的耐磨性、弹性极限和强度	用于制造弹簧、钢轨、车轮、钢丝绳等

碳素工具钢主要用来制造刀具、模具和量具。种类钢要求具有较高的硬度和耐磨性,其含碳量为 0.65%~1.35%,属于优质或者高级优质碳素钢。碳素工具钢的牌号用"T+数字+质量级别"表示,其中"T"是碳素工具钢"碳"的汉语拼音首个字母,数字表示平均含碳量的千分之几,如果是高级优质钢,用字母"A"表示。例如 T8A,表示其平均含碳量为千分之八(即 0.8%),属于高级优质碳素工具钢。常用碳素工具钢有 T8、T8A、T10、T12 等。

铸造碳钢适用于铸造形状复杂而铸铁又难以满足性能要求的零件。铸造碳钢具有良好的塑性、韧度以及焊接性,常用于受力不大、要求韧度较好、结构复杂的各种机械零件,如机座、变速器壳体等。铸造碳钢的牌号用"ZG+数字-数字"表示,其中"ZG"是"铸钢"两汉字的汉语拼音字头,两组数据分别表示钢的屈服强度和抗拉强度,如 ZG 230-450 表示屈服强度是 230 MPa,抗拉强度 450 MPa 的铸造碳钢。

合金钢是在碳钢的基础上有目的地加入一定量的其他合金元素所获得的铁基合金。常用的合金元素有硅、锰、镍、钨、钼、钒、钛等。这些合金元素的加入,有效地提高了钢的力学性能,增加了钢的淬透性,改善了钢的工艺性,或者使钢具有某些特殊物理性能和化学性能,如耐低温、耐腐蚀、高磁性、高耐磨性等。合金钢广泛应用于力学性能、工艺性能要求较高的、形状复杂的大截面的零件或者有特殊性能要求的零件。常用合金钢的分类、牌号及应用如表 1-5 所示。

表 1-5 常用合金钢的分类、牌号及应用

分　类	牌　号		应　　用
	示例	符号说明	
合金结构钢	16Mn 40Cr 60Si2Mn	数字编号:表示钢中碳的平均质量分数(万分之几) 元素符号:表示钢中加入的合金元素,当合金元素平均质量分数小于 1.5% 时,则只标出元素符号,而不标出其质量分数;如果元素的平均质量分数在1.5%~2.5%之间时,元素符号后面写 2;如果元素的平均质量分数在 2.5%~3.5%之间时,元素符号后面写 3	用于制造各类重要的机械零件,例如齿轮、活塞销、凸轮、气门顶杆、曲轴、机床主轴、板簧、卷簧、压力容器、汽车纵横梁、桥梁结构、船舶结构等
合金工具钢	5CrMnMo W18Cr4V 9SiCr		用于制造各类重要的、大型复杂的刀具、量具和模具,如板牙、丝锥、形状复杂的冲模、块规、螺纹塞规、样板、铣刀、车刀、刨刀、钻头等
特殊性能钢	1Cr18Ni9Ti	不锈钢	用于制造医疗器械、耐酸容器、管道等
	4Cr9Si2	耐热钢	用于制造加热炉构件、过热器等
	ZGMn13	耐磨钢	用于制造破碎机颚板、衬板、履带板

2）非铁金属及其合金

除钢铁金属以外的其他金属与合金统称为非铁金属或有色金属。

非铁金属具有许多与钢铁金属不同的特性，如较高的导热性和导电性（银、铜、铝等）；优异的化学稳定性（铅、钛等）；高的导磁性（镍铁合金等）；较高的强度（铝合金、钛合金等）及较高的熔点（钨、铌、钽等）等。所以在现代工业中，除大量使用钢铁金属外，还广泛使用非铁金属。常用的非铁金属有铝及铝合金和铜及铜合金。

（1）铝及铝合金　工业纯铝的加工生产，按纯度的高低，分为 L1、L2、L3、L4、L5、L6、L7 等七个牌号，其中"L"是"铝"的汉语拼音的字头，数字表示标号，编号越大，纯度越低。工业纯铝的强度低，σ_b 在 $80\sim100$ MPa，经冷变形后可提高至 $150\sim250$ MPa。工业纯铝难以满足结构零件的性能要求，主要用作配制铝合金以及代替铜制作导线、电器和散热器等。

铝合金分为铸造铝合金和变形铝合金。用于铸造生产中的铝合金称为铸造铝合金，它不仅具有良好的铸造性能和耐蚀性能，而且还能用变质处理的方法使强度得到进一步提高，应用较为广泛，可用作内燃机活塞、气缸头、气缸散热套等。这类铝合金的牌号由"铸铝"两字拼音字首"ZL"和三位数字组成。其中第一位数字为主加元素代号（1 表示 Al-Si 系合金；2 表示 Al-Cu 系合金；3 表示 Al-Mg 系合金；4 表示 Al-Zn 系合金），后两位数字表示顺序号，如 ZL102 表示铸造铝硅合金材料。

变形铝合金主要有防锈铝、锻造铝、硬铝和超硬铝四种。它们大多通过塑性变形轧制成板、带、线材等半成品使用。其中硬铝是一种应用较多的由铝、铜、镁等元素组成的铝合金材料。它除了具有优良的抗冲击性、焊接性和切削加工性外，经过热处理强化（淬火＋时效）后，强度和硬度能进一步提高，可以用作飞机结构支架、翼肋、螺旋桨、铆钉等零件。

（2）铜及铜合金　铜及铜合金种类很多，一般分为紫铜（纯铜）、黄铜、青铜和白铜等。

纯铜因其表面呈紫红色，故称为紫铜。它具有良好的导热性和导电性，大多用于电器元件或用作冷凝器、散热器和热交换器等零件。纯铜还具有良好的塑性，通过冷、热态塑性变形可制成板材、带材和线材等半成品。此外，纯铜在大气中具有良好的耐腐蚀性。纯铜的牌号由"铜"的汉语拼音字首"T"和顺序数字组成，如 T1、T2、T3、T4，其中顺序数字越大，表示纯度越低。

黄铜是由铜和锌组成的合金。当黄铜中锌的含量小于 39％时，锌能全部溶解在铜内。这类黄铜具有良好的塑性，可在冷态和热态下经压力加工（轧、锻、冲、拉、挤）成形。按其加工方式不同，黄铜可分为压力加工黄铜和铸造黄铜。压力加工黄铜的牌号由"黄"字汉语拼音字首"H"和数字组成。如 H68 表示含铜量是 68％，含锌量 32％。铸造黄铜的牌号以"ZCu＋主加元素符号＋主加元素平均含量＋辅加元素符号＋辅加元素平均含量"组成，如 ZCuZn40Pb2 表示含锌量为 40％，含铅量 2％的铸造铅黄铜。

青铜分为锡青铜、铍青铜、铅青铜和硅青铜等。除锡青铜外，其余为无锡青铜。青铜的牌号由"青"字的汉语拼音首字母"Q"和数字组成，如 QSn4-3 表示含锡量为 4％，含锌量为 3％的锡青铜。QAl17 表示含铝量为 17％的铝青铜。铸造青铜牌号表示方法与铸造黄铜表示方法类似，如 ZCuSn5Pb5Zn5 表示含锡量为 5％，含铅量为 5％，含锌量为 5％的铸造锡青铜。

1.3.2　常用金属材料主要性能

金属材料的性能分为使用性能和工艺性能。使用性能指材料的物理、化学及力学性能，而工艺性能指材料在加工制造中表现出来的可铸、可锻、可焊及切削加工等性能。

金属材料的物理性能主要有密度、熔点、热膨胀性、导热性和导电性等。用于不同场合下的机械零件,对所用材料的物理性能要求是不一样的;金属材料的化学性能是在室温或者高温时抵抗各种化学作用的能力,如耐酸性、耐碱性、抗氧化性等;金属材料的力学性能是材料在载荷作用下所表现出来的性能,主要包括强度、塑性、硬度、韧性等;金属材料的工艺性能是指材料对于相应加工工艺适应的性能,按加工工艺方法不同,有铸造工艺性、锻造工艺性、焊接工艺性、切削加工工艺性以及热处理工艺性等。在选择机械零件材料时,一定要考虑在选定的加工工艺下,该材料相应工艺性能是否良好,否则就不能选用,或者考虑改变加工工艺方法。

材料的力学性能是设计零件及选择材料的重要依据,任何机械零件或工具,在使用过程中,往往要受到各种形式外力的作用,如起重机上的钢索,受到悬吊物拉力的作用;柴油机上的连杆,在传递动力时,不仅受到拉力的作用,而且还受到冲击力的作用;轴类零件要受到弯矩、扭力的作用等,这就要求金属材料必须具有一种承受机械负荷而不超过许可变形或不破坏的能力,这种能力就是材料的力学性能。金属表现出来的诸如弹性、强度、硬度、塑性和韧性等特征就是用来衡量金属材料在外力作用下所表现出来的力学指标。

1) 金属材料的强度

强度是指金属材料在静载荷作用下抵抗变形和断裂的能力。强度指标一般用单位面积所承受的载荷表示,符号为 σ,单位为 MPa。工程中常用的强度指标有屈服强度和抗拉强度。屈服强度是指金属材料在外力作用下,产生屈服现象时的应力,或开始出现塑性变形时的最低应力值,用 σ_s 表示,对于大多数机械零件,工作时不允许产生塑性变形,所以屈服强度是零件强度设计的依据。抗拉强度是指金属材料在拉力的作用下,被拉断前所能承受的最大应力值,用 σ_b 表示,对于因断裂而失效的零件,用抗拉强度作为其强度设计的指标。

2) 塑性

塑性是指金属材料在外力作用下产生塑性变形而不断裂的能力。常用的塑性指标有伸长率和断面收缩率。伸长率和断面收缩率越大,其塑性越好;反之,塑性越差。良好的塑性是金属材料进行压力加工的必要条件,也是保证机械零件工作安全,不发生突然脆断的必要条件。伸长率指试样拉断后的伸长量与原来长度之比,用符号 δ 表示。断面收缩率是指试样拉断后,断面缩小的面积与原来截面积之比,用 ψ 表示。

3) 硬度

硬度是指材料表面抵抗比它更硬的物体压入的能力。硬度的测试方法很多,生产中常用的硬度测试方法有布氏硬度试验法和洛氏硬度试验法两种。

① 布氏硬度试验法。

布氏硬度试验法是用直径为 D 的淬火钢球或硬质合金球作为压头,在载荷 P 的作用下压入被测试金属表面,保持一定时间后卸载,测量金属表面形成的压痕直径 d,以压痕的单位面积所承受的平均压力作为被测金属的布氏硬度值。

布氏硬度指标有 HBS 和 HBW,前者所用压头为淬火钢球,适用于布氏硬度值低于 450 的金属材料,如退火钢、正火钢、调质钢及铸铁、非铁金属等;后者压头为硬质合金,适用于布氏硬度值为 450~650 的金属材料,如淬火钢等。布氏硬度测试法,因压痕较大,故不宜测试成品件或薄片金属的硬度。

② 洛氏硬度试验法。

洛氏硬度试验法是用锥顶角为 120°的金刚石圆锥体或直径为 1/16 in(英寸)的淬火钢球为压头,以一定的载荷压入被测试金属材料表面,根据压痕深度可直接在洛氏硬度计的指示盘上读出硬度值。常用的洛氏硬度指标有 HRA、HRB 和 HRC 共 3 种。洛氏硬度测试法操作迅速、简便,且压痕小不损伤工件表面,故适合成品检验。

采用 120°金刚石圆锥体为压头,施加压力为 600 N 时,用 HRA 表示。其测量范围为 60~85,适于测量合金、表面硬化钢及较薄零件。

采用直径为 1/16 in 淬火钢球为压头,施加压力为 1000 N 时,用 HRB 表示,其测量硬度值范围为 25~100,适于测量非铁金属、退火和正火钢及锻件等。

采用 120°金刚石圆锥体为压头,施加压力为 1500 N 时,用 HRC 表示,其测量硬度值范围为 20~67,适于测量淬火钢、调质钢等。

硬度是材料的重要力学性能指标。一般材料的硬度越高,其耐磨性越好。材料的强度越高,塑性变形抗力越大,硬度值也越高。

4) 冲击韧性

金属材料抵抗冲击载荷的能力称为冲击韧性,其数值为冲击韧度,常用 A_k 表示,单位为 J/cm^2。

冲击韧度常用一次摆锤冲击弯曲试验测定,即把被测材料做成标准冲击试样,用摆锤一次冲断,测出冲断试样所消耗的冲击功,然后用试样缺口处的单位截面积 F 上所消耗的冲击功 A_k 表示冲击韧度。

A_k 值越大,则材料的韧性就越好。A_k 值低的材料叫做脆性材料,A_k 值高的材料叫做韧性材料。很多零件,如齿轮、连杆等,工作时受到很大的冲击载荷,因此要用 A_k 值高的材料制造。铸铁的 A_k 值很低,灰铸铁 A_k 值趋近于零,不能用来制造承受冲击载荷的零件。

5) 塑性

金属材料的塑性是指在外载荷作用下产生塑性变形而不破坏的能力。拉伸实验测得的塑性指标有伸长率(δ)和断面收缩率(ψ),数值越大,说明材料的塑性越好。

6) 疲劳强度

金属材料在交变载荷作用下不发生断裂的极限能力称为材料的疲劳强度或者疲劳极限,用符号 $\sigma_{-1}(N/mm^2)$ 表示。控制材料内部质量,改善零件的结构设计,减小应力集中,采取表面强化处理等措施,可以有效提高零件的疲劳强度。

1.3.3 常用非金属材料和复合材料

1. 常用非金属材料

常用非金属材料有高分子材料和陶瓷材料。

1) 高分子材料

高分子材料的力学性能不如金属材料,但其具有金属材料不具备的某些特性,如耐腐蚀性、电绝缘性、消声、质轻、易加工成形、生产率高、成本低等,因此,高分子材料广泛应用于生活日用品,并可以部分取代金属材料应用于化工管道、汽车结构件等方面。

高分子材料包括塑料、橡胶和纤维等。

塑料以合成树脂为主要成分,在一定的温度、压力下可软化成形,是最主要的工程结构材料之一。由于塑料具有良好的电绝缘性、耐腐蚀性、耐磨性并且比强度高,因此不仅在日常生活中随处可见,而且在工程结构中也被广泛使用。塑料按用途可分为通用塑料和工程塑料两大类。通用塑料有:酚醛塑料、聚乙烯(PE)、聚氯乙烯(PVC)、聚丙烯(PP)和聚苯乙烯(PS)等;工程塑料有:聚酰胺(PA 即尼龙)、聚碳酸酯(PC)、聚甲醛(POM)等。工程塑料具有良好的力学性能,能代替金属制造一些机械零件和工程结构件,如齿轮、叶片、容器等。

橡胶与塑料的不同之处是橡胶在室温下具有很高弹性。经硫化处理和碳化增强后,其抗拉强度大于 35 MPa,并具有良好的耐磨性,常用橡胶的名称、性能及应用见表 1-6。

表 1-6 常用橡胶的分类、性能及应用

名　称	性　能	应　用
天然橡胶	具有良好的电绝缘性、弹性和耐碱性,耐溶剂性差	轮胎、胶带、胶管
合成橡胶	耐磨性、耐热性、抗老化性好	轮胎、胶布、胶板;三角带、减震器、橡胶弹簧等
特种橡胶	耐油性、耐腐蚀性好;耐热性、耐磨性、抗老化性较好	输油管、储油箱;密封件、电缆绝缘层等

2) 陶瓷材料

陶瓷材料是用天然或合成化合物经过成形和高温烧结制成的一类无机非金属材料。它具有高熔点、高硬度、高耐磨性、耐氧化等优点,可用作结构材料、刀具材料。由于陶瓷还具有某些特殊的性能,又可作为功能材料。陶瓷材料通常分为普通陶瓷和特种陶瓷。根据用途不同,特种陶瓷材料可分为结构陶瓷、工具陶瓷、功能陶瓷。常用陶瓷的分类、性能和用途见表 1-7。

表 1-7 常用陶瓷的分类、性能和用途

分　类		主要性能	应　用
普通陶瓷		质地坚硬;有良好的抗氧化性、耐蚀性、绝缘性;强度低;耐一定高温	日用、电气、化工、建筑用陶瓷,如装饰陶瓷、餐具、绝缘子、耐蚀容器、管道等
特种陶瓷	结构陶瓷	耐高温、耐腐蚀;高强度;其缺点是脆性大,不能接受突然的环境温度变化	可用作坩埚、发动机火花塞、高温耐火材料、热电偶套管、密封环等,也可作刀具和模具
	工具陶瓷	硬度高,热硬性好;其缺点是硬度太高、脆性大	用于机械加工刀具;各种模具,包括拉伸模、拉拔模、冷镦模;矿山工具、地质和石油开采用各种钻头等
	功能陶瓷	具有特殊的物理性能,如绝缘性、热电性、红外透过性、高透明度等	集成电路基板、电容器、振荡器、红外线窗口、光导纤维等

2. 复合材料

复合材料是由两种或者两种以上不同性质、不同组织结构的材料经人工合成的材料,即基体材料和增强材料复合而成的一类多相材料。复合材料保留了组成材料的优点,又克服了各自固有的缺点,获得单一材料无法具备的优良综合性能,是按照性能要求而设计的一种新型材料。最常见的人工复合材料,如钢筋混凝土是由钢筋、石子、沙子、水泥等制成的复合材料;轮胎是由人造纤维与橡胶合成的复合材料。

复合材料种类繁多,按基体分为三大类:高分子基复合材料、金属基复合材料和非金属基复合材料。高分子基复合材料主要包括玻璃纤维增强树脂基材料(玻璃钢);金属基复合材料主要包括铝、镁、钛、铜等及其合金;非金属基复合材料主要包括合成树脂、碳、石墨、橡胶、陶瓷、水泥等。

1.4　钢的热处理

1.4.1　钢的热处理的基本知识

钢的热处理是将固态钢在一定介质中加热、保温和冷却,以改变材料表面或内部组织结构,从而获得所需要性能的工艺方法。由于零件的成分、尺寸大小、形状工艺性能以及使用要求不同,因此在热处理过程中所采用的加热速度、加热温度、保温时间以及冷却速度也不一样。热处理工艺中的三大基本要素是加热、保温和冷却,它可以用温度-时间坐标系来表示,称为钢的热处理工艺曲线,如图1-30所示。加热是热处理的第一道工序,不同的材料有不同的加热工艺和加热温度;保温的目的是保证工件烧透,同时要防止脱碳、氧化,保温时间和保温介质的选择与工件的尺寸和材质有关,一般工件越大,导热性越差,保温时间越长久;冷却是热处理的最终工序,钢在不同的冷却速度下可以转化为不同的组织,可以说冷却过程是热处理的关键工序。

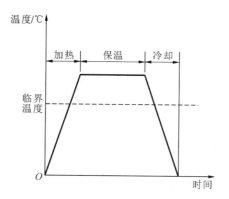

图 1-30　钢的热处理工艺曲线

1.4.2　常用热处理设备

常用热处理设备有加热设备、冷却设备和检验设备。

1.加热设备

加热炉是热处理车间的主要设备,通常的分类方法为:按能源分为电阻炉和燃料炉;按工作温度分为高温炉(＞1000 ℃)、中温炉(650 ℃~1000 ℃)、低温炉(＜650 ℃);按工艺用途分为正火炉、退火炉、淬火炉、回火炉、渗碳炉等;按形状分为箱式炉和井式炉等。常用的热处理加热炉有箱式电阻炉、井式电阻炉和盐浴炉。

(1)箱式电阻炉　箱式电阻炉是由耐火砖砌成的炉膛并在侧面和底面布置电热元件,结构示意图如图1-31所示。通电后,电能转化为热能,通过热传导、热对流、热辐射使工件加热。箱式电阻炉是在热处理车间应用很广泛的加热设备。适用于钢铁材料和非铁金属的正火、退火、淬火、回火及固体渗碳等加热,具有操作简单,温度控制准确,可输入保护性气体防止零件加热时氧化,劳动条件好,满足环境保护要求等。

(2)井式电阻炉　井式电阻炉的加热原理与箱式电阻炉相同,其炉口向上,形如井状而得名,结构示意图如图1-32所示。井式电阻炉特别适合长轴类零件垂直悬挂加热,可以减少零

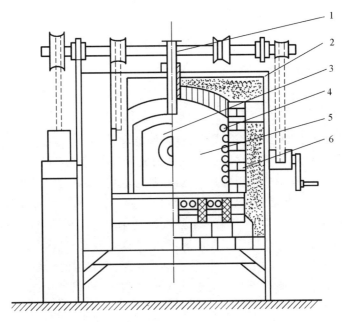

图 1-31　箱式电阻炉

1—热电偶；2—炉壳；3—炉门；4—电阻丝；5—炉膛；6—耐火砖

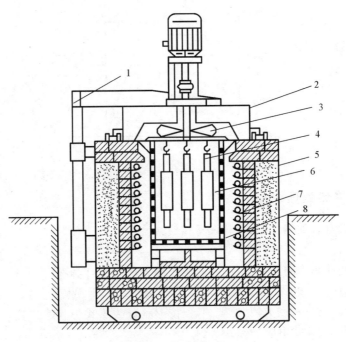

图 1-32　井式电阻炉

1—炉盖升降机构；2—炉盖；3—风扇；4—零件；5—炉体；6—炉膛；7—电热元件；8—装料筐

件的弯曲变形。

（3）盐浴炉　盐浴炉是用液态的熔盐作为加热介质对工件进行加热，特点是加热速度快而均匀，工件氧化、脱碳少，适宜于细长工件悬挂加热或局部加热，可减少变形。如图 1-33 所示为插入式电极盐浴炉。

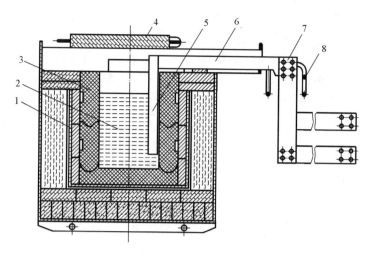

图 1-33　盐浴炉
1—炉阻;2—炉膛;3—坩埚;4—炉盖;5—电极;6—电极柄;7—汇流板;8—冷却水管

2.冷却设备

常用的冷却设备有水槽、油槽、浴炉、缓冷坑等。介质包括水、盐水、机油、硝酸盐溶液等。

3.检验设备

常用的检验设备有洛氏硬度计、布氏硬度计、金相显微镜、物理性能测试仪、游标卡尺、量具、无损探伤设备等。

1.4.3　常用热处理方法

根据热处理的目的要求及加热和冷却的方式不同,热处理的方法有很多种,常用的热处理方法如图 1-34 所示。

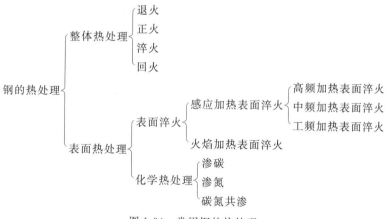

图 1-34　常用钢的热处理

1.整体热处理

对工件进行整体加热的热处理称为整体热处理。整体热处理主要有退火、正火、淬火和回火等。

(1)退火　退火是将金属或合金加热到某一温度,保温一定时间,然后随炉冷却或埋入导热性差的介质中缓慢冷却的一种工艺方法。退火的主要目的是降低材料的硬度,改善材料的切削加工性能,细化材料内部晶粒,均匀组织及消除毛坯在成形(锻造、铸造、焊接)过程中所造成的内应力,为后续的机械加工和热处理做好准备。

(2)正火 将金属或合金加热到某一温度,保温一段时间,然后出炉,在空气中冷却的一种工艺方法。正火的目的主要是细化晶粒,使组织均匀化以提高低碳钢工件的硬度和切削加工性能,消除过共析钢中的网状碳化物,为后续热处理做组织准备。与退火相比,正火生产周期短,生产率高,所以应尽量用正火替代退火。在生产中对于一些不重要的中碳钢零件可将正火作为最终热处理方法。

(3)淬火 淬火是将钢加热到临界温度以上,保温一定时间,然后快速冷却,冷却介质通常是水、油等。淬火的目的是提高钢的强度、硬度和耐磨性。

(4)回火 回火是在淬火后必须进行的一种热处理工艺。因为工件淬火后,得到的组织部稳定,存在较大的内应力,极易造成裂纹,如果在淬火后及时进行回火,就能不同程度地稳定组织、消除内应力,获得所需要的使用性能。根据不同的回火温度,回火处理可分为高温回火、中温回火和低温回火等。

2. 表面热处理

许多机器零件是在工作过程中受到动载荷及表面摩擦的作用,如齿轮、凸轮轴机床床身导轨等,要求这些零件表面具有高硬度、耐磨性,而芯部要求具有足够高的塑性和韧性,这些要求很难通过选材来解决,但是可以通过采用表面热处理方法,仅对零件表面进行强化处理,以改变表面组织和性能,而芯部基本上保持处理前的组织和性能,达到外硬内韧的效果。生产中常用的表面热处理方法有表面淬火和化学热处理两大类。

(1)表面淬火 表面淬火是将零件表层以极快的速度加热到临界温度以上,而芯部受热较少还来不及达到临界温度,接着用淬火介质极冷,使表层淬成硬度较高的组织,芯部仍保持淬火前组织的一种热处理工艺,钢件经淬火后,表层硬度高、耐磨,芯部硬度低、韧性好。表面淬火有多种方法,生产中常用感应加热表面淬火法,此外还有火焰加热表面淬火。

(2)化学热处理 化学热处理是将金属或合金工件置于一定温度的活性介质中保温,使一种或几种元素渗入它的表层,以改变其化学成分、组织和性能的热处理工艺。化学热处理处理的是零件的表层和芯部,可得到迥然不同的组织和性能,从而显著提高零件的使用质量,延长使用寿命。近年来化学热处理方法发展迅速。化学热处理种类很多,按其主要目的大致可分为两类:一类以强化为主,如渗碳、渗氮、碳氮共渗、渗硼等,主要目的是为了提高零件表面硬度、耐磨性和抗疲劳能力;另一类以改善工件表面的物理、化学性能为主,如渗铬、渗铝、渗硅等,目的是提高零件表面抗氧化性、耐腐蚀性等。

1.4.4 热处理安全技术生产操作规程

在热处理操作过程中,应严格遵守安全操作规程,必须做到以下几点:

(1)进入车间要穿工作服,并始终保持工作场地清洁整齐。

(2)熟悉一切安全技术规程,随时注意避免在工作训练中发生的事故。

(3)操作时应注意安全,不准用手触摸试样或工件,待试样冷却到一定温度后,用钳子夹住试样浸入水中冷却后,吹干、去氧化皮,在金相砂皮纸上磨平试样表面,然后再测定硬度。

(4)测定硬度时,先掌握硬度计的操作方法,以免损坏硬度计。

(5)在使用热处理设备时要注意安全,以防事故的发生。

(6)进行训练时要严格遵守安全技术规程,如有违反操作规程的现象应及时给予纠正。

第 2 章 铸 造

2.1 概 述

铸造是将液体金属浇入到具有与零件形状相适应的铸型空腔中,待其冷却凝固后,以获得零件和毛坯的方法。铸件表面粗糙,尺寸精度不高,通常作为零件的毛坯,经过切削加工后才能成为零件。

铸造是一种历史悠久的热加工工艺,在我国有约六千年的历史。两千多年以前就铸出270 kg的铸铁刑鼎。我国商朝制造的铜具有铁刃,据考证那时的铁刃是用陨铁锻造而成,然后镶铸上铜背。我国是最早应用铸铁的国家之一,自周朝末年开始有了铸铁,铁制农具发展很快,秦、汉以后,我国农田耕作大都使用了铁制农具,如耕地的犁、锄、镰、锹等,表明我国当时已具有相当先进的铸造生产水平。到宋朝我国已开始使用铸造铁炮和铸造地雷。我国闻名于世的三大铸造技术为陶范法、铁范法、失蜡法。

由于铸造生产有许多优点,在现代社会,铸造在国民经济中仍占有很重要的地位,广泛应用于工业生产的很多领域,尤其是在机械设备中,铸件占的比例很大。在铸造生产中,砂型铸造是最基本的铸造方法,除砂型铸造外的其他铸造方法,如熔模铸造、金属模铸造、压力铸造、离心铸造等,统称为特种铸造。无论采用何种铸造方法,都必须把金属材料熔化成液态,因此铸造工艺的实质是液态成形,由于液态金属易流动,因此用铸造的方法可制成形状复杂的毛坯,特别是具有复杂内腔的毛坯,也因为是液态成形,所以铸造的适应性很广,生产中常用的金属材料,如碳钢、铸铁、合金钢、青铜、黄铜、铝合金等都可以用于铸造。

通过铸造的方法得到的毛坯叫铸件。铸件表面粗糙度、尺寸精度不高,通常作为毛坯件,经切削加工后成为零件才能使用,但有时也可以将其作为零件而直接使用。在机械制造中,大部分零件是先通过铸造成形、焊接成形、锻造成形或非金属成形的方法获得毛坯,再经过切削加工而制成的。常用的材料成形方法如表 2-1 所示,通过比较可以看出,铸造成形的加工范围广,生产效率高。

表 2-1 常用材料成形方法的比较

成形方法	成形特点	对材料的工艺要求	制件特征		材料利用率	生产效率	主 要 应 用
			尺寸	结构			
铸造	液体金属填充成形	流动性好、集中缩孔	各种	可复杂	较高	低～高	型腔较复杂尤其是内腔复杂的制件,如箱体、阀体、床身等

成形方法	成形特点	对材料的工艺要求	制件特征		材料利用率	生产效率	主要应用
			尺寸	结构			
焊接	通过金属熔池液态凝固,或塑性变形、原子扩散实现连接	淬硬、裂纹、气孔等倾向较小	各种	可复杂	较高	低~高	形状复杂或大型构件的连接成形、异种材料间的连接、零件的修补等
锻造	固态金属塑性变形	变形抗力较小,塑性较好	各种	简单	较低	较低	受力较大或较复杂的制件,如传动轴、齿轮坯等
冲压			各种	可较复杂	较高	较高或较低	质量轻且刚度好的零件以及形状复杂的壳体,如箱体、仪表板、罩壳等
塑性成形	采用注射、挤压、模压、浇注、烧结、吹塑等方法制成	流动性好,收缩性、吸水性、热敏性小	各种	可复杂	较高或较低	一般结构零件、一般耐磨传动零件、减摩自润零件、耐腐蚀零件等,如化工管道、仪表壳罩

与其他材料成形加工方法相比,铸造工艺有以下特点:

(1) 适应性强。铸造方法不受零件的材料、尺寸大小和重量的限制。铸件的材料可以是铸铁、铸钢、铝合金、铜合金、镁合金、钛合金和各种特殊合金材料。铸件的壁厚从几毫米到十几米,重量从几克到数百吨;铸造可以生产各种形状复杂的毛坯,特别适用于生产具有复杂内腔的毛坯,如各种箱体、缸体、叶片、叶轮等;铸造生产既适应于单件、小批量生产,又适应于成批、大批量生产。

(2) 成本低。铸件的形状和尺寸与零件相近,可节约金属材料和机械加工时间;铸造中使用的原材料来源广,可以是生产中的废料和废件;铸造用设备成本相对较低。

(3) 工艺过程复杂,工序多。铸造的生产周期长,工艺过程难以控制,易出现铸造缺陷,铸件质量不稳定,废品多,铸件的力学性能较差;铸造的劳动强度大,劳动环境差。

但铸造在目前的生产中还存在一些问题,如在砂型铸造中工人的劳动条件差,劳动强度大,铸件的质量不稳定,废品率较高,铸件的组织粗大,且易产生缩孔、缩松、气孔、砂眼等缺陷。

近年来,由于特种铸造和砂型铸造的迅速发展、技术的成熟,铸件的力学性能大幅度提高,铸件的表面质量和尺寸精度也有了显著的提高,铸件只需少切削或不切削就可直接使用,此外,电子技术在铸造生产的应用为进一步提高生产率和改善劳动条件提供了支持。

2.2 铸造基本原理

在铸造生产中,铸件的质量与合金的铸造性能密切相关。合金的铸造性能实质是合金在铸造生产中表现出来的工艺性能,如流动性、收缩性、偏析和吸气性。合金从固态熔化到液态,由液态形成铸件,在这个过程中,合金受周围环境的影响,会发生一些复杂的物理化学变化,了解合金的铸造性能是提高铸件质量的关键问题。

2.2.1　合金的流动性

合金的流动性是指熔融金属的流动能力。合金流动性的好坏通常以"螺旋形流动性试样"的长度来衡量,如图 2-1 所示。将金属液体浇入螺旋形试样铸型中,在相同的浇注条件下,合金的流动性越好,所浇出的试样越长。

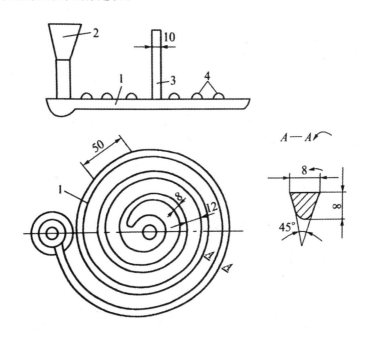

图 2-1　测定金属流动性的螺旋试样
1—试样;2—浇口杯;3—冒口;4—试样凸点

影响铸造液体流动性的因素有以下几点:

(1) 合金种类的影响。不同种类的合金会形成不同的螺旋线长度,即具有不同的流动性。常用合金中,灰铸铁的流动性最好,硅黄铜、铝硅合金次之,而铸钢的流动性最差。

(2) 化学成分和结晶特征的影响。纯金属和共晶成分的合金,凝固是由铸件壁表面向中心逐渐推进,凝固后的表面比较光滑,对未凝固液体的流动阻力较小,所以流动性好。在一定凝固温度范围内结晶的亚共晶合金,凝固时铸件内存在一个较宽的既有液体又有树枝状晶体的两相区。凝固温度范围越宽,则枝状晶越发达,对金属流动的阻力越大,金属的流动性就越差。

2.2.2　合金的充型能力

考虑铸型及工艺因素影响熔融金属的流动性称为合金样的充型能力。合金的流动性是金属本身的属性,不随外界条件的改变而变化,而合金的充型能力不仅和金属的流动性相关,而且也受外界因素的影响。

充型能力的影响因素有以下几点:

(1) 铸型的蓄热能力。即铸型从金属液中吸收和存储热量的能力。铸型的热导率和热容越大,对液态合金的激冷作用就越强,合金的充型能力就越差。

(2) 铸型温度。提高铸型温度,可以降低铸型和金属液之间的温差,从而减缓了铸型中液体的冷却速度,可提高合金液的充型能力。

(3) 铸型中的气体。铸型中气体越多,合金的充型能力就越差。

2.2.3　铸件的凝固方式及影响因素

铸件的凝固方式有 3 种:

(1) 逐层凝固方式。合金在凝固过程中其断面上固相和液相由一条界线清楚地分开,这种凝固方式称为逐层凝固。常见合金如灰铸铁、低碳钢、工业纯铜、工业纯铝、共晶铝硅合金及某些黄铜都属于逐层凝固的合金。

(2) 糊状凝固方式。合金在凝固过程中先呈糊状而后凝固,这种凝固方式称为糊状凝固。球墨铸铁、高碳钢、锡青铜和某些黄铜等都是糊状凝固的合金。

(3) 中间凝固方式。大多数合金的凝固介于逐层凝固和糊状凝固之间,称为中间凝固方式。中碳钢、高锰钢、白铸铁等属于中间凝固方式。

主要有两个因素影响铸件的凝固方式。一是合金凝固温度范围的影响,合金的液相线和固相线交叉在一起,或间距很小,则金属趋于逐层凝固;如两条相线之间的距离很大,则趋于糊状凝固;如两条相线间距离较小,则趋于中间凝固方式。二是铸件温度梯度的影响,增大温度梯度,可以使合金的凝固方式向逐层凝固转化;反之,铸件的凝固方式向糊状凝固转化。

2.2.4　铸造合金的收缩

铸造合金从液态冷却到室温的过程中,其体积和尺寸缩减的现象称为收缩。它主要包括以下 3 个阶段:第一阶段是液态收缩阶段,金属在液态时由于温度降低会发生体积收缩;第二阶段是凝固收缩阶段,熔融金属在凝固阶段会发生体积收缩,液态收缩和凝固收缩是铸件产生缩孔和缩松的基本原因;第三阶段是固态收缩阶段,金属在固态时由于温度降低会发生体积收缩,固态收缩对铸件的形状和尺寸精度影响很大,是铸造应力、变形和裂纹等缺陷产生的基本原因。

影响合金收缩的因素主要是合金的化学成分、铸件结构与铸型条件和浇注温度。化学成分不同的合金其收缩率一般也不相同。在常用铸造合金中铸钢的收缩最大,灰铸铁最小。合金浇注温度越高,过热度越大,液体收缩越大。铸件结构与铸型条件的影响表现在当铸件冷却收缩时,因其形状、尺寸的不同,各部分的冷却速度不同,导致收缩不一致,且互相阻碍,又加之铸型和型芯对铸件收缩的阻力,故铸件的实际收缩率总是小于其自由收缩率,这种阻力越大,铸件的实际收缩率就越小。

2.2.5　铸造合金的偏析和吸气性

1. 偏析

铸造中的合金液在铸型中凝固以后,铸件断面各个部分,以及晶粒内部,往往存在化学成分不均匀的现象,这种现象就是偏析。偏析是一种铸造缺陷。由于铸件各部分的化学成分不一致,势必使其力学及物理性能也不一样,这样就会影响铸件的工作效果和使用寿命。因此,在铸造生产中,必须防止合金在凝固过程中产生偏析。

偏析可分为 3 种类型,即晶内偏析、区域偏析和比重偏析。对于某一种合金而言,所产生的偏析往往有一种主要形式,但有时,由于铸造条件的影响,几种偏析也可能同时出现。

(1) 晶内偏析又称树枝状晶偏析,简称枝晶偏析。其特征是同一个晶粒内,各部分化学成分不一致,并且往往在初晶轴线上含有熔点较高的成分多。如锡青铜在晶粒轴线上往往含铜较多,含锡较少,而枝晶边缘则相反,这就是晶内偏析。

铸件产生晶内偏析,一般有两个先决条件:第一,合金的凝固有一定的温度范围;第二,合金结晶凝固过程中原子扩散速度小于结晶生长速度。一般的情况下,合金的凝固温度范围越大,铸件结晶及冷却速度越快,则原子扩散越难以进行完全,晶内偏析现象越严重。因此,晶内偏析多产生于凝固温度范围较大,能形成固溶体的合金中。为了防止某些合金的晶内偏析,可以采取细化晶粒措施,减缓冷却速度等方式,以延长原子扩散时间。但是浇注温度也不能过高,否则会造成氧化、吸气、晶粒粗大等弊病。当铸件内已经存在晶内偏析时,可考虑采用长时间的扩散退火热处理,以求减少枝晶偏析的出现。

(2) 区域偏析即在整个铸件断面上,各部分化学成分不一致的现象,它主要是由于合金进行选择凝固所引起的。区域偏析可分为正向偏析和逆向偏析。正向偏析是熔点较低的成分或合金元素熔质集中在铸件的中心和上部,其含量从铸件边缘至中心逐渐增加。逆向偏析则相反,熔点较低的成分或合金元素熔质集聚在铸件边缘。如在铜合金中,硅黄铜易出现正向偏析现象,即铸件中心含硅较多;锡青铜则易产生逆向偏析现象,即铸件表面层含锡较多。合金在一定温度范围内结晶,是产生区域偏析的基本原因。当凝固温度范围较小时,一般倾向于产生正向偏析;当凝固温度范围较大时,树枝状晶又很发达时,较易产生逆向偏析。铸件表面常出现的一种含熔质元素较多的“汗珠”“偏析疤”,这是一种逆向偏析现象,如锡青铜铸件表面的“锡汗”就是这种情形。这是当合金表面形成一层硬壳以后,因为内部合金液析出气体的压力作用,或是硬壳的固态收缩承受不了内部合金液的静压力的作用,也可能因为铸件本身产生热应力等缘故而使其硬壳断裂,未凝固的液体含熔质较多,熔点较低流出硬壳以外并表现在铸件表面的结果。对此情况,常需加强对合金的除气精炼等措施加以防止。对于区域偏析,不能以均匀化扩散退火去消除,因为偏析区域较广,要求偏析元素的扩散距离较长,在实施的退火温度和时间内不可能均匀扩散。故应以预防为主的原则加以避免。为此,第一,要正确选择合金;第二,要有合理的铸件结构,如避免肥厚断面以防止硅黄铜铸件出现区域偏析;第三,要正确控制冷却速度,如使冷却速度很慢,结晶过程按稳定系进行,或使冷却速度很快,整个结晶过程在很短时间内完成。

(3) 比重偏析是由于合金中两组元比重不同,而在同铸件中出现上下部分成分不一致的现象。出现这种偏析时,铸件上部合金中的某一成分较多,而下部另一成分较多。比重偏析的形成情况也有不同。有的是因为合金中两组元在液态下互不相溶,如钢铅合金,当合金液放置过久时,便形成互不渗透的分层,比重大的合金组元沉在下面,而比重小的浮在上面;有的是因为在搅拌不均的情况下,当合金进行选择凝固时,在生长着的晶体四周,形成了含合金元素较多的液体,由于比重与母液不同而上浮或下沉。如果初晶形状简单,分叉很少,则合金比重偏析现象很容易发生。轴承合金中,铅基或锡基巴氏合金最易产生后一类偏析。铸件的凝固方向对比重偏析影响很大。如果凝固次序是自下而上,则对于初生晶体比重较大的合金来说,其中比重较小的低熔点相很容易上浮,加剧比重偏析;反之,初生晶体比重较小时,则会减轻比重偏析。

对于易产生比重偏析的合金,必须采取措施,防止缺陷的形成。通常的做法是认真控制熔炼工艺,尤其在熔炼中和浇注前要充分搅匀,尽量减少合金液的放置时间,加入某种合金元素,改变初晶形状,加大冷却速度,如在冷水喷射器冷却下,浇注铅青铜轴瓦,合理控制铸件凝固方向等措施。较严重的铸件偏析缺陷,通过宏观分析即可发现;轻微偏析者,则需经金相检验及化学成分分析才能发现。

2. 吸气性

吸气性是指合金在熔炼和浇注时吸收气体的性能。合金吸收的气体有可能和合金中的一些元素形成化合物,在铸件中形成夹杂物。合金的吸气性随着温度的升高而加大,气体在铸件中有 3 种形式,即固熔体、化合物和气孔。气孔破坏了合金的铸造性能,降低了铸件的力学性能,并且在气孔附近易引起应力集中,降低了铸件的力学性能,影响铸件的使用寿命。

2.3 砂 型 铸 造

以型(芯)砂为造型材料制备铸型的铸造方法称为砂型铸造。砂型铸造不受零件的形状、大小、复杂程度及合金种类的限制;造型材料来源较广,生产准备周期短,成本低。但砂型铸造的劳动条件较差,铸件质量欠佳,铸型只能使用一次,生产效率较低。

2.3.1 砂型铸造工艺流程

砂型铸造的工艺流程如图 2-2 所示。总体来说,砂型铸造的工艺过程可分为造型(芯)、熔炼金属、浇注和铸件的清理等几个部分。

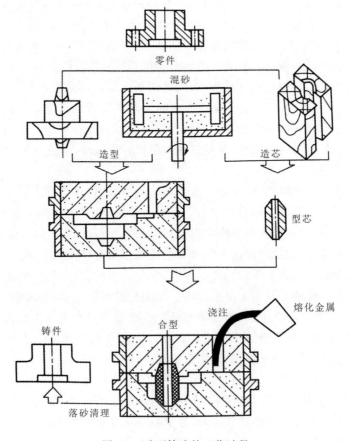

图 2-2 砂型铸造的工艺过程

2.3.2　造型材料

砂型铸造的造型材料由原砂、黏结剂、水和附加物等按一定比例和制备工艺混合而成,它具有一定的物理性能,能满足造型的需要。制造铸型的造型材料称为型砂,制造型芯的造型材料称为芯砂。型砂和芯砂的性能优劣直接关系到铸件质量的好坏。

1. 型(芯)砂的组成

砂型和型芯是用型砂和芯砂制造的。

1) 原砂

原砂的主要成分是石英(SiO_2),其中含有少量杂质。它的熔点约为 1700 ℃,能承受一般铸造合金的高温,且原砂资源丰富,价格便宜,故得到广泛应用。通常要求原砂中的二氧化硅含量为 85%～97%,砂粒应均匀且呈圆形,粒度一般为 270～104 μm(50～140 目)。在生产中,要根据熔融金属温度的高低选择不同粒度的原砂,同时为了降低成本,对于已经用过的旧砂,经过适当处理后,可以掺在型砂中使用。对一般手工生产的小型铸造车间,则往往只将旧砂过筛以去除砂团、铁块、铁钉、木片等杂物,便可重复使用。

2) 黏结剂

砂粒之间是松散的,且没有黏结力,不能形成具有一定形状的整体。在铸造生产过程中,需用黏结剂把砂粒黏结在一起,制成砂型或型芯。铸造用黏结剂的种类较多,按其组成可分为有机黏结剂(如植物油类、合脂类、合成树脂类黏结剂等)和无机黏结剂(如黏土、水玻璃、水泥等)两大类。

黏土是最常用的一种黏结剂,它价廉而丰富,具有一定的黏结强度,可重复使用。黏土主要分为普通黏土和膨润土两类。由于膨润土的颗粒更细,表面和层间均可吸附水分,故其湿态时的黏结力比普通黏土好。但由于膨润土失水后体积收缩大,容易引起砂型和砂芯的开裂,所以一般不单独用膨润土作为干型的黏结剂,只在湿型型砂中采用膨润土。而干型型砂多用普通黏土。用黏土作黏结剂制成的型砂又称黏土砂。

型芯一般是用来使铸件获得内腔,浇注时,型芯被高温熔融的金属包围。因此,芯砂具有更高的性能,采用桐油、树脂作为黏结剂。

3) 水

水与黏土可形成黏土膜,从而实现砂粒的黏结作用。型(芯)砂中水的含量对型(芯)砂的性能及铸件的质量影响很大。水分过多,黏土膜变成黏土浆,型(芯)砂的强度降低和透气性恶化;水分过少,型(芯)砂干而脆,型(芯)砂的可塑性和强度也大大降低。

4) 附加物

通常在型(芯)砂中添加适量煤油、重油、木屑等附加物,以改善型(芯)砂的性能。煤粉、重油在熔融金属液体的高温作用下燃烧形成气膜,将液态金属与砂型隔离,减少液态金属对型(芯)砂的热力和化学作用,防止产生粘砂缺陷,改善铸件表面质量。木屑加入型(芯)砂,可提高型(芯)砂的退让性和透气性,减少铸造内应力、变形和开裂。

5) 涂料

为了提高铸件表面质量和防止铸件表面粘砂,铸型型腔和型芯表面应刷上涂料。铸铁件的涂料为石墨粉加水,铸钢件的涂料为石英粉。涂料中加入少量黏土可以增加黏性。

2. 型(芯)砂的性能

型(芯)砂要具有"一强四性",即一定的强度、透气性、耐火性、可塑性、退让性。型(芯)砂质量的好坏直接影响铸件的质量、生产效率和成本,合理地选择型(芯)砂对于提高铸件质量和降低铸件成本具有重要意义。

1) 强度

型(芯)砂抵抗外力破坏的能力称为强度。型(芯)砂必须具备足够高的强度才能在造型、搬运、合箱过程中不引起塌陷,浇注时也不会破坏铸型表面。型砂的强度也不宜过高,否则会因透气性、退让性的下降使铸件产生缺陷。

型(芯)砂的强度随黏土含量和砂型紧实度的增加而增加。砂粒的粒度越细,强度越高。水分的含量对强度也有很大影响,过多或过少均会使强度变低。

2) 透气性

型(芯)砂能让气体透过的性能称为透气性。高温金属液浇入铸型后,型内充满大量气体,这些气体必须从铸型内顺利排出去,否则将使铸件产生气孔、浇不足等缺陷。

砂型的透气性受砂的粒度、黏土含量、水分含量及砂型紧实度等因素的影响。砂粒的粒度越细,黏土及水分含量越高,砂型紧实度越高,透气性则越差。

3) 耐火性

型(芯)砂在液态金属作用下,不软化且保持原有性能的能力称为耐火性。耐火性差,型(芯)砂易被高温液态金属熔化而破坏,产生粘砂缺陷,导致铸件进行切削加工困难。原砂中 SiO_2 含量越高,型砂颗粒就越大,耐火性越好。圆形和大颗粒砂比多角形和细小颗粒砂的耐火性好。

4) 可塑性

型(芯)砂在外力作用下变形,去除外力后能完整地保持已有形状的能力称为可塑性。型(芯)砂的可塑性好,造型操作方便,制成的砂型形状准确、轮廓清晰。

5) 退让性

铸件在冷却收缩时,型(芯)砂能相应地被压缩变形,而不阻碍铸件收缩的性能称为退让性。型(芯)砂退让性差,易使铸件产生内应力、变形或开裂等缺陷。型砂越紧实,退让性越差。在型(芯)砂中加入木屑可以提高退让性。

此外,型(芯)砂性能还包括耐用、成形性、流动性等。

芯砂在浇注后处于金属液的包围中,工作环境差,除应具有上述性能外,必须有较低的吸湿性、较小的发气性、良好的溃散性等,因此,芯砂的性能要求比型砂的要高。

在单件小批生产的铸造车间里,常用手捏法来粗略判断型砂的某些性能。手捏判断法如图 2-3 所示。

型砂干湿度适当,　　　松开手后可以看　　　　折断时断面没有破裂,表
可用手攥成砂团　　　　到清晰的手纹　　　　面型砂具有足够的强度

图 2-3　手捏判断法

3. 型(芯)砂的处理和混制

砂型铸造用的型(芯)砂是由新砂、旧砂、黏结剂、水和附加物按一定工艺比例配制而成。在配制前,这些材料需经过一定的处理。新砂中常混有水、泥土和其他杂质,须烘干并筛去固体杂质。旧砂因浇注后会有很多大块的砂团,须经破碎后才能使用。此外,旧砂中还有铁钉、

木块等杂物,须拣出或筛分后去除。

黏土砂根据在合箱和浇注时的砂型烘干与否分为湿型砂、干型砂和表面烘干型砂。湿型砂造型后不需烘干,生产效率高,主要应用于生产中、小型铸件;干型砂在造型后需要烘干,它主要靠涂料保证铸件表面质量,可采用粒度较粗的原砂,其透气性好,铸件不容易产生冲砂、粘砂等缺陷,主要用于浇注中、大型铸件;表面烘干型砂只在浇注前对型腔表面用适当方法烘干一定深度,其性能兼具湿砂型和干砂型的特点,主要用于中型铸件生产。

湿型砂一般由新砂、旧砂、普通黏土、附加物及适量的水组成。铸铁件用的湿型砂配比(质量比)一般为:旧砂 50%～80%、新砂 5%～20%、黏土 6%～10%、煤粉 2%～7%、重油 1%、水 3%～6%。各按一定比例选择好的制砂材料要混合均匀,才能使型(芯)砂具有良好的强度、透气性和可塑性等性能。型(芯)砂的混制是在混砂机中进行,在混砂机中混砂时先干混 2 min,再加水湿混 5 min,当型砂及芯砂的性能符合要求后出砂。型砂使用前还应进行过筛以使其松散。常用的混砂机有碾轮式、摆轮式和连续式。碾轮式混砂机如图 2-4 所示。

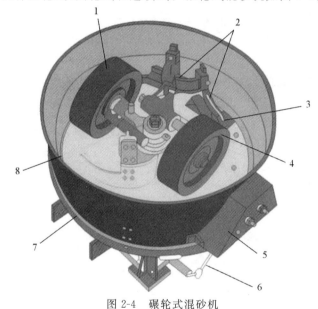

图 2-4　碾轮式混砂机

1—碾轮;2、7—刮板;3—卸料口;4—碾轮;5—防护罩;6—气动拉杆;8—主轴

2.3.3　造型方法

用型砂及模样等工艺装备制造铸型的过程称为造型,这种铸型又称为砂型。铸型是根据零件形状用造型材料制成的,铸型可以是砂型,也可以是金属型。砂型是由型(芯)砂作为造型材料制成的。它是用于浇注金属液,以获得形状、尺寸和质量符合要求的铸件。两箱铸型的装配图如图 2-5 所示。造型是砂型铸造的最基本工序,通常分为手工造型和机器造型两大类。图 2-5 中的各部位的含义如下。

上、下砂型——型砂填充形成铸件型腔。

型腔——砂型中取出模样后留下的空腔。

分型面——上下砂型间的结合面。

芯头——型芯的外伸部分,其作用是安放和固定型芯。

型芯——为了获得铸件的内孔,用型芯砂按内孔的形状制作的芯子。

芯座——铸型中专为放置型芯芯头的空腔。

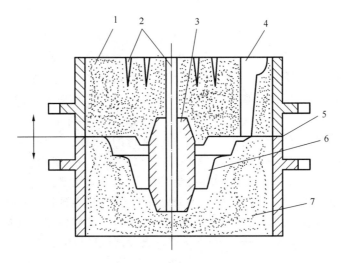

图 2-5　铸型装配图

1—上砂型;2—出气口;3—型芯;4—浇注系统;5—分型面;6—型腔;7—下砂型

1.造型工具及辅具

图 2-6 所示为常用的造型工具及辅具。此外,手工造型工具还有铁锹、揸笔、刮板等。

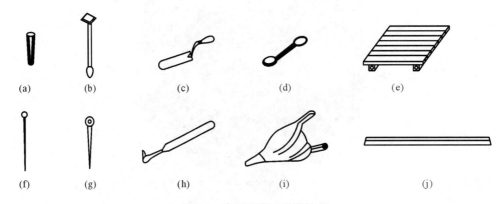

图 2-6　常用造型工具及辅具

(a) 浇口棒　(b) 砂舂　(c) 墁刀　(d) 秋叶　(e) 底板　(f) 气孔针　(g) 起模针　(h) 砂钩　(i) 皮老虎　(j) 刮板

2.造型的基本操作

造型方法有很多,但每种造型方法大都包括舂砂、起模、修型、合箱等工序。

1) 舂砂

舂砂时必须分次加入型砂。对小砂箱每次加砂厚度为 50~70 mm。加砂过多舂不紧,而加砂过少又费工时。第一次加砂时须用手将木模周围的型砂按紧,以免木模在砂箱内的位置移动。然后用舂砂锤的尖头分次舂紧,最后改用舂砂锤的平头舂紧型砂的最上层。舂砂应按由外到内的路线进行。切不可东一下、西一下乱舂,以免各部分松紧不一。

舂砂用力大小应该适当,做到"四周紧、中间松"。靠近砂箱内壁应舂紧,以免塌箱。靠近型腔部分,砂型应稍紧些,以承受液体金属的压力。远离型腔的砂层应适当松些,以利于透气。舂砂时应避免舂砂锤撞击木模。一般舂砂锤与木模相距 20~40 mm,否则易损坏木模。

2) 撒分型砂

在造上砂型之前,应在分型面上撒一层细粒无黏土的干砂(即分型砂),以防止上、下砂箱在开型时粘在一起。撒分型砂时,手应距砂箱稍高,一边转圈、一边摆动,使分型砂经指缝缓慢而均匀地散落下来,薄薄地覆盖在分型面上。最后应将木模上的分型砂用掸笔掸掉,以免在造上砂型时,分型砂粘到上砂型表面,而在浇注时被液体金属冲下来落入铸件中,使其产生缺陷。

3) 扎通气孔

除了保证型砂有良好的透气性外,还要在已舂紧和刮平的型砂上,用通气针扎出通气孔,以便浇注时气体易于逸出。通气孔要垂直而且均匀分布。

4) 开外浇口

外浇口应挖成 60° 的漏洞状,大端直径 60～80 mm。浇口面应修光,与直浇道连接处应修成圆弧过渡,以引导液体金属平稳流入砂型。若外浇口挖得太浅而成碟形,则浇注液体金属时会四处飞溅伤人。

5) 起模

起模前要用水笔沾些水,刷在木模周围的型砂上,以防止起模时损坏砂型型腔。刷水时应一刷而过,不要使水笔停留在某一处,以免局部水分过多而在浇注时产生大量水蒸气,使铸件产生气孔缺陷。起模针位置要尽量与木模的重心铅垂线重合。起模前,要用小锤轻轻敲打起模针的下部,使木模松动,便于起模。起模时,慢慢将木模垂直提起,待木模即将全部起出时,应快速取出。起模时注意不要偏斜和摆动。

6) 修型

起模后,型腔如有损坏,应根据型腔形状和损坏程度,正确使用各种修型工具进行修补。如果型腔损坏较大,可将木模重新放入型腔进行修补,然后起出。

7) 合箱

合箱是造型的最后一道工序,它对砂型的质量起着重要的作用。合箱前,应仔细检查砂型有无损坏和散砂,浇口是否修光等。如果要下型芯,应先检查型芯是否烘干,有无破损及通气孔是否堵塞等。型芯在砂型中的位置应该准确稳固,以免影响铸件准确度,并避免浇注时被液体金属冲偏。合箱时应注意使上砂箱保持水平下降,并应对准合箱线,防止错箱。合箱后最好用纸或木片盖住浇口,以免砂子或杂物落入浇口中。

3. 手工造型

1) 手工造型的工艺流程

手工造型是全部用手工或手动工具紧实的造型方法,其特点是操作灵活,适应性强。因此,在单件、小批量生产中,特别是不宜用机器造型的重型复杂件,常用此法。但手工造型效率低,劳动强度大。

一个完整的手工造型工艺过程,应包括准备工作、安放模样、填砂、紧实、起模、修型、合箱等主要工序。图 2-7 所示为手工造型的工艺流程。

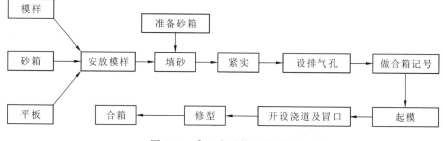

图 2-7　手工造型的工艺流程

2)常用的手工造型方法

手工造型时,填砂、紧实和起模都是由手工来完成的。其优点是操作方便灵活,适应性强,模样生产准备时间短;但生产效率低,劳动强度大,铸件质量不易保证。故手工造型只适用于单件、小批量生产。常用的造型方法有:整模造型、分模造型、挖砂造型、活块造型、三箱造型、刮板造型,地坑造型。

(1)整模造型。

整模造型过程如图 2-8 所示。整模造型的特点是分型面为平面,模样结构为整体,铸型的型腔全部位于一个砂箱内。整模造型操作简单,不会产生错箱缺陷,铸件的形状和尺寸容易保证,适合于形状简单,其最大截面在铸件端面且为平面的铸件,如齿轮坯、轴承座、机罩等零件。

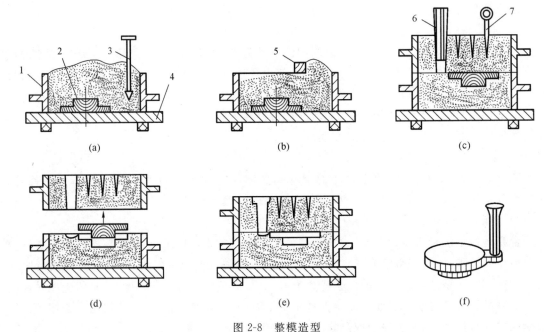

图 2-8 整模造型

(a)填砂、春砂,造下砂型 (b)刮平,翻箱 (c)造上砂型,扎气孔
(d)开箱,起模,开浇道 (e)合箱 (f)带浇注系统的铸件
1—砂箱;2—模样;3—砂春;4—底板;5—刮板;6—浇口棒;7—气孔针

(2)分模造型。

当铸件的最大截面不在铸件的端部时,为了便于造型和起模,模样要分成两半或几部分,分别在上、下箱进行造型,这种造型方法称为分模造型。分模造型过程如图 2-9 所示。分模造型的特点是模样是分开的,模样的分模面(又称分型面)是模样的最大截面,以利于起模,操作简便。分模造型适用于形状较复杂的铸件,如套筒、管子、阀体等。

(3)挖砂造型。

当铸件的外部轮廓为曲面(如手轮等),其最大截面既不在铸件的端部,且模样又不宜分为两半时,应在造型中沿着模样的最大截面,挖掉阻碍起模的那部分型砂,这种造型方法称为挖砂造型。挖砂造型过程如图 2-10 所示。挖砂造型的特点是模样多为整体,分型面为不平分型面,且在模样的中部。挖砂造型操作技术要求较高,生产效率低。因此,挖砂造型仅适用于单件、小批量生产。当大批量生产时,采用假箱造型或者成形模板造型来替代挖砂造型。假箱造型过程如图 2-11 所示。

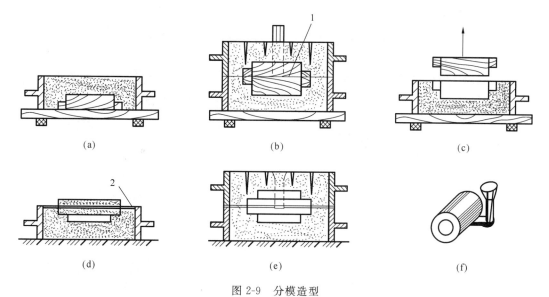

图 2-9 分模造型

(a) 造下砂型 (b) 造上砂型 (c) 开箱,起模 (d) 开浇道,放置型芯 (e) 合箱 (f) 带浇注系统的铸件

1—分模面(分型面);2—通气道

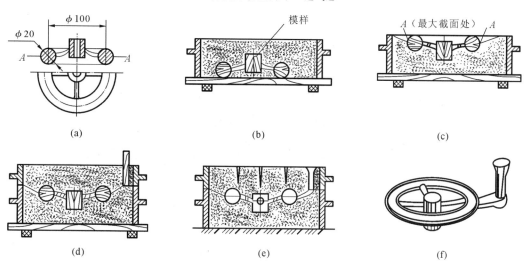

图 2-10 挖砂造型

(a) 零件图 (b) 造下砂型 (c) 翻箱,挖砂 (d) 造上砂型 (e) 合箱 (f) 带浇注系统的铸件

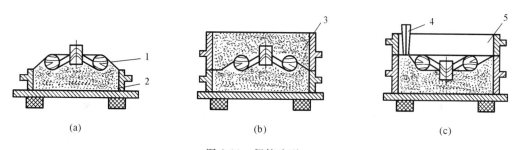

图 2-11 假箱造型

(a) 模样放在假箱上 (b) 造下砂型 (c) 翻转下砂型,待造上砂型

1—模样;2—假箱;3—下砂型;4—浇口棒;5—上砂型

（4）活块造型。

当铸件上有凸起的部分阻碍起模时,需要把凸起的部分做成活块。在起模时先取出模样主体,然后取出活块。活块造型过程如图 2-12 所示。活块造型操作技术要求较高,生产效率低。因此,挖砂造型仅适用于带有凸出(如凸台、肋条)等结构而阻碍起模的单件、小批量铸件生产。

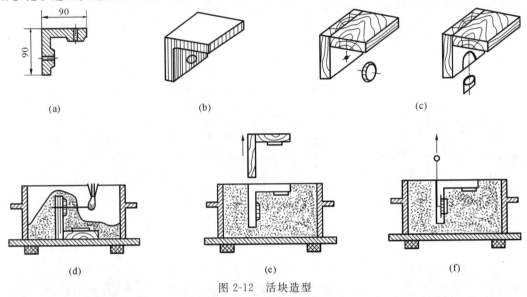

图 2-12　活块造型

（a）零件　（b）铸件　（c）用销钉或燕尾榫连接活块　（d）造下砂型,拔出销钉　（e）取出模样本体　（f）取出活块

（5）三箱造型。

当铸件两端截面尺寸大于中间截面尺寸时,只用一个分型面的两箱造型难以正常取出型砂中的模样,必须采用三箱或多箱造型的方法。三箱或多箱造型所用的中箱高度应与中箱中模样的高度一致,故中箱一般需特制。一个三箱造型过程如图 2-13 所示。三箱造型操作复杂,生产效率低,更易发生错箱等缺陷,只适合单件、小批量铸件的生产。在大批量铸件生产时,应考虑采用一定的工艺手段简化造型操作。

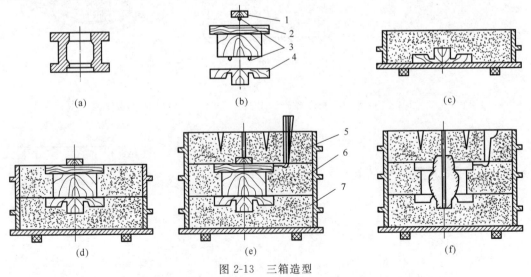

图 2-13　三箱造型

（a）零件　（b）模样　（c）造下砂型　（d）翻箱,造中砂型　（e）造上砂型　（f）起模、下型芯、合箱

1—上箱模样;2—中箱模样;3—销钉;4—下箱模样;5—上砂型;6—中砂型;7—下砂型

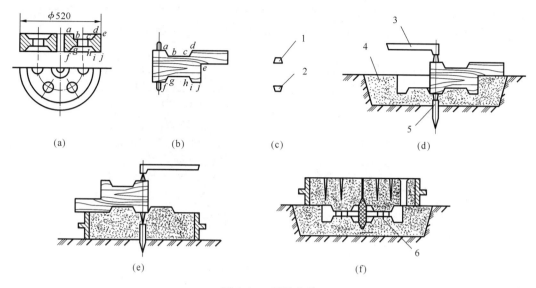

图 2-14　刮板造型

（a）铸件图　（b）刮板　（c）芯头模样　（d）刮制下砂型　（e）刮制上砂型　（f）下型芯，合箱

1—上芯头；2—下芯头；3—刮板支架；4—砂床；5—木桩；6—钉子

（6）刮板造型。

单件、小批量生产大直径的旋转体铸件，如带轮、齿轮等，可采用与铸件截面相适应的刮板来替代实体模样。皮带轮的刮板造型如图 2-14 所示。刮板造型适用于形状是回转体或截面不变的较大铸件，当批量极少时，用刮板造型，可简化其模样制作，大大节省木材与制模时间，但不宜大批量生产。

（7）地坑造型

直接在铸造车间的砂地上或砂坑内造型的方法称为地坑造型。大型铸件单件生产时，为节省砂箱，降低铸型高度，便于浇注操作，多采用地坑造型。图 2-15 为地坑造型结构，造型时需考虑浇注时能顺利将地坑中的气体引出地面，常以焦炭、炉渣等透气物料垫底，并用铁管引出气体。

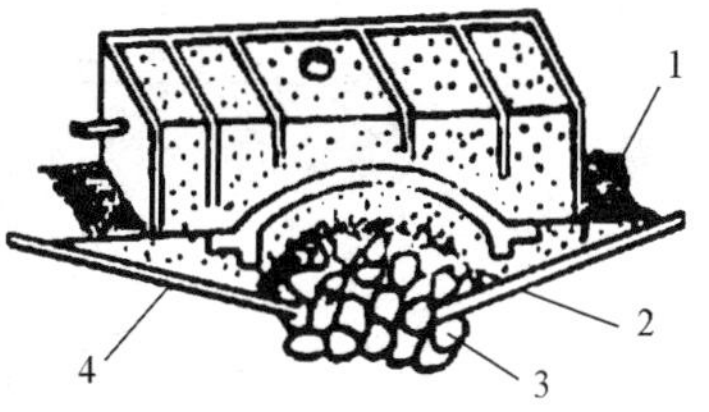

在实际生产中，手工造型方法的选择具有较大的灵活性，一个铸件往往可用多种方法造型。应根据铸件的结构

图 2-15　地坑造型

1—定位桩；2—草垫；3—焦炭；4—通气管

特点、形状和尺寸、生产批量、使用要求及车间具体条件等进行分析比较，以确定最佳方案。

4. 机器造型

用机器全部完成或至少完成紧砂操作的造型工序称为机器造型。机器造型生产效率高，改善了工人的劳动条件。机器造型铸件的尺寸精度和表面质量高，加工余量小。但设备和工艺装备费用高，生产准备时间较长，适用于中、小型铸件成批或大批量生产。

1）紧砂方法

目前机器造型绝大部分是以压缩空气为动力来紧实型砂的。机器造型的紧砂方法分为压实、震实、抛砂、射砂 4 种基本形式，其中震压式应用最广。

（1）高压造型。

压实造型是借助于压头或模样所传递的压力紧实成形，按比压大小可分为低压（0.15～0.4 MPa）、中压（0.4～0.7 MPa）、高压（大于 0.7 MPa）三种。高压造型目前应用很普遍，

图 2-16 为多触头高压造型工作原理。高压造型具有生产效率高,砂型紧实度高,强度大,所生产的铸件尺寸精度高和表面质量较好等优点,在大批量生产中应用较多。

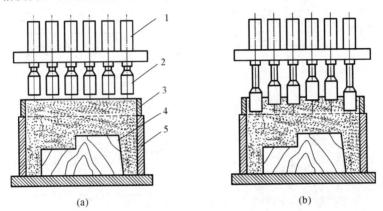

图 2-16　多触头高压造型
(a)加压前的位置　(b)加压后的位置
1—液压缸;2—触头;3—辅助框;4—模样;5—砂箱

(2)射压造型。

射压造型是利用压缩空气将型砂以很高的速度射入砂箱并加以挤压而得到紧实,工作原理如图 2-17 所示。射压造型的特点是砂型紧实度分布均匀,生产速度快,工作无振动噪声,一般应用在中、小铸件的成批生产中,尤其适用于无芯或少芯铸件。

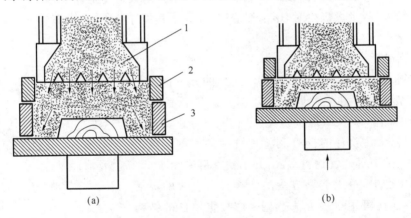

图 2-17　射压造型
(a)射砂　(b)压实
1—射砂头;2—辅助框;3—砂箱

(3)震压造型。

震压造型是利用震动和加压使型砂压实,工作原理如图 2-18 所示。该方法得到的砂型密度的波动范围小,紧实度高。震压造型最常见的是微震压造型方法,其振动频率为 400 Hz,振幅 5～10 mm。震压造型与纯压造型相比可获得较高的砂型紧实度,且砂型均匀性也较高,可用于精度要求高、形状较复杂铸件的成批生产。

另外,机器造型还有气流紧实造型、真空密封造型等多种方法。

2)起模方法

型砂紧实以后,就要从型砂中正确地把模样起出,使砂箱内留下完整的型腔。造型机大都

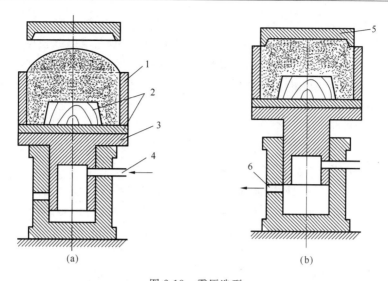

图 2-18 震压造型

(a) 震动前的位置 (b) 震动与压实

1—砂箱;2—模板;3—气缸;4—进气口;5—压板;6—排气口

装有起模机构,其动力也多半是应用压缩空气,目前应用最广泛的起模方式有顶箱、漏模、翻转共 3 种方式。

(1) 顶箱起模。

图 2-19(a)所示为顶箱起模。型砂紧实后,开动顶箱机构,使 4 根顶杆自模板四角的孔中上升,而把砂箱顶起。此时固定模型的模板仍留在工作台上,这样就完成了起模工序。顶箱起模的造型机构比较简单,但起模时易漏砂,因此只适用于型腔简单且高度较小的铸型,多用于制造上箱,以省去翻箱工序。

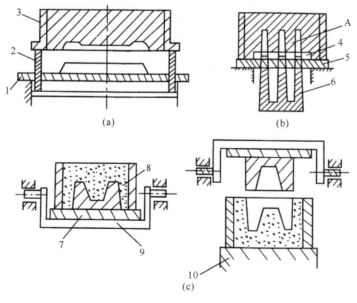

图 2-19 起模方法

(a) 顶箱起模 (b) 漏模起模 (c) 翻转起模

1、5、7—模板;2—顶杆;3、8—砂箱;4—托板;6—漏模;9—转台;10—接箱承受台

（2）漏模起模。

图 2-19（b）所示为漏模起模。为避免起模时掉砂，将模型上难以起模的部分做成可以从漏板的孔中漏下。即将模型分成两部分，模型本身的平面部分固定在模板上，模型上的凸起部分可向下抽出，在起模时由于模板托住图中 A 处的型砂，因而可避免掉砂。漏模起模机构一般用于形状复杂或高度较大的铸型。

（3）翻转起模。

图 2-19（c）所示为翻转起模。型砂紧实后，砂箱夹持器将砂箱夹持在造型机转板上，在翻转气缸推动下，砂箱随同模板、模型一起翻转 180°，然后承受台上升，接住砂箱后，夹持器打开，砂箱随承受台下降，与模板脱离而起模。这种起模方法不易掉砂。适用于型腔较深、形状复杂的铸型。由于下箱通常比较复杂些，且本身为了合箱的需要，也需翻转 180°，因此翻转起模多用来制造下箱。

5. 造型芯

型芯的主要作用是形成铸件的内腔或局部外形，对于一些形状复杂的铸件可全部由型芯组成型腔，这种造型方法称为组芯造型。用芯砂制成的型芯称为砂芯，砂芯大部分是由芯盒制成的，为了增加型芯的强度，在型芯中间应设置芯骨，小型芯芯骨用钢丝，大、中型芯芯骨由铸铁制成，如图 2-20 所示。为了提高型芯的透气能力，在型芯中应开通气孔，使型芯产生的气体能顺利地排出。型芯的通气孔要与铸型的排气孔连接。大型型芯的中间常放入焦炭以增加透气功能。

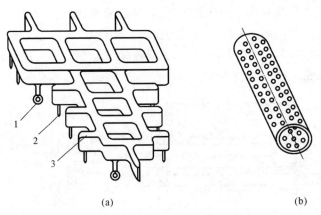

图 2-20   芯骨

（a）铸铁芯骨   （b）钢管芯骨

1—吊攀；2—芯骨齿；3—芯骨框架

型芯制成以后，表面要刷上一层涂料以防止铸件内腔粘砂，然后放入 250 ℃左右的温度下烘干，以提高型芯的性能。用芯盒造型芯的过程如图 2-21 所示。

6. 合箱

将上砂型、下砂型、型芯、浇口杯等组成一个完整铸型的操作过程称为合箱，又称合型。合箱是造型的最后一道工序，直接影响到铸件的质量。即使铸型和型芯的质量很好，若合箱操作不当，也会引起气孔、砂眼、错箱、跑火等缺陷。

合箱的主要步骤有下型芯、合箱、紧固。

1）下型芯

下型芯前，应先清除型腔、浇注系统和型芯表面的浮砂。下型芯时，主要应确保型芯定位

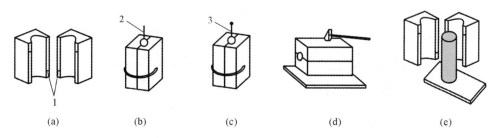

图 2-21　用芯盒造型芯的过程

(a) 准备芯盒　(b) 舂砂,放芯骨　(c) 刮平,扎气孔　(d) 敲打芯盒　(e) 打开芯盒,取出砂芯,上涂料

1—定位销和定位孔;2—芯骨;3—通气孔

准确,型芯头和型芯座的间隙合理。型芯安放必须确保稳定,必要时可安放芯撑固定。下型芯后,检查和疏通型芯和砂型的排气通道,确保排气通畅。

2) 合箱

合箱前须认真清理型腔内的杂物和表面浮砂,仔细查看铸型方向和定位标志。合箱时应尽量保持砂箱平稳,缓慢下降,不断进行全方位定位标志检查,直到全部对应,切实合拢。

3) 紧固

熔融金属浇注时,液态金属会产生上浮力,使上砂型抬起,液态金属从分型面溢出(又称跑火)。因此,浇注时必须在上砂型上安放压铁或用螺杆、卡子等紧固件将砂箱紧固。

2.4　铸造工艺设计

2.4.1　分型面的确定

分型面是指上、下砂型的分界面,往往也是模样的分模面。其表示方法为用短线表示分型面的位置,箭头和"上""下"两字表示上型和下型的位置,分型面的确定有以下原则。

(1) 为了方便起模,分型面应选择在模样的最大截面处,挖砂造型时尤其要注意,要挖到模样的最大截面处,即分型面处,如图 2-22 所示。

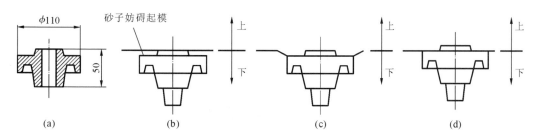

图 2-22　分型面应选在模样最大截面

(a) 铸件图　(b) 不合理　(c) 合理　(d) 合理

(2) 为了便于简化操作过程,应尽量减少分型面数目,成批量生产时应避免采用三箱造型。

(3) 应使铸件中重要的加工面朝下或垂直于分型面,便于保证铸件的质量。因为,浇注时液体金属中的渣于、气泡总是浮在上面,铸件的上表面缺陷较多,铸件的下表面和侧面质量较好,如图 2-23 所示。

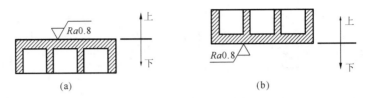

图 2-23　重要的加工面朝下或垂直于分型面
（a）重要的加工面朝上,不合理　（b）重要的加工面朝下,合理

（4）应使铸件全部或大部分在同一砂型内,以减少错箱、飞边和毛刺,提高铸件的精度,如图 2-24 所示。

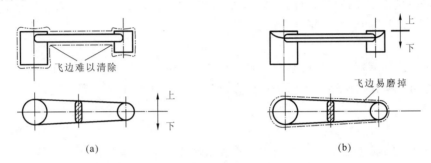

图 2-24　分型面的位置应减少错箱、飞边
（a）不合理　（b）合理

2.4.2　浇注位置的选择

浇注位置是指浇注时铸件所处的位置。一般先从保证铸件的质量出发来确定浇注位置,然后从工艺操作方便出发确定分型面。铸件浇注位置要符合铸件的凝固方式,保证铸件的充型。浇注位置的选择有以下原则:

（1）铸件的重要加工面或质量要求高的面,尽可能置于铸型的下部或处于侧立位置。因为在液体金属的浇注过程中,其中的气体和熔渣上浮;而且由于静压力较小,也使铸件上部组织不如下部的致密,如图 2-25 所示。

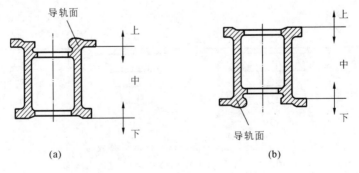

图 2-25　重要加工面置于铸型的下部
（a）不合理　（b）合理

（2）将铸件的大平面朝下,以免在此面上出现气孔和夹砂等缺陷。因为在金属液体的充型过程中,灼热的金属液体会对砂型上表面有强烈的热辐射作用,使该表面的型砂拱起或开裂,导致金属液钻进裂缝处,这将使铸件的该表面产生夹砂缺陷,如图 2-26 所示。

（3）具有大面积薄壁的铸件，应将薄壁部分放在铸型的下部或处于侧立位置，以免发生浇不足、冷隔等缺陷，如图 2-27 所示。

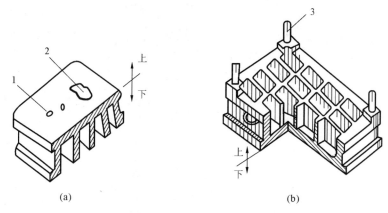

图 2-26　铸件的大平面朝下

（a）不合理　（b）合理

1—气孔；2—夹砂；3—出气冒口

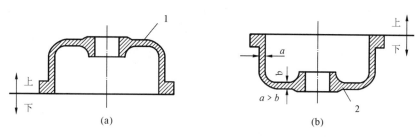

图 2-27　大面积薄壁的铸件，薄壁部分放在铸型的下部

（a）不合理　（b）合理

1—薄壁朝上；2—薄壁朝下

（4）为防止铸件产生缩孔缺陷，应把铸件上易产生缩孔的厚大部位置于铸型顶部或侧面，以便安放冒口进行补缩。

2.4.3　浇注系统

浇注系统是为金属液流入型腔而开设于铸型中的一系列通道。

1. 浇注系统的组成及作用

典型的浇注系统由外浇口、直浇道、横浇道和内浇道四部分组成，如图 2-28 所示。

1）外浇口

其作用主要是为了便于承载金属液体、缓和金属液对铸型的冲击，小型铸件通常为漏斗状（称浇口杯），较大型铸件为盆状（称浇口盆）。

2）直浇道

其作用是调节金属液体流入型腔的速度和对型腔内金属液体产生一定的静压力。开制直浇道，除了要求光滑结实外，还要注意与外浇口连接处也应平滑，与横浇道连接处倒成圆角，使金属液体平稳地流入横浇道。

3）横浇道

它除了将金属液体引导到各个内浇口外，最主要的作用就是挡渣。浇道截面形状常为梯

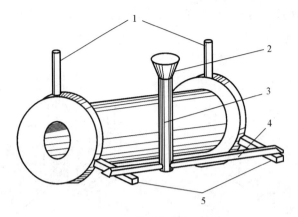

图 2-28　典型的浇注系统

1—出气口;2—外浇口(漏斗型);3—直浇道;4—横浇道;5—内浇道

形,开制容易,挡渣作用良好,应用最为广泛。

　　4) 内浇道

　　它是直接与型腔相连,并能调节金属液体流入型腔的方向和速度、调节铸件各部分的冷却速度。内浇道截面形状有扁平梯形、三角形、方梯形、半圆形和圆形等。

　　2.浇注口位置的确定

　　根据铸件形状、大小、合金种类及造型方法的不同,可选择不同的浇注口位置,如图 2-29 所示。

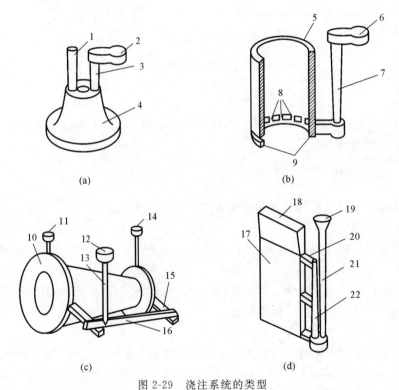

图 2-29　浇注系统的类型

(a) 顶注式　(b) 底注式　(c) 中间注入式　(d) 分段注入式

1、11、14—出气口;2、6、12、19—外浇口;3、7、13、21—直浇道;4、5、10、17—铸件;8、15、20—内浇道;

9、16—横浇道;18—冒口;22—分配直浇道

1）顶注式

内浇口设置在铸件顶部，金属液体从铸件上部流入型腔，有利于实现自下而上的顺序凝固，易于补缩，冒口尺寸小，是常用的一种形式。顶注式适用于高度低、形状简单的薄壁铸件。

2）底注式

金属液体从底部注入型腔。它充型平稳、易于排气、挡渣，常用于非铁金属铸件及形状复杂、要求较高的大中型铸件。

3）中间注入式

内浇口放在铸型中间的某一部位上，将金属液体引入铸型。其优缺点介于顶注式和底注式之间，一般从分型面引入，在分模两箱造型中得到了广泛的应用。

4）分段注入式

在铸型的不同高度开设浇注口，将金属液体引入铸型型腔。它充型平稳、排气顺畅、补缩较好，但造型比较困难，主要用于高大铸件的多箱造型。

2.4.4 铸造用模样设计

模样是形成铸型型腔的模具，芯盒是用来制作型芯以及形成具有空腔的铸件的模具。

1. 模样

模样的结构应便于制作加工，具有足够的刚度和强度，表面光滑，尺寸精确。模样的尺寸和形状是根据零件图和铸造工艺得出的。图 2-30 所示是压盖零件的零件图、铸造工艺图及模样图和芯盒。从图中可见模样的形状和零件图往往是不完全相同的。

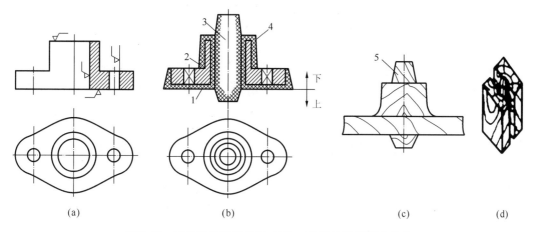

图 2-30 压盖零件的零件图、铸造工艺图及模样图和芯盒

(a) 零件图 (b) 铸造工艺图 (c) 模样 (d) 芯盒

1—加工余量；2—铸造圆角；3—砂芯；4—拔模斜度；5—芯头

影响铸件、模样的形状与尺寸的某些工艺数据称为铸造工艺参数。设计模样时，要考虑的铸造工艺参数主要有：

(1) 起模斜度。

为了易于从砂型中取出模样，凡垂直于分型面的表面，都应设计起模斜度。起模斜度的数值与模样高度有关，模样高度小于 100 mm 时起模斜度为 3°左右，模样高度大于 100 mm 时起模斜度为 0.5°～1°。起模斜度的形式如图 2-31 所示。

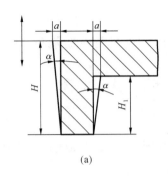 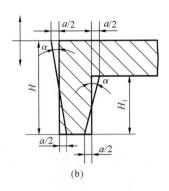 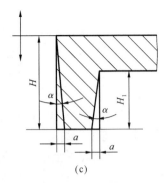

　　　　(a)　　　　　　　　　　　　(b)　　　　　　　　　　　　(c)

图 2-31　起模斜度的三种形式

　　(2) 加工余量。

　　机械加工余量是在铸件工艺设计时预先增加的,而后在机械加工时又被切去的金属层厚度,简称加工余量。加工余量过大,浪费金属和加工工时;过小,不能完全去除铸件表面缺陷,甚至露出铸件表皮,达不到技术要求。影响加工余量大小的主要因素有:铸造合金种类、铸造工艺方法、生产批量、设备及工装的水平等,以及与铸件尺寸精度有关的因素,加工表面所处的浇注位置(顶、底、侧面),铸件基本尺寸的大小和结构等。单件、小批生产的小铸铁件的加工余量为 4.5~5.5 mm。

　　(3) 收缩量。

　　铸件冷却时要收缩而使铸件的尺寸减小,所以模样的尺寸应考虑铸件收缩的影响,模样的尺寸应比铸件尺寸大些。放大的尺寸称为收缩量。通常铸铁件的收缩量为 1%,铸钢件的收缩量为 1.5%~2%,铝合金件的收缩量为 1%~1.5%。

　　(4) 铸造圆角。

　　铸件上各表面的转折处,都要做成圆弧过渡,称为铸造圆角。铸造圆角可以避免应力集中,防止开裂,以利于造型及保证铸件质量。铸造圆角半径一般为 3~10 mm,具体数值可查有关手册。

　　(5) 型芯头。

　　有型芯的砂型,必须在模样上做出相应的型芯头,以便型芯稳固地安放在铸型中。

　　(6) 最小铸出孔和槽。

　　对于过小的孔和槽,一般不予铸出,而是由机加工来完成。这样不但可以减少切削加工工时,节约金属材料,还可以避免铸件的局部过厚所造成的热节,提高铸件的质量。不铸出的孔和槽的最大尺寸与合金种类、生产条件有关。单件、小批量生产的小型铸铁件孔径小于30 mm时,一般不予铸出。表 2-2 为最小铸出孔的数值。

表 2-2　铸件的最小铸出孔

生 产 批 量	最小铸出孔直径/mm	
	灰铸铁	铸钢件
大批量	12~15	—
成批量	15~30	30~50
单件、小批量	30~50	50

　　根据制造模样材料的不同,常用的模样分为:

（1）木模。

用木材制成的模样称为木模，木模是铸造生产中使用最广泛的一种。它具有价廉、质轻和易于加工成形等优点。其缺点是强度和硬度较低，受潮后容易变形和损坏，使用寿命短，一般适用于单件、小批量生产。

（2）金属模。

用金属材料制造的模样称为金属模。它具有强度高、刚度大、表面光洁、尺寸精确、使用寿命长等优点，适用于大批量生产。但它的制造难度大、周期长，成本也高。制造金属模的材料有铝合金、铜合金、铸铁、铸钢等。

（3）塑料模。

主要为环氧树脂玻璃钢和 ABS 塑料，制造简便、修理方便、较耐磨、变形小、生产周期短，但导热性差、不可加热，主要用于制备大批量生产的各种模样及小型双面模板。

（4）泡沫塑料模。

泡沫塑料的密度小（0.015～0.025 g/cm³），质量轻，制造简便，但模样表面不够光滑，易撞破、只能用一次。泡沫塑料的使用简化了造型，铸件尺寸精度高、易于实现机械化、自动化生产。因泡沫塑料模样舂砂时易于变形，故多用于不舂砂的实型造型、磁丸造型的中小型铸件，以及单件生产的中、大型铸钢件。

2．芯盒

带有局部孔或者内腔的铸件是由型芯形成的，型芯又是由芯盒制成的。应以铸造工艺图、生产批量和现有的设备为依据，确定芯盒的材质、结构和尺寸。大批量生产应选用经久耐用的金属芯盒，单件、小批量生产则可以选择使用寿命短的木质芯盒。

2.4.5　冒口和冷铁

为了实现铸件在浇注、冷凝过程中能正常充型和冷却收缩，一些铸型设计应用了冒口和冷铁。

1．冒口

高温金属液体浇入铸型后，由于冷却凝固将产生体积收缩，使铸件最后凝固的部位产生缩孔、缩松等缺陷。为了获得完整的铸件，必须在可能产生缩孔、缩松的部位设置冒口，如图2-32所示。冒口是铸型中特设的储存补缩用金属液的空腔，凝固后的冒口是铸件上多余的部分，清理时予以切除。此外，冒口也有排气、集渣、引导充型的作用。

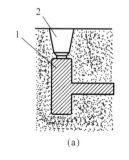 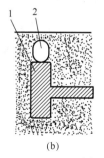 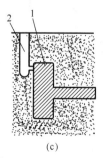 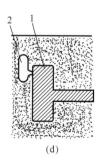

（a）　　　　　　　（b）　　　　　　　（c）　　　　　　　（d）

图 2-32　冒口

（a）明顶冒口　（b）暗顶冒口　（c）明侧冒口　（d）暗侧冒口

1—铸件；2—冒口

2.冷铁

为增加铸件局部冷却速度,在型腔内部及工作表面安放的金属块称为冷铁。冷铁的作用在于调节铸件凝固顺序,在冒口难以补缩的部位防止缩孔、缩松,扩大冒口的补缩距离,避免在铸件壁厚交叉及急剧变化的部位产生裂纹。

冷铁分为内冷铁和外冷铁两大类,放置在型腔内浇注后与铸件融合为一体的金属激冷块称为内冷铁,在造型时放在模样表面的金属激冷块称为外冷铁。外冷铁一般可重复使用。

2.5　特　种　铸　造

随着科学技术的发展和生产水平的提高,对铸件质量、劳动生产效率、劳动条件和生产成本有了进一步的要求,因而铸造方法有了长足的发展。所谓特种铸造,是指除了砂型铸造之外的其他铸造工艺。与砂型铸造相比,特种铸造有以下优点:

(1) 铸件尺寸精确,表面粗糙度值低,易于实现少切削或无切削加工,降低了原材料消耗。

(2) 铸件内部质量好,力学性能高,铸件壁厚可以减薄。

(3) 便于实现生产过程机械化、自动化,提高生产效率。

目前特种铸造方法已发展到几十种,常用的有金属型铸造、熔模铸造、实型铸造、压力铸造、离心铸造、低压铸造、陶瓷型铸造,另外还有磁型铸造、石墨型铸造、反压铸造、连续铸造和挤压铸造等。

本节主要介绍几种常用的特种铸造方法,有金属型铸造、熔模铸造、实型铸造、压力铸造、离心铸造。

2.5.1　金属型铸造

金属型铸造是将熔融金属在重力下浇入金属铸型内,以获得铸件的一种铸造方法。金属型一般是用铸铁或耐热钢制成,可反复使用,所以又称为永久型铸造,如图2-33所示。

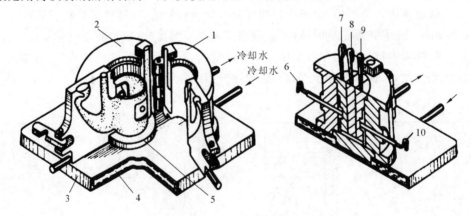

图 2-33　金属型铸造

1—右半型;2—左半型;3—底板;4—冷却水;5—底型;6—左销孔型芯;
7—左侧型芯;8—中间型芯;9—右侧型芯;10—右销孔型芯

由于熔融金属在金属型中冷凝成形,铸件的晶粒细小,力学性能得到了提高,尺寸也较精确,减少了加工余量,可节约金属材料和加工工时。并且金属型能反复使用,节约了造型工时,但金属型制造周期长,成本较高,铸件的壁厚、形状都受到一定的限制。

金属型铸造在发动机、仪表、农机等工业部门有广泛应用,一般适用于铸造不太复杂的中小型零件,很多合金零件都可采用金属型铸造,而其中又以铝、镁合金零件应用金属型铸造工艺最为广泛。因为金属型铸造周期长、成本较高,一般在成批或大量生产同一种零件时,这种铸造工艺才能显示出好的经济效益。

2.5.2 熔模铸造

熔模铸造亦称失蜡铸造,是用易熔材料制成精确的模样,在其上涂挂耐火材料制成型壳,熔去模样得到中空的耐火型壳,型壳经焙烧后将熔融金属浇入,金属冷凝后敲掉型壳而获得铸件的一种铸造方法。其主要工艺流程如图 2-34 所示。

熔模铸造的优点是:熔模铸造的铸型无分型面,蜡模尺寸精确、表面光洁,所以铸件的尺寸精度较高,是一种少、无切屑加工的铸造方法,适于铸造高熔点、形状复杂及难以切削加工的零件。熔模铸造适于单件小批量生产,也可成批大量生产。目前,它在机械、动力、航空、汽车、拖拉机及仪表等领域有着广泛的应用。产品如铸铝热交换器、不锈钢叶轮、铸镁金属壳体等。

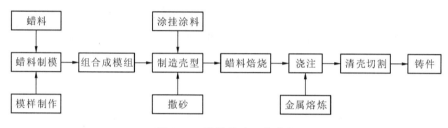

图 2-34 熔模铸造工艺流程

熔模铸造亦存在不足:其工序较多、生产周期长、成本较高,而且不适于生产大型铸件,铸件质量一般不超过 25 kg。

2.5.3 实型铸造

实型铸造又称汽化膜铸造、消失模铸造。它是使用泡沫聚苯乙烯塑料制作模样(包括浇注系统),在浇注时,金属液体迅速将模样燃烧汽化直到消失掉,金属液体充填了原来模样的位置,冷却凝固后而成铸件的铸造方法,其工艺过程如图 2-35 所示。

实型铸造时不用起模、不用型芯、不合型,大大简化了造型工艺,并减少了由制芯、取模、合型引起的铸造缺陷及废品;由于采用了树脂砂造型,使砂处理系统大大简化,极易实现落砂,改善了劳动条件;由于不分型,铸件无飞翅和毛刺,使清理打磨工作量减少 50% 以上。但实型铸造汽化模会造成空气污染;泡沫塑料模具的设计生产周期长,成本高,因而要求产品有相当的批量后才有经济效益;生产大尺寸的铸件时,由于模样易变形,须采取适当的防变形措施。

实型铸造被国内外铸造界誉为"21 世纪的铸造新技术",适用于各类合金(钢、铁、铜、铝等合金),适合于结构复杂(铸件的形状可相当复杂)、难以起模或活块和外芯较多的铸件,如模具、气缸头、管件、曲轴铸件、叶轮铸件、壳体铸件、艺术品、床身铸件、机座铸件等。用实型铸造法可生产铝合金铸件、铜合金铸件和灰铸铁铸件,质量可从一千克至几百吨,铸件的尺寸精度高于一般砂型铸造。但实型铸造在金属液浇注过程中因模样的汽化,会自型腔中冒出大量黑色烟雾污染工作环境。模样汽化的产物与液态金属发生作用会使铸铁件表面出现皱皮,灰铸铁铸件出现表面增碳的现象。此外,泡沫塑料模样是一次性使用,生产中需要准备与铸件相等

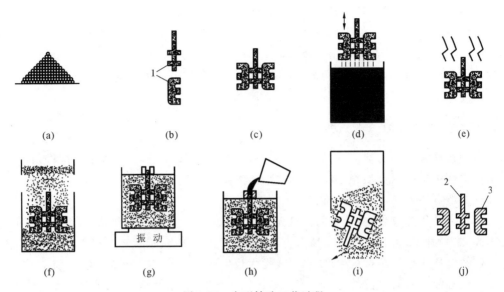

图 2-35　实型铸造工艺过程

(a) 准备泡沫材料　(b) 制作模样　(c) 模样黏合成组　(d) 涂挂涂料

(e) 烘干　(f) 加砂　(g) 紧砂　(h) 金属浇注　(i) 落砂　(j) 切割、清理

1—模样；2—浇注系统；3—铸件

数目的模样，所以实型铸造只适用于单件或少量生产的铸件。

2.5.4　压力铸造

压力铸造是将熔融金属在高压作用下高速充填金属铸型，并在压力下凝固形成铸件的一种铸造方法，简称压铸。它常用的压强为 5～70 MPa，甚至高达 200 MPa，充型速度为 5～100 m/s，充型时间仅 0.1～0.5 s。压力铸造主要工艺过程如图 2-36 所示。

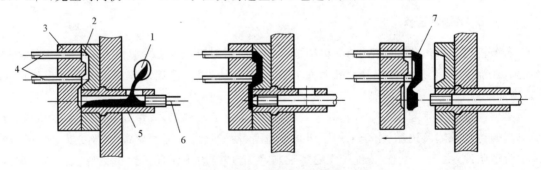

图 2-36　压力铸造工艺过程

1—金属液；2—固定半型；3—活动半型；4—顶杆；5—压射室；6—压射冲头；7—铸件

压铸机的种类很多，工作原理基本相同，常采用的是冷室卧式压铸机。压铸是一种高效率铸造方法，特别适用于生产形状复杂的薄壁铸件，可直接铸出齿形，小孔及螺纹。铸件组织细密、尺寸精度高以及表面光洁，铸件上的许多面可不用切削加工。它主要用于非铁金属铸件的成批大量生产中。它不但在机械、汽车和航空工业中应用很普遍。而且在无线电、电器、仪表和轻工业部门也得到广泛的应用。

2.5.5　离心铸造

离心铸造是将熔融的金属通过浇注系统注入旋转的金属型内,在离心力的作用下充型,最后凝固成铸件的一种铸造方法。根据铸型旋转空间位置的不同,常用的离心铸造机有立式和卧式两种。铸型绕垂直轴旋转的称为立式离心铸造,铸型绕水平轴旋转的称为卧式离心铸造,如图 2-37 所示。金属型模的旋转速度根据铸件结构和金属液体重力决定,应保证金属液体在金属型腔内有足够的离心力不产生淋落现象,离心铸造常用的旋转速度为 250～1500 r/min 之间。

目前,离心铸造已广泛用于生产铸铁水管、气缸套、钢辊筒、铜套等。

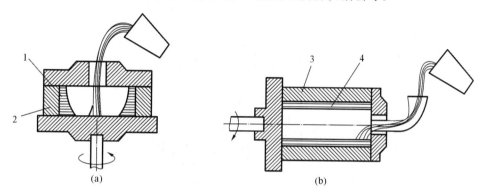

图 2-37　离心铸造
（a）立式离心铸造　（b）卧式离心铸造
1、4—铸件；2、3—铸型

2.6　金属的熔炼和浇注

2.6.1　合金的熔炼

铸造合金的熔炼是铸造生产的主要工序之一,是获得优质铸件的关键,若熔炼控制不当,会使铸件因成分和力学性能不合格而报废。

凡是能用于生产铸件的合金都称为铸造合金。常用的铸造合金有铸铁、铸钢和铸造非铁合金。合金熔炼的任务是用最经济的方法和手段获得温度和化学成分合格的金属液。

1.铸铁的熔炼

在铸造生产中,铸铁件占铸件总质量的 70％～75％,其中 90％的铸铁都由冲天炉来熔炼。由于环境污染等原因,在中、小型铸铁熔炼时,由电弧炉、感应电炉代替。冲天炉的构造由以下主要部分组成,如图 2-38 所示。

（1）炉身。冲天炉的主体,外部用钢板制成炉壳,其内砌上耐火炉衬。

（2）炉缸。主风口中心线以下至炉底部分。

（3）前炉。用于储存过热的铁水和排渣。

（4）炉顶。用于排烟,其顶部装有除尘设备。

冲天炉的大小是以每小时熔化的铁水量来衡量,称为熔化率。常用的冲天炉熔化率为

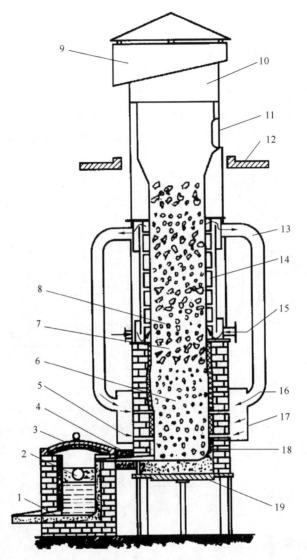

图 2-38　冲天炉的构造

1—出铁口;2—出渣口;3—前炉;4—过桥;5—风口;6—底焦;7—金属料;8—层焦;9—火花罩;10—烟囱;

11—加料口;12—加料台;13—热风管;14—热风胆;15—进风口;16—热风;17—风带;18—炉缸;19—炉底门

1.5～10 t。冲天炉的内径越大,生产率越高。

冲天炉的炉料包括金属炉料、燃料、熔剂。

(1) 金属炉料。金属炉料包括新生铁、回炉铁、废钢和铁合金。

① 新生铁,又称高炉生铁,是冲天炉炉料的主要组成物。

② 回炉铁,包括浇冒口、废铸件等,利用回炉铁可节约生铁用量,降低铸件成本。

③ 废钢,包括废钢件、钢料、钢屑等,加入废钢可降低铁水中碳的含量,提高铸件的力学性能。

④ 铁合金,包括硅铁、锰铁、铬铁以及稀土合金等,用于调整铁水的化学成分。

(2) 燃料。冲天炉熔炼多用焦炭作燃料。通常焦炭的加入量一般与金属炉料的比例为1:(10～12),这一数值称为焦铁比或层焦比。

(3) 熔剂。熔剂的作用是造渣,提高炉渣的流动性。常用的熔剂有石灰石($CaCO_3$)或萤石(CaF_2)。

在冲天炉熔炼过程中,炉料从加料口加入,自上而下运动,被上升的高温炉气预热,温度升高,鼓风机鼓入炉内的空气使底焦燃烧,产生大量的热。当炉料下落到底焦顶面时,开始熔化。铁水在下落过程中被高温炉气和灼热焦炭进一步加热(过热),过热的铁水温度可达 1600 ℃ 左右,然后经过过桥流入前炉。此后铁水温度稍有下降,最后出铁温度为 1380~1430 ℃。

冲天炉内铸铁熔炼的过程并不是金属炉料简单重熔的过程,而是包含一系列物理、化学变化的复杂过程。熔炼后的铁水成分与金属炉料相比较,含碳量有所增加;硅、锰等合金元素含量因烧损会降低;硫含量升高,这是焦炭中的硫进入铁水中所引起的。

冲天炉熔炼的铸铁具有良好的铸造性能,操作方便,熔化率高,成本低,应用较广泛。其缺点是炉况不稳定,铁水化学成分波动大,热效率低,污染较大。目前感应电炉和电弧炉应用的比例逐步增加。

2.铸钢的熔炼

铸钢的熔炼设备以箱式电炉、电弧炉、高频电炉、感应电炉最为常见。箱式电炉利用电流通过布置在炉膛内的电热元件发热,通过对流和辐射对零件进行加热。它是热处理车间应用很广泛的加热设备。适用于钢铁材料和非钢铁材料(非铁金属)的退火、正火、淬火、回火及固体渗碳等的加热,具有操作简便,控温准确,可通入保护性气体防止零件加热时的氧化,劳动条件好等优点。

3.非铁合金的熔炼

铸造非铁合金包括铜、铝、镁、锌及其合金等。它们大多熔点低,易吸气和氧化,使得铸件中容易产生非金属夹杂物和分散的小气孔,从而降低铸件的力学性能。为避免氧化和吸气,非铁合金多用坩埚炉熔炼和金属型浇注。根据所用热源不同,有焦炭加热坩埚炉、电阻加热坩埚炉等不同形式,如图 2-39 所示。

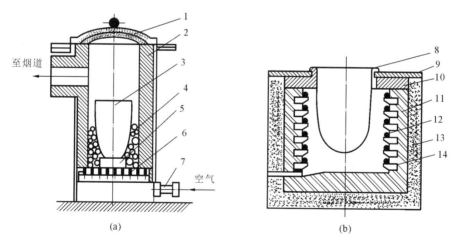

图 2-39 非铁合金熔炼设备
(a)焦炭坩埚炉 (b)电阻坩埚炉
1—炉盖;2—炉体;3—坩埚;4—焦炭;5—垫板;6—炉箅;7—进气管;
8—坩埚;9—托板;10—耐热板;11—耐火砖;12—电阻丝;13—石棉板;14—托砖

2.6.2 金属的浇注

将液态金属浇入铸型的过程称为浇注。浇注也是铸造生产中的重要工序。如果操作不当,会引起浇不足、冷隔、气孔、缩孔、夹渣等铸造缺陷,造成废品,甚至会产生工伤事故。因此要做好浇注前的各项准备工作,注意控制浇注温度和浇注速度。

1. 浇注工具

浇包是用来盛装金属液体进行浇注的工具。浇注前应根据铸件大小、批量选择合适的浇包,并对浇包和挡渣钩等工具进行烘干,以免降低金属液温度及引起液体金属的飞溅。常用浇注工具有手提浇包、抬包和吊包,如图 2-40 所示。手提浇包可储存金属液质量为 15～20 kg,抬包可储存金属液质量为 25～100 kg,吊包用吊车吊运,可容纳数吨金属液。

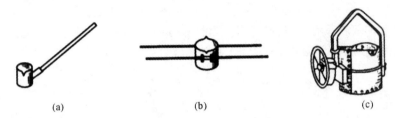

图 2-40　浇注常用工具

(a)手提浇包　(b)抬包　(c)吊包

2. 浇注温度

金属液体浇注温度的高低,应根据铸件材质、大小及形状来确定。浇注温度过低,金属液体流动性差,易产生浇不足、冷隔、气孔等缺陷;而浇注温度过高时,铸件收缩大,易产生缩孔、裂纹、晶粒粗大及粘砂等缺陷。常用铸造合金的浇注温度如表 2-3 所示。一般对于形状复杂的薄壁铸件浇注温度应高些,厚壁简单铸件的浇注温度可低些。

表 2-3　常用铸造合金的浇注温度

合 金 种 类	铸 件 形 状	浇注温度/℃
铸铁	小型、复杂	1360～1390
	中型	1320～1350
	大型	1260～1320
铸钢	—	1420～1600
铸造铝合金	—	680～760

3. 浇注速度

浇注速度要适中,太慢会使金属液体降温过多,易产生浇不足、冷隔、夹渣等缺陷;浇注速度太快,金属液体充型过程中气孔来不及逸出,易产生气孔;同时,金属液体对铸型的冲刷力大,易冲坏铸型、产生砂眼等缺陷。

浇注操作中应注意:浇注前应进行扒渣,即清除金属液体表面的熔渣,以免熔渣进入型腔;浇注时应在砂型出气口、冒口处引火燃烧,促使气体快速排出,防止铸件产生气孔等缺陷;浇注过程中不能断流,应始终保持浇口杯充满金属液,以便熔渣上浮;另外,浇注是高温作业,操作人员应注意安全。

2.6.3　铸件落砂、清理

1. 铸件的落砂

落砂指铸件凝固冷却到一定温度后,把铸件从砂箱中取出,去掉铸件表面及内腔中的型

(芯)砂。落砂时应注意铸件的温度。落砂过早,铸件温度过高,暴露于空气中急速冷却,易形成铸造应力、裂纹等铸造缺陷。若落砂过晚,将过长地占用生产场地和砂箱,使生产效率降低。一般来说,应在保证铸件质量的前提下尽早落砂,一般铸件落砂温度为 400~500 ℃。

1)落砂的方法

(1)手工落砂。

在一般铸造车间的浇注场地常采用手工就地落砂。这主要用于单件、小批量生产。对于非铁合金铸件,基本上都采用手工落砂。

(2)机器落砂。

在机械化生产线上,通常采用机械化落砂。它是把铸件放在振动落砂机上通过振动使砂子下落。机器落砂效率高,但机器易损坏,维修调整困难,而且噪声大。

2)清砂除芯方法

生产中常采用下述方法清砂除芯。

(1)水力清砂除芯。

水力清砂除芯是利用高压水来切割、冲刷铸件上残留的型砂与粘砂的一种有效方法。其优点是无粉尘,改善了劳动条件;生产效率高,为手工清砂的 5~10 倍。缺点是需要庞大的沉淀池和湿砂干燥设备。为了提高清砂效果,特别是清理铸钢件芯砂时,可在高压水射流中加入砂子。这种方法还可部分地用来清理铸件表面的粘砂,称为水砂清砂法。

(2)水爆清砂除芯。

水爆清砂除芯是待铸件冷却到适当温度后,从铸型中取出立即浸入水中,水迅速进入砂芯,急剧汽化膨胀,当水汽达到一定压力后便产生爆炸,使砂芯爆裂而脱离铸件。水爆清砂设备主要是水爆池和吊车,设备简单。

2. 铸件的清理

落砂后,从铸件上清除表面粘砂和多余金属等过程称为清理,清理工作主要包括下列内容。

1)切除浇冒口

铸件必须除去浇注系统的浇冒口。对于中、小型铸铁件,可用铁锤敲掉浇冒口;铸钢件一般可用氧气切割或电弧切割切除浇冒口。不能用气割法切除浇冒口的铸钢件和大部分铝镁合金铸件,可采用车床、圆盘锯及带锯等进行切割。在大批量生产中,许多定型铸铁、铸钢生产线上都设置了专用浇冒口切除机,甚至配置专用机器人或机械手来完成。

2)清除型芯

铸件内腔的型芯和芯骨可用手工、振动出芯机或水力清砂装置去除。水力清砂方法适用于大中型铸件型芯的清理,可保持芯骨的完整,以便于回收再利用。

3)清理粘砂

铸件表面常粘有一层熔融态的砂子,需要清除干净。小型铸件广泛采用滚筒清理、喷丸清理,生产批量不大时也可用手工清理。滚筒清理是将铸件放入滚筒,利用铸件之间以及铸件与附加角铁之间的摩擦、碰撞来去除铸件表面粘砂、毛刺和氧化铁皮。喷丸清理是用 4.9~5.88 MPa 的压缩空气,使喷丸从喷嘴以 50~70 m/s 的高速喷射到铸件表面,将黏附在铸件表面的型砂、氧化皮等清除掉。

3. 铸件的后处理

有些铸件经过上述处理以后,还需进行表面处理。如镁合金铸件在吹砂后需要进行表面氧化处理,在表面生成一层致密的薄膜,以防止或减轻镁合金在使用过程中产生腐蚀。铸铁件、铸钢件在检验合格入库前,需涂上底漆,以防止生锈。

4.铸件的质量检验

在实际生产中,所有的铸件都要经过质量检验,以分清哪些是合格品和废品,哪些能经过修复变成合格品。检验方法取决于铸件的质量要求,常用的铸件检验方法有下列几种。

1) 外观质量检查

(1) 外观检验法。铸件的许多缺陷在其外表面,凭借经验可直接发现或用简单的工具和量具就可以发现,例如,冷隔、浇不足、错型、粘砂、夹砂等缺陷;对于可能表皮下有缺陷的铸件,可用小锤敲击来检查,听其声音是否清脆来判定铸件是否有裂纹;用量具可检查铸件尺寸是否符合图纸要求。外观检验法简单、灵活、快速,不需要很高的技术水平。

(2) 荧光及着色检查。对用目视外观检查不了的铸件表面缺陷,可用荧光及着色方法检查。

(3) 煤油浸润检验。对局部表面用目测检验有怀疑时,可采用煤油浸润方法检验铸件的裂纹、疏松等缺陷。

2) 内在质量检验

(1) 化学成分检验。用来检验铸件的化学成分是否符合要求,常用的检验方法有化学分析法和光谱分析法,有时候也用最简单的火花鉴别法。

(2) 力学性能检验。根据技术要求,制取铸件试样,在专用设备上测定材料的力学性能,如强度、硬度、伸长率等。

(3) 金相组织检验。铸件的金相组织是影响其力学性能的重要因素,测定铸件的金相组织就能预知铸件大概的力学性能指标。常用金相组织的检验方法是制取试样,然后用金相显微镜观察,并加以分析研究。

3) 无损探伤法

无损探伤是利用声、光、电、磁等各种物理方法和相关仪器检测铸件内部及表面缺陷,用这类方法不会损伤铸件,也不影响铸件的使用性能。这种检测方法设备投入大,检测费用较高,一般用于重要铸件的检验。常用的无损探伤方法有:磁力探伤、超声波探伤、射线探伤、涡流探伤、渗透探伤等。

2.7　铸件常见缺陷分析和质量控制

铸造生产是较复杂的工艺过程,往往由于原材料质量不合格、工艺方案不合理、生产操作不恰当等原因,容易使铸件产生各种各样的缺陷,如气孔、缩孔、砂眼、裂纹、偏析等。

常见的铸件缺陷特征及产生的原因分析如下。

1.孔洞类缺陷

(1) 气孔。如图 2-41(a)所示,气孔多位于铸件内部,内壁光滑,呈椭圆形、圆形等。析出性气孔尺寸小,分散在铸件各断面上。浸入性气孔较大,集中在局部。气孔产生原因:熔炼工艺不合理,浇注温度过高,浇注工具烘干不彻底;金属液吸入较多气体,易产生析出性气孔;砂型透气性差,排气不畅,型(芯)砂太湿,浇注温度偏低,易产生浸入性气孔。防止方法:改进熔炼和浇注工艺,减少金属液含气量;改进造型工艺,提高砂型透气性,减少铸型发气量;改进浇注系统,增加明冒口和排气口,提高金属流动性,提高浇注排气能力。

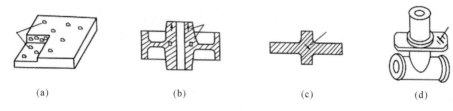

图 2-41　孔洞类缺陷

(a) 气孔　(b) 缩孔和缩松　(c) 砂眼　(d) 渣眼

(2) 缩孔和缩松。图 2-41(b)所示为缩孔,图 2-41(c)所示为缩松。这类缺陷主要位于铸件厚大部位。产生原因:形状不规则,内壁粗糙并带有枝状晶;铸件结构不合理,局部过于厚大;壁厚不均匀;浇注系统、冒口、冷铁等设置不合理;补缩和凝固顺序控制不当以及金属化学成分影响和浇注温度过高,金属收缩量偏大。防止方法:改进铸件设计结构,调整浇注系统、冒口、冷铁的设置和补缩能力,调整合金成分,适当降低浇注温度。

(3) 砂眼。分布在铸件表面或内部,孔眼内带有砂粒,形状不规则。产生原因:砂型强度不足,结构不合理,有尖角等易损部位,在金属液冲刷下损坏;型腔和浇口内散砂未吹净,合箱时铸型局部损坏,型(芯)砂散落。防止方法:改进铸件结构设计,增强砂型强度或加强易损部位局部强度,改进合型动作,认真检查型腔和浇口是否吹净,如图 2-41(d)所示。

(4) 渣眼。多分布于铸件上表面,孔眼内有熔渣,形状不规则。产生原因:砂型强度不足,结构不合理,有矢角等易损部位,在金属液冲刷下这些部位极易损坏;型腔和浇口内的散砂未吹净,合箱时铸型局部损坏,型(芯)砂散落。防止方法:改进铸件结构设计,增强砂型强度或加强易损部位局部强度,认真检查型腔和浇口是否吹净。

2. 形状类缺陷

(1) 浇不足。铸件形状残缺、不完整,边角轮廓不清晰,多出现在浇口远端。产生原因:浇注温度过低,浇注速度过快、合金流动性不能满足铸件设计壁厚;直浇道过低,充型压力不足;局部排气不畅造成气堵。防止方法:改进浇注工艺、改进铸件设计或选用流动性好的合金,改进浇口结构、提高充型压力,增强铸型排气能力,增设局部排气口,如图 2-42(a)所示。

(2) 错型。铸件在分型面处错位、偏差,如图 2-42(b)所示。产生原因:合型时未对准标记;模样定位销、孔间隙过大,定位不准确;上、下型未夹紧,搬动砂型时有错移。防止方法:合型标记准确、定位切实;改进模样定位精度;固定和夹紧上下型,搬动时应小心;改用整模、活砂等造型方法,使铸件在同一砂箱内。

(3) 变形。铸件形状弯曲或扭曲,如图 2-42(c)所示。产生原因:结构设计不合理,壁厚差异过大;铸型退让性差;铸件冷却控制不当,落砂过早或过迟。防止方法:改进铸件结构;改善铸型退让性;合理选择开箱时机,并及时退火;针对易变形部位在模样上设计一定的反挠度,或增加拉筋。

3. 断裂类缺陷

(1) 冷隔。在铸件上金属未熔合,有接缝或凹陷,如图 2-43(a)所示。产生原因:浇注温度过低,浇注速度过慢或断流,充型压力不足,浇口位置不当或太小,合金流动性差。防止方法:改进浇注工艺;改进浇注系统,提高充型压力和金属流量;选择流动性较好的合金。

(2) 裂纹。热裂断面氧化无光泽,纹缝曲折不规则,如图 2-43(b)所示。冷裂断面无氧化

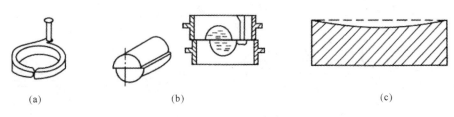

图 2-42 形状类缺陷

(a) 浇不足 (b) 错型 (c) 变形

或边缘少氧化,纹缝较平直,如图 2-43(c)所示。产生原因:铸件结构不合理,厚薄不均匀,尖角应力集中,砂型退让性差,浇注温度过高、合金收缩过大,落砂时机不当(过早或过迟),合金化学成分中的硫、磷含量过高。防止方法:改进铸件结构;增加圆角;改善砂型退让性;改进浇注工艺;选择合适落砂时机并及时退火;严格控制合金成分。

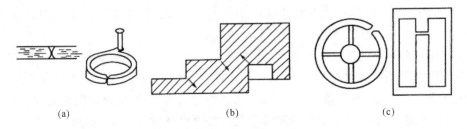

图 2-43 断裂类缺陷

(a) 冷隔 (b) 纹缝曲折 (c) 纹缝平直

4.表面缺陷和组织缺陷

(1)粘砂。铸件表面黏附一层砂粒与金属混合物。产生原因一般是浇注温度过高,型(芯)砂耐火性差,未刷涂料或涂料太薄,型腔表面过粗不致密。防止方法:改进浇注工艺;提高型(芯)砂耐火性;合理刷涂料;提高面砂质量;改进造型工艺。

(2)白口。铸铁件硬脆难以加工,断口呈银白色。产生原因一般是合金成分不当,落砂过早,铸件冷却过快,铸件壁过薄。防止方法:合理控制合金成分;合理选择落砂时机,并对铸件及时进行退火。

5.铸件质量控制

进行铸件质量控制,就是要预防和消除铸件缺陷的产生,使铸件各指标达到技术要求。

如前所述,由于铸造工艺过程复杂,影响铸件质量的因素很多。因此,对铸件进行质量控制就必须对铸造生产工艺过程的各个环节的质量进行系统的、科学的、全面的管理。

(1)型(芯)砂配制的质量控制。

造型材料应选择、配制恰当,否则易使铸件产生气孔、粘砂、夹砂、砂眼等缺陷。因此,应选用适宜的原砂,控制黏结剂、水、附加物的比例,用科学的方法进行检测,保证型(芯)砂应具备的各型性能。

(2)砂型工艺的质量控制。

包括模样和芯盒的设计制造、造型和造芯的方法、浇注系统和冒口的设置等。为了保证砂型工艺的质量,必须根据铸件的特点、技术条件、生产批量等,从造型工艺和操作上进行全面分析,制定出合理的工艺方案,防止铸件产生缩孔、缩松、浇不足、冷隔、气孔等缺陷。

(3)合金熔炼的质量控制。

必须进行严格的工艺操作,控制熔炼过程,以保证获得化学成分和温度合乎要求的金属液体。当使用冲天炉熔炼铸铁时,应加强炉料配置、加炉顺序、炉前操作等控制。使用坩埚炉熔炼非铁金属时,应加强熔炼温度的控制,并严格进行精炼和除气等。

（4）浇注及落砂的质量控制。

控制好浇注温度、浇注速度及落砂时间也是铸件质量控制中不可忽视的环节,它对防止铸件产生铸造缺陷具有重要的作用。

2.8 铸造新技术、新工艺简介

随着机械制造技术的不断提高,机械制造对铸造技术也有了更高的要求。目前铸造技术正朝着优质、高效、自动化、节能、低耗能和低污染的方向发展,下面介绍几种铸造新技术。

1. 真空密封造型

真空密封造型将真空技术与砂型铸造结合,靠塑料薄膜将砂型的型腔面和背面密封起来,借助真空泵抽气产生负压,造成砂型内、外压差使型砂紧固成形,经下芯、合箱、浇注,待铸件凝固,解除负压或停止抽气,型砂便随之溃散而获得铸件。真空密封造型法有利于金属液的充型,生产的铸件尺寸精度高、轮廓清晰、表面光洁,适合于铸造薄壁铸件,是目前较先进又非常具有发展前景的铸造方法。在航空、冶金、机械加工等领域,配合计算机技术进行辅助模拟,预测铸造缺陷的产生,能大幅度节约时间,降低生产费用,提高铸件的生产效率。

真空密封造型法工艺原理,如图 2-44 所示。

（1）模型:把模型放在一块中空的型板上。

（2）薄膜:将薄膜用加热器加热软化。

（3）薄膜成形:将软化的薄膜覆盖在模样表层,使薄膜紧贴在模型表面。

（4）放砂箱:将专用砂箱放在覆有薄膜的模型上。

（5）加砂振实:将干砂放在覆有薄膜的模型上。

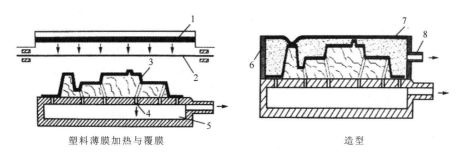

塑料薄膜加热与覆膜　　　　　　　　　　造型

图 2-44　真空密封造型法工艺原理

1—发热元件;2—塑料薄膜及加热位置;3,7—塑料薄膜;4,8—抽气孔;5—抽气箱;6—砂箱

（6）盖膜:开浇口杯刮平砂表面,盖膜,以封闭砂箱。

（7）起模:将砂箱抽真空,借助于盖在砂箱表面的薄膜在大气压力作用下使铸型硬化,起模时解除真空,顶箱起模,完成一个铸型。

（8）合箱浇注:将上下箱合起来,在真空状态下浇注,如图 2-45 所示。

（9）脱箱落砂:经适当的冷却时间后取消真空,使自由流动的砂流出,出现一个没有砂块,无机械粘砂的清洁铸件,砂子经冷却后方可使用。

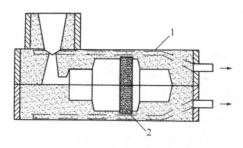

图 2-45　下芯、合箱
1—砂型；2—型芯

2. 气流冲击造型

气流冲击造型简称气冲造型，是一种新的造型方法。其原理是利用气流冲击，使预填在砂箱内的型砂在极短的时间内完成冲击紧实过程，即先将型砂填入砂箱内，然后快速开启压缩空气阀门，气体产生很强的冲击压力，作用在松散的型砂上，使型砂迅速向模板方向运动，在很短的时间（约 0.25 ms）内被冲压紧实。气冲造型分低压气冲造型和高压气冲造型两种，以低压气冲造型应用较多。气冲造型的优点是砂型紧实度高且分布合理，透气性好、铸件精度高、表面粗糙度低、工作安全、可靠、方便。缺点是砂型最上部约 30 mm 的型砂达不到紧实要求，因而不适用于高度小于 150 mm 的矮砂箱造型，工装要求严格，砂箱强度要求高。

3. 消失模铸造

消失模铸造又称实型铸造和汽化模铸造，其原理是用泡沫聚苯乙烯塑料模样（包括浇冒口）代替普通模样，造好型后不取出模样就浇入金属液，在灼热液态金属的热作用下，泡沫塑料因汽化、燃烧而消失，由金属液取代了原来泡沫塑料模所占的空间位置，冷却凝固后即可获得所需要的铸件。

消失模铸造典型的应用是无黏结剂干砂的实型铸造、磁型铸造和实型负压造型等方法。

（1）无黏结剂干砂的实型铸造。

铸造工艺过程如图 2-46 所示。在带有浇冒口的泡沫塑料模样表面均匀覆盖一层耐火涂料，然后再上端开口的砂箱内，填入部分干砂，将覆盖耐火涂料的泡沫塑料模样放入砂箱，继续填砂到砂箱顶端，在填砂的同时振动砂箱，使铸型具有一定的紧实度，刮去砂箱顶部多余的砂子，在铸型的顶部放置多孔的盖板或压铁，放置浇口盆浇注。当模样被金属液逐步取代时，砂型靠耐火涂料层、金属液、残存的模样和气体压力及汽化渗入干砂颗粒空隙的凝结物共同支撑，使其保持紧实的铸型结构，待铸件冷凝后，落砂使铸件和干砂分离。

（2）磁型铸造。

干砂法的铸型强度和紧实度较低，极易溃散。为了克服这些缺点，人们开发了用磁化的造型材料（如铁丸）代替干砂作为造型材料的方法，借助磁场力，形成一个牢固的、透气性能良好的整体铸型，这就是磁型造型。磁型铸造原理如图 2-47 所示，在泡沫塑料模样表面均匀覆盖一层耐火涂料，放入上端开口的导磁砂箱内，填入粒状磁性材料，经微振实后，置入固定的磁型机内，在浇注前通磁，浇注后待铸件冷却凝固后即可去磁落砂。

消失模铸造主要用于形状结构复杂，难以起模或活块和外型芯较多的铸件。与普通铸造相比，具有以下优点：工序简单、生产周期短、效率高，铸件尺寸精度高（造型后不起模、不分型，没有铸造斜度和活块），精度达 IT8 级，增大了铸件设计的自由度，简化了铸造生产工序，降低了劳动强度。

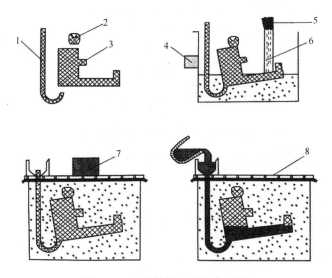

图 2-46 无黏结剂干砂的实型铸造

1—浇道;2—冒口;3—模型;4—振动器;5—砂斗;6—干砂;7—压铁;8—带孔的盖板

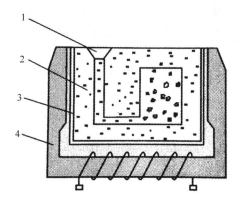

图 2-47 磁型铸造原理图

1—泡沫塑料模样;2—粒状磁性材料;3—砂箱;4—磁型机

2.9 铸造安全操作规程

2.9.1 手工造型

(1) 舂砂时不得将手放在砂箱边上,以免碰伤。

(2) 造型时不要用嘴吹分型砂,以免砂粒飞入眼睛。

(3) 每人所用工具,应放在工具箱内;砂箱不得随意摆放,以免损坏或妨碍他人工作。

(4) 在造型场地内行走时应注意地面情况,以免踏坏砂型或被铸件碰伤。

2.9.2 开炉和浇注

(1) 在造型场地观察开炉与浇注时,应站在安全地点,严禁站在浇注往返的通道上。

（2）必须戴好手套、防护眼镜等防护用品方可进行开炉等工作。

（3）开炉、出铁水、抬包、浇注等工作，未经指导教师许可，严禁学生私自动手。

（4）不得用冷工具进行挡渣、撇渣，或在剩余铁水内敲打，以免爆溅。

（5）铸件开箱后未经许可不可触碰，以免烫伤或损坏。

2.9.3　清理

（1）敲打浇冒口时应注意周围情况，以免发生击伤事故。

（2）必须将铁钉、毛刺、铁丝、木片等杂物从砂中清出后方可将砂推入砂堆，以防造型时发生碰伤事故。

复习思考题

1.什么是铸造？砂型铸造有哪些主要工序？

2.铸造工艺有哪些特点？

3.简述型砂的组成及典型手工造型的工艺过程。

4.简述分型面的确定原则。

5.试举出几种特种铸造方法。相对于砂型铸造，它们有什么优点？

第3章 金属压力加工

本章让学生了解金属压力加工的成形方法、锻造工艺基础,掌握金属压力加工的概念、锻造的工艺基础、金属变形规律。重点掌握自由锻和冲压的设备与工序及各个工序的作用。

3.1 概　　述

金属的压力加工就是利用金属在外力作用下产生塑性变形,获得具有一定几何形状、尺寸、力学性能的毛坯或零件的加工方法。根据受力情况,金属承受的外力主要分为冲击力和压力。锻造设备或冲压设备使金属承受冲击力产生塑性变形,轧机或压力机使金属承受静压力产生塑性变形。

通过压力加工会改变材料的组织性能,会使零件结构致密,消除内部的气孔、缩孔、枝晶等缺陷。金属在压力加工成形过程中,会发生再结晶或破碎粗大的晶粒,使晶粒细化,从而改善产品的力学性能。压力加工还可以提高材料的利用率,因金属成形主要是金属的体积的重新分配,不需要切削金属。由于提高了金属的力学性能,在同样受力和工作条件下,可以缩小零件的截面尺寸,减轻重量,延长使用寿命。多数压力加工方法,特别是轧制、挤压,可使金属连续变形,且变形速度很高,所以压力加工会有较高的生产效率。

压力加工也存在着不足之处,一般在加工过程中受氧化的影响,会降低产品的表面质量;不能加工脆性材料和形状复杂的零件;设备庞大、价格昂贵;劳动条件差(强度大、噪声大)。

金属塑性加工的方式对产品的形状、性能起到决定性作用,不同的塑性加工方式生产出的零件,其内部组织、外观尺寸未必相同,如图 3-1 所示。

(1)轧制　金属坯料在转动的轧辊中产生塑性变形,轧出所需断面形状、尺寸,并获得一定力学性能的钢材的加工方法。

主要产品:圆钢、方钢、角钢、铁轨、板带等。

(2)锻造　在锻压设备及工(模)具的作用下,使金属材料在上下砧铁之间受到冲击力或压力的塑性加工方法。

应用方向:机械制造、汽车、拖拉机、造船、冶金工程等。

(3)挤压　金属坯料在高强度挤压模内,沿模膛方向,形成断面形状与模腔形状相同的塑性加工方法,可分为正挤压和反挤压。

主要产品:非轧制生产形状比较复杂的零件,如管、棒、型材等。

(4)拉拔　将金属坯料在轴线方向,通过锥形凹模的模孔,断面积减小、长度增加的加工方法。

主要产品:棒材、管材、线材等。

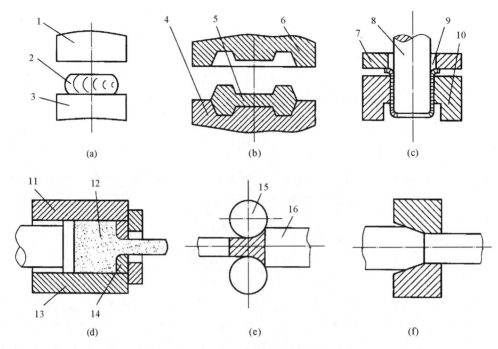

图 3-1　常用加工方法

(a) 自由锻造　(b) 模锻　(c) 板坯冲压　(d) 挤压　(e) 轧制　(f) 拉拔

1—上砧铁;2、5、9、12—坯料;3—下砧铁;4—下模;6—上模;7—压板;8、11—凸模;10—凹模;

13—挤压筒;14—挤压模;15—轧辊;16—坯料

(5) 冲压　金属板料在冲模之间受压产生分离或变形的加工方法。

应用方向:航空、汽车、拖拉机、电动机、电器、电子仪表等。

3.2　锻　　造

3.2.1　锻造工艺基础

1.金属的锻造性能

金属的锻造性能取决于金属的化学成分、组织结构、变形条件。在塑性加工中,要提供更好的变形条件,充分发挥金属的塑性,降低变形抗力,使功率消耗最少,在合理的经济条件下,使产品的形状和性能符合设计要求,达到加工的目的。

1) 金属的成分与组织结构

金属的锻造性与化学成分的多少、相数的多少、晶格类型有关。一般情况下,纯金属的锻造性能优于相应合金的锻造性能。合金中的合金元素含量越高,杂质越多、化学成分越复杂,其锻造性越差。例如,纯铁具有良好的锻造性能;碳钢的锻造性随着碳含量的增加而降低;合金的锻造性能高于相同碳含量的碳钢的锻造性能。通常单相金属的锻造性能高于双相的或者多相金属的锻造性能。例如,在奥氏体区域进行锻造,优于在奥氏体和铁素体两相区进行锻造,因奥氏体的变形抗力低,塑性好,锻造性能好。晶格类型也会影响金属的锻造性能,不同的晶格类型在变形时的滑移面和滑移方向是不同的,一般情况,面心立方的金属的锻造性能最好,体心的次之,最差的是密排立方金属。金属的晶粒度和组织的均匀性也会影响其锻造性能,晶粒越细小、组织越均匀的金属在变形时,锻造性能越好。

2) 金属的变形条件

(1) 变形温度。

变形温度会影响原子动能,随着温度的升高,原子的热运动加快,削弱原子间的结合力,可提高金属的可锻性。坯料在加热时,金属伴有回复、再结晶软化和二次再结晶过程的发生,从而导致临界切应力降低和滑移系的增加,多相组织转变为单相组织,以及热塑性的作用使坯料获得良好的塑性和很低的变形抗力,从而提高金属的锻造性能。

所谓锻造温度范围,是指坯料开始锻造的温度至锻造终止的温度之间的温度区间。确定锻造温度范围的现行方法:以铁-碳平衡图为基础,再结合其塑性图,抗力图和再结晶图,从钢的塑性,变形抗力和组织性能等三方面进行综合分析,由此定出合适的始锻温度和终锻温度。

① 始锻温度——各种材料在锻造时所允许加热的最高加热温度,主要是防止产生加热缺陷。

② 终锻温度——各种材料停止锻造的温度,主要是防止设备损坏及锻件裂纹。

③ 碳钢的锻造温度范围及控制,如表 3-1 所示。

表 3-1　低碳钢和中碳钢的锻造温度

材　料	始锻温度/℃	终锻温度/℃
低碳钢	1200~1250	800
中碳钢	1150~1200	800

始锻温度由炉温仪表来控制。

终锻温度由火色变化来控制,如表 3-2 所示。

表 3-2　钢材温度与颜色的关系

颜　色	温度/℃	颜　色	温度/℃
亮白	1300	淡红	900
淡黄	1200	樱红	800
橙色	1100	暗红	700
橘黄	1000	暗褐	600

(2) 变形速度。

所谓的变形速度是指单位时间内,金属的变形程度。金属在变形时,会产生大量的热量,一部分热量储存在金属内部成为变形潜能,另一部分以热量的形式散发出去,在某种程度上可改变金属的变形温度。若变形速度过快,金属来不及进行自我修复(回复与再结晶),使金属的塑性降低,变形抗力升高,则会降低金属的可锻性。可锻性较差的金属,更适宜采用较低的变形速度进行加工。

(3) 应力状态。

不同的变形方式会使金属在变形时呈现出不同的应力状态。例如,挤压变形时为三向压应力,而拉拔时为两向压应力、一向受拉应力状态。应力状态也会影响金属的塑性,从而影响可锻性能,一般情况下,在三向压应力状态下,应力的数量越多,金属的塑性越好。拉应力的数量越多,反而降低金属的塑性。

2.金属的组织与性能

1)锻造比

金属的锻造比通常表示金属的变形程度,不同的锻造方式,锻造比的表达式也是不同的。

拉拔时的锻造比 $Y_{拔}$ 为

$$Y_{拔} = \frac{F_0}{F}$$

式中： F_0——坯料变形前的截面积；

F——坯料变形后的面积。

镦粗的锻造比 $Y_{镦}$ 为

$$Y_{镦} = \frac{H_0}{H}$$

式中： H_0——坯料变形前的高度；

H——坯料变形后的高度。

2)纤维组织

金属在变形过程中,沿晶界分布的夹杂物会沿着晶粒变形的方向被拉长或压扁,形成化学稳定的组织称为纤维组织。纤维组织的明显性与变形程度有关,变形程度越大,纤维组织越明显。纤维组织的方向影响金属的各向异性性。一般情况下,沿着纤维方向的力学性能优于横向的力学性能,但抗剪强度除外,垂直于纤维方向的强度高于平行于纤维方向的抗剪强度。金属出现纤维组织之后,很难用热处理或者其他的加工方法消除,只能采用锻造改变纤维组织的方向和分布。因此,我们在设计锻造工艺时,要充分考虑纤维的方向性。通常遵循以下原则。

(1)纤维组织的分布尽量要与零件的轮廓一致,保证纤维组织不被切断。

(2)使零件承受最大正应力方向与纤维方向一致,最大的切应力方向与纤维方向垂直。

3.金属的变形规律

1)体积不变规律

金属在锻造的过程中,必须遵守体积不变的定律,也就是金属在锻造之前的体积等于锻造后的体积,但是,金属经过锻造之后,其致密度会增加,体积略微减小,可忽略不计。这是我们在制定锻造方案、进行模具设计和工艺操作时,主要依靠的定律之一。

2)最小阻力定律

金属发生塑性变形时,体内质点有可能沿不同方向流动,选择阻力最小方向流动的规律称为最小阻力定律,是判断变形体内质点塑性流动方向的依据。与此定律有关的有最短法线法则和最小周边法则。

(1)最短法线法则。镦粗矩形柱体时,在垂直镦粗方向的任一剖面内的任一点,其移动方向是朝着与周边垂直的最短法线方向进行的。

(2)最小周边法则。横断面为圆形或者正方形,在存在摩擦的条件下进行塑性镦粗时,将力图使断面的周界为最小,在极限情况下为一圆。

3.2.2 自由锻

1.自由锻设备

自由锻设备简单,通用性好,成本低。与铸造毛坯相比,自由锻可消除缩孔、缩松、气孔等缺陷,使毛坯具有更高的力学性能。锻件形状简单,操作灵活。因此,主要应用于重型机器及重要零件的加工。自由锻最常用的设备为空气锤、蒸汽-空气锤和水压机,生产中主要应用前两种。

1) 空气锤的基本结构及作用

空气锤的基本结构如图 3-2 所示,其各部件的作用如下。

(1) 锤身　承载。

(2) 压缩缸　产生空气压力。

(3) 工作缸　产生工作压力。

(4) 传动机构　传递动力并减速。

(5) 操纵机构　控制各种动作。

(6) 砧座　放置工件。

(7) 落下部分　击打工件。

落下部分包括:工作活塞、锤杆、锤头、上砧铁。

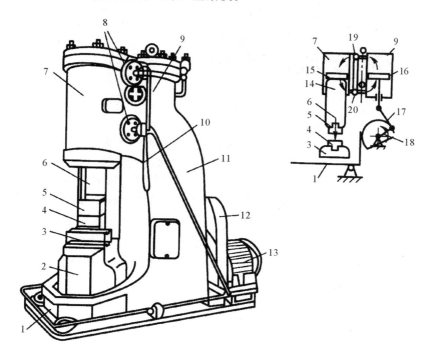

图 3-2　空气锤结构图

1—踏杆;2—砧座;3—砧垫;4—下砧铁;5—上砧铁;6—锤头;7—工作缸;8—旋阀;9—压缩缸;10—手柄;11—锤身;
12—减速机构;13—电动机;14—锤杆;15—工作活塞;16—压缩活塞;17—连杆;18—曲柄;19—上旋阀;20—下旋阀

2) 工作原理

电动机通过传动机构带动压缩缸内的压缩活塞做上下往复运动,将空气压缩,压缩空气经过上、下旋阀压入工作缸的上部或下部,推动工作活塞向上或向下运动。

3) 规格表示方法

空气锤及其他所有锻锤主要规格参数通常用落下部分的质量来表示,又称锻锤的吨位。如:65 kg、250 kg、1000 kg。

蒸汽-空气自由锻锤是生产中小型自由锻件的主要设备。按结构形式,蒸汽-空气自由锻锤分为单柱式、双柱式和桥式。常用的为双柱拱式蒸汽-空气锤,锤身两个立柱组成拱形,刚度好,在锻造中的应用极为普遍,其吨位在 1~5 t 之间,如图 3-3 所示。

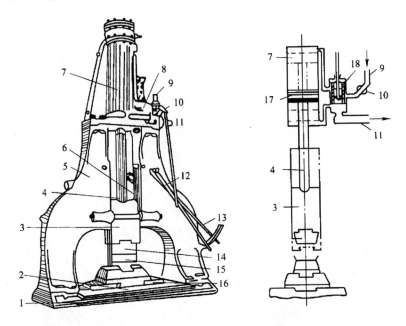

图 3-3　蒸汽-空气锤结构图

1—底座;2—砧铁;3—锤头;4—锤杆;5—机架;6—导轨;7—气缸;
8—滑阀气管;9—进气管;10—节气管;11—排气管;12—节气阀操作手柄;
13—滑阀操作手柄;14—上砧铁;15—下砧铁;16—砧座;17—活塞;18—滑阀

蒸汽-空气模锻锤是常用的模锻设备之一,其工作原理就是利用 6~9 个大气压的蒸汽或压缩空气转化动力来进行工作。把蒸汽和压缩空气产生的能量转变为锻锤落下部分的动能,对坯料进行锤击。

2. 自由锻的工艺特点和基本工序

自由锻为采用简单的通用性工具(手锤)或在锻造设备的上、下砧铁之间产生坯料变形而获得所需形状、尺寸锻件的方法。

(1) 工艺特点。

① 加工精度低,余量大,主要取决于锻工技术水平。

② 适合单件小批量生产。

③ 只能加工形状简单的工件。

(2) 自由锻的基本工序。

自由锻的基本工序是能够较大幅度地改变坯料的形状和尺寸的工序,如图 3-4 所示。

① 镦粗　使坯料高度减小,横截面增大的工序。用来制造圆盘形锻件,如:齿轮,铣刀,涡轮盘等。具有如下工艺特点。

② 拔长　使坯料长度增加,横截面减小的工序。用来锻压各种台阶轴或长杆形锻压件。

③ 冲孔　是在坯料上锻出通孔或不通孔的工序。如齿轮锻件的中心孔。

④ 弯曲　是使坯料弯成一定角度或形状的工序。如吊钩等。

⑤ 切割　是分割坯料或切除锻件余料的工序。

⑥ 扭转　是将坯料的一部分相对于另一部分旋转一定角度的工序。如麻花钻头。

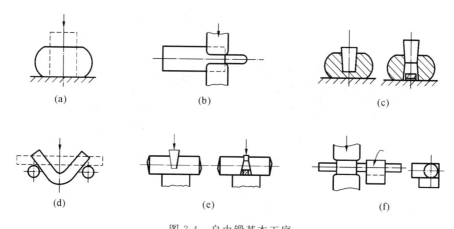

图 3-4　自由锻基本工序

(a) 镦粗　(b) 拔长　(c) 冲孔　(d) 弯曲　(e) 切割　(f) 扭转

3.2.3　模锻

所谓模锻是将坯料加热后,放在上下锻模的模腔内,施加冲击力或压力,使坯料在模腔的限制的空间内产生塑性变形,从而获得与模腔形状相符锻件的锻造方法。模锻按照所用设备的不同,可分为锤上模锻、胎模锻和其他设备上的模锻。模锻广泛应用于国防工业和机械制造业中(例如飞机、坦克等兵器制造业、汽车制造等),具有如下工艺特点:

(1) 加工精度较高,加工余量小,还主要取决于热锻模的加工精度。

(2) 适合大批量生产,不适合小批量生产及中、大型锻件的生产。

(3) 模锻操作简单,劳动强度低。

(4) 锻件互换性高。

(5) 劳动生产率高。

1. 锤上模锻

将上模固定在锤头上,下模紧固在模垫上,随锤头做上下往复运动的上模,对置于下模的金属坯料施加连续击打,获得锻件的方法称为锤上模锻。锤上模锻的主要设备为蒸汽-空气模锻锤,与自由锻的蒸汽-空气锤的原理相同,常用的吨位为 1~16 t。

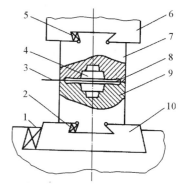

图 3-5　锤上锻模

1、2、5—紧固楔铁；3—分模面；
4—模腔；6—锤头；7—上模；
8—飞边模；9—下模；10—模垫

锤上模锻的基本结构如图 3-5 所示,将上模 7 安装在锤头 6 上,下模 9 安装在模垫 10 上,下模和模垫用楔铁进行固定,上模和下模构成模腔 4。根据模腔的功能,模腔可分为拔长模腔和滚压模腔,如图 3-6 所示。

(1) 拔长模腔:主要用来减小坯料的横截面面积,并增加其长度,有开式和闭式之分。

(2) 滚压模腔:用来减小坯料某一部分的横截面面积,同时增大另一部分的横截面面积,并少量增加坯料的长度,也有开式和闭式之分。

锤上模锻的工艺特点如下。

(1) 金属在模腔中是在一定的速度下,经过多次连续锤击而逐步成形的。

(2) 锤头的行程、击打速度均可调,能实现轻重缓急的不同打击,因而可进行制坯工作。

(3) 由于惯性的作用,金属在上模模腔中具有更好的填充效果。

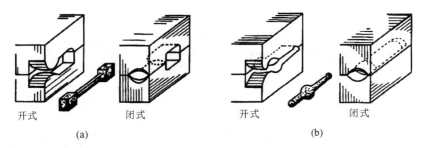

图 3-6　制坯模膛

(a) 拔长模膛　(b) 滚压模膛

（4）锤上模锻的适应性广,可生产多种类型的锻件。

2.胎膜锻

胎模锻是介于自由锻和模锻之间,在自由锻造设备上使用可移动的模具生产模锻件的方法,兼有自由锻和模锻的优点。

1) 工艺特点

（1）加工精度高于自由锻造但略低于模锻。

（2）锻件具有互换性。

（3）适合中小批量生产。

2) 类型

（1）扣模。如图 3-7 所示,由上下扣组成或上扣由砧铁代替。锻造时,锻件不翻转,初锻形成的锻件翻转 90°,在锤砧上平整侧面,适合生产非旋转锻件的生成,也适合平直侧面的锻件生产。

图 3-7　扣模

(a) 单扣模　(b) 双扣模

1—坯料；2—扣模

（2）套模。如图 3-8 所示,分为开式套模和闭式套模,主要用于生产带小飞边的回转体锻件,如法兰盘,还用于生产端面有凸台或凹坑的回转体类锻件。

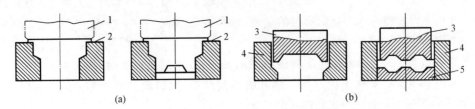

图 3-8　套模

(a) 开式套模　(b) 闭式套模

1—上砧；2—小飞边；3—上模垫；4—模套；5—下模垫

（3）合模。如图 3-9 所示，由上、下模及导向装置组成。合模的应用比较广泛，适用于各种锻件的生成，尤其是复杂形状的非回转体的生产。

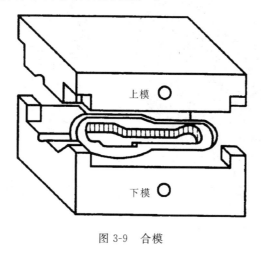

图 3-9　合模

3.3　冲　　压

3.3.1　概述

冲压是压力加工的基本方法之一，一般情况下，主要加工板料零件，所以也称为板料冲压。冲压是利用装在冲床上的冲模使金属板料变形或分离，从而获得毛坯或零件的加工方法。冲压不仅可以加工金属材料，也可以加工非金属材料。

冲压的特点如下。

（1）冲压生产主要靠模具与设备完成，操作简单，生产效率高，可实现机械化与自动化。

（2）利用模具加工，可加工形状复杂的零件，且生产的工件的质量较高，重量轻，刚度好。

（3）冲压加工不像切削加工那样需切削大量的金属，可节约金属。

基于以上特点，冲压在航空、兵工、汽车、拖拉机、电子、电器、电子仪表以及日常生活用品方面等，占据十分重要的作用。

冲压工艺主要分为分离工序和成形工序两大类，分离工序的目的是在冲压的过程中使冲压件与板料沿一定的轮廓线相互分离。成形工序的目的是在冲压毛坯不被破坏的条件下发生塑性变形，使之变成所需的成品形状。

3.3.2　冲压设备

冲压的设备主要有剪床、冲床、液压机。剪床用来把板坯剪成一定宽度的坯料，为后序加工做准备。冲床是最常用的设备，如图 3-10 所示，主要实现冲压工序，加工成所需形状和尺寸的成品零件。

冲床的工作原理是电动机通过减速机构带动大带轮转动，当踩下踏板时，离合器闭合并带动曲轴旋转，再经连杆带动滑块沿导轨做上、下往复运动，完成冲压工序。冲床的主要技术参数是以公称压力（是以冲床滑块在最下位置所能承受的最大压力）来表示的，即冲床的吨位。

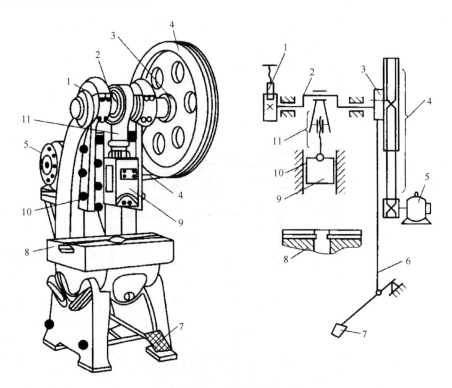

图 3-10　冲床示意图

1—制动器;2—曲轴;3—离合器;4—V带减速机构;5—电动机;6—拉杆;7—踏板;
8—工作台;9—滑块;10—导轨;11—连杆

3.3.3　冲压工艺

冲压工艺主要分为分离工艺和成形工艺。常用的分离工艺有落料、冲孔、剪切、切边和修整等,分离工序可以直接将其加工为成品,也可以为弯曲、拉伸等工序做准备。

1.分离工序

(1)冲剪(包括落料与冲孔)　使板料沿封闭轮廓分离的工序。落料与冲孔有相似的地方,也有不同的地方。相同之处是落料与冲孔都是靠模具冲压,变形与模具结构相同,不同之处为两者目的不同。冲孔时,被冲下的部分是废料,边部是成品,而落料时,被冲下来的部分是成品,周边是废料。

(2)剪切　使坯料沿着不封闭的轮廓线分离的工艺。

(3)修整　利用修整冲模沿零件的外缘或内缘表层刮削一层薄金属,以修整冲裁断面上的毛刺和剪裂带,从而提高冲压产品的精度。

2.成形工序

(1)弯曲　靠弯曲模的作用,使坯料的一部分相对另一部分弯成具有一定曲率和角度的工序,如图 3-11 所示。

(2)拉深　利用拉伸模把平板状坯料制成开口的杯形零件的工序,如图 3-12 所示。

(3)翻边　利用冲孔的作用,在带孔的平板料上用扩孔的办法获得凸缘的工序,如图 3-13 所示。

(4)成形　通过局部变形使坯料或半成品按照工艺要求成形的工序。

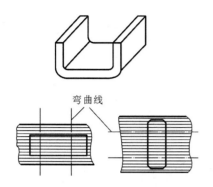 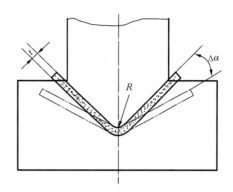

图 3-11　弯曲变形

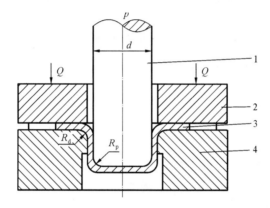

图 3-12　圆筒零件形状拉伸

1—凸模;2—压边圆;3—零件;4—凹模

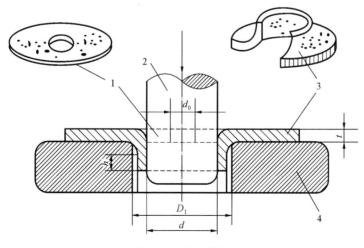

图 3-13　翻边简图

1—坯料;2—凸模;3—工件;4—凹模

3.4　锻造和冲压安全操作规程

1. 锻造安全操作规程

(1) 遵守《锻造安全通则》。

(2) 启动设备时要注意周围安全,要先鸣铃后启动。设备运行范围内(一般为 0.5 m)不准站人和堆放物件,保持运行畅通。非操作者不得擅自操作设备。

(3) 启动前先要检查操作手柄是否放在停止位置上。

(4) 操作机夹持工件时,工件必须插入钳口深度 2/3 以上。

(5) 钳口必须与锻件几何形状相符合,保证夹持牢固。拔长较大锻件时,钳柄末端应套上钳箍,以避免工件飞出伤人。

(6) 操作时钳身要放平,锻件在铁砧中心位置上放正放稳。无论何种工序,首锤轻击,锻件需要斜锻时,必须找准着力点。

(7) 采用操作机锻造时,不准在变换位置时进行锤击。

(8) 操作时,由指导教师指导,不允许学生私自操作。

2. 冲压安全操作规程

(1) 开始操作前,必须认真检查防护装置是否完好,离合器制动装置是否灵活和安全可靠;应把工作台上的一切不必要的物件清理干净,以防工作时掉落到脚踏开关上,造成冲床突然启动而发生事故。

(2) 冲小工件时,不得用手,应该用专用工具,最好安装自动送料装置。

(3) 操作者对脚踏开关的控制必须小心谨慎,装卸工件时,脚应离开脚踏开关。严禁其他人员在脚踏开关的周围停留。

(4) 如果工件卡在模子里,应用专用工具取出,不准用手拿,并应先将脚从脚踏板上移开。

(5) 注意模具的安装、调整与拆卸中的安全。

① 安装前应仔细检查模具是否完整,必要的防护装置及其他附件是否齐全。

② 检查压力机和模具的闭合高度,保证所用模具的闭合高度介于压力机的最大与最小闭合高度之间。

③ 使用压力机的卸料装置时,应将其暂时调到最高位置,以免调整压力机闭合高度时被折弯。

④ 模具的安装一般先装上模,后装下模。

⑤ 模具安装完后,应进行空转或试冲,检验上、下模位置的正确性,以及卸料、打料及顶料装置是否灵活、可靠,并装上全部安全防护装置,直至全部符合要求方可进行操作。

⑥ 拆卸模具时,应切断电源,用手或撬杆转动压力机飞轮,使滑块降至下死点,上、下模处于闭合状态。而后,先拆上模,拆完后将滑块升至上死点,使其与上模完全脱开,最后拆去下模,并将拆下的模具运到指定地点,再仔细擦去表面油污,涂上防锈油,稳妥存放,以备再用。

(6) 落料与冲孔时,必须将剁刀及冲子的油、水擦拭干净,剁刀必须放正,不可歪斜。只许加平整的垫铁,不许加楔形垫铁。当料头快断开时,操作者应特别指示锤击者轻轻敲击,料头飞出方向不得站人。

（7）从垫模中脱出工件或从工件中脱出冲子时，必须用平整的圆垫，不准用不规则的材料代替圆垫。

（8）冲孔时，常在冲孔的位置上放一些煤屑，操作时锤头不能过高，锤击不能过猛，也不能连击，防止冲头爆出和未燃尽的煤屑飞溅伤人。

复习思考题

1.简述锻造工艺的种类和特点。

2.影响金属的可锻因素有哪些？

3.锻造的主要设备有哪些？

4.板坯冲压有哪几种常见工序？

第4章 焊 接

本章让学生了解焊接的发展及应用,重点掌握焊接工艺中的手工电弧焊,气体保护焊,气焊与气割的基本原理、设备、工艺特点及适用范围,并结合实际,根据焊缝情况,选择相应的焊接方法,预防焊接缺陷。重点掌握手工电弧焊的原理、操作方法和电弧焊工艺步骤,会分析焊接操作案例。

4.1 概 述

焊接是现代工业生产中不可缺少的先进制造技术,在焊接之前,工业生产应用铆接工艺。随着科学技术的发展,焊接技术问世,由于焊接是一种不可拆卸的连接技术,焊接工艺越来越受到各行各业的密切关注,目前广泛用于冶金、电力、锅炉和压力容器,以及建筑、桥梁、船舶、汽车、航空、航天等领域。

19 世纪初,英国的戴维斯发现电弧和氧乙炔焰,两种热源能够局部融化金属。1885—1887 年,俄国的别纳尔多斯发明碳极电弧焊钳。1900 年又出现了铝热焊。

20 世纪初,在碳极电弧焊和气焊应用的同时,还出现了薄药皮电弧焊,即手工电弧焊,电弧比较稳定,高温的熔池不被氧化,焊接的质量得到很大提高。

20 世纪 40 年代,钨极和融化极电弧焊也相继出现。

20 世纪 60 年代,等离子、电子束和激光焊接的问世,标志着高能量密度熔焊的新发展。

焊接在建筑业也有大量的应用,如高 325 m 的深圳地王大厦、201 m 的大连远洋大厦都是钢制焊接结构,还有像体育场馆这类的大跨度建筑也采用金属焊接结构的网架屋盖。在我国三峡工程、秦山、大亚湾核电站建设、西气东输工程等国家一类重点建设工程中,焊接技术均发挥着重要作用。

所谓的焊接就是将两种或两种以上的同种或异种材料,用或不用填充材料,通过加热或加压,形成原子间结合或分子间扩散而产生永久性连接接头的工艺方法。

根据焊接过程中,金属所处的状态不同,焊接可分为熔化焊、压力焊和钎焊三类,如表 4-1 所示。

表 4-1 焊接种类

焊接种类	焊 接 特 点	基 本 方 法
熔化焊	利用热源将焊接接头加热至熔融状态,然后冷却结晶成一体的连接方法	气焊、电弧焊、电渣焊电子束焊及激光焊
压力焊	在焊接过程,需要施加压力(加热或不加热)以完成的焊接方法	电阻焊、冷压焊、摩擦焊、超声波焊、爆炸焊及锻焊
钎焊	采用额外的填充原料,使之融化填充焊缝的间隙,并与被焊的金属实现原子间扩散而完成的连接	铜焊、锡焊、银焊

现代焊接技术自诞生以来一直受到诸学科最新发展的直接影响与引导。众所周知,材料、信息学科技术的发展,不仅导致了数十种焊接工艺的问世,而且也使焊接工艺操作经历着手工到自动化、智能化的过程,这已成为公认的发展历程。

4.2 焊条电弧焊

4.2.1 概述

1888 年,俄罗斯首先发明了手工电弧焊接技术,使用裸露的金属棒来产生保护气体。直到 20 世纪初,药皮焊条才开始发展起来。当时,由于药皮焊条成本较高,人们不怎么使用药皮焊条进行焊接。但是随着人们对焊缝质量的要求日益提高,手工电弧也开始使用药皮焊条。

焊条电弧焊是焊接中最简便的焊接方法,而手工操作焊条进行焊接的电弧焊方法属于熔化焊中最基本的操作方法。焊条和工件之间形成的电弧会熔化金属棒和工件的表面,形成焊接熔池;同时,在金属棒上的药皮一部分融化形成气体,以保护高温的熔池不被氧化,另一部分融化进入高温熔池内与金属发生冶炼反应形成熔渣。手工电弧焊的弊端是只能完成短焊缝的焊接,焊缝熔深浅,熔敷质量取决于焊工的技术。

4.2.2 焊条电弧焊的特点

焊条电弧焊是利用焊条进行焊接的电弧焊方法,简称手弧焊。如图 4-1 所示的焊条电弧焊的焊接回路由弧焊电源、电缆、焊钳、焊条、电弧和焊件组成。手工电弧焊的设备简单,使用方便,是目前应用最广泛的焊接方法,特点主要表现在以下几个方面。

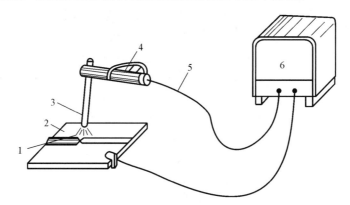

图 4-1 焊条电弧焊回路示意图
1—电弧;2—焊件;3—焊条;4—焊钳;5—电缆;6—弧焊电源

1.设备简单,价格便宜,维护方便

焊条电弧焊使用交流电焊机或直流电焊机。其结构都比较简单,维护保养也比较方便,操作时不需要复杂的辅助设备,只需要配备简单的辅助工具,方便携带。成本相对较低。

2.工艺灵活、适应性强

手工电弧焊可以进行全方位焊接,只要焊条所能达到的位置,均能进行方便的焊接,特别适合对一些单件、小件、短的、不规则的空间任意位置不易实现机械化焊接的焊缝进行焊接,从而提高机械设备的有效利用率。

3.应用范围广、质量易于控制

焊条电弧焊的焊条能够焊大多数金属材料,如低碳钢、低合金结构钢、不锈钢、耐热钢、低温钢、铸铁、铜合金、镍合金等,且焊接的接头的性能可以达到被焊金属的性能。另外,还可以进行异种钢焊接,各种金属材料的堆焊。

焊条电弧焊也有不足之处,主要表现如下。

(1)依赖性强。焊条焊缝的质量可以通过调节焊接电源、焊条、焊接工艺参数来控制,最主要的是依赖操作者的技巧和经验。

(2)劳动强度大、工作条件差。焊接时,焊接工作人员始终在高温条件下和有毒烟尘环境中工作,对人的身体有一定的危害性。

(3)焊接结构不可拆,给维修带来不便,在焊接的过程中,会产生应力和变形。焊接组织不均匀,易产生缺陷。

4.2.3　焊条电弧焊冶金原理

焊条电弧焊的完成需依靠一系列的冶金作用,如加热、熔化、冶金反应、结晶、冷却、固态相变等一系列的复杂过程。如果想了解整个过程,我们先要弄清楚几个在焊接中经常用的术语。

1.电弧

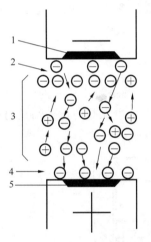

图 4-2　电弧示意图
1—阴极斑点;2—阴极区;3—弧柱区;
4—阳极区;5—阳极斑点

焊条电弧焊属于熔化焊的一种,首先我们要了解这种焊接方法的热源是什么? 热源就来自于电弧。电弧放电会产生大量的热量,从而使焊条和母材熔化,获得牢固的接头。电弧是在两极之间的气体介质中,强烈而持久的电离产生,也就是两电极气体空间导电,一个电极产生电子并使气体介质电离而形成的。焊接的电弧的引燃有接触引燃和非接触引燃。工业生产中,最常用的就是接触引燃,在金属棒接触母材时,产生短路,短路时会产生高电流,温度迅速升高,提供大量能量,为电子逸出和气体电离开辟通道。然后将金属棒提高一定距离,在电场的作用下,阴极的电子高速逸出,撞击气体,使气体产生阳离子、阴离子和自由电子。在它们的运动中,不断碰撞和复合,产生大量的光和热,即电弧。

电弧由三个区域组成(见图 4-2),即阴极区 2400 K,放出的热量占电弧总热量的 36%;阳极区,其温度达 2600 K,放出的热量占电弧总热量的 43%;弧柱区,其温度达 6000~8000 K,放出的热量占电弧总热量的 21%。两极区平均温度达2500 K,电弧在产生高温的同时产生强光(可见光、紫外线、红外线)和吹力。

2.熔池

焊接时电弧的高温和吹力作用使焊件局部熔化,在被焊金属上形成一个椭圆形充满液体金属的凹坑,这个凹坑称为熔池,如图 4-3 所示。熔池是在温度、成分和应力不平衡的条件下产生的,就像炼钢一样,在一个小钢炉内发生氧化、还原、造渣、合金化等一系列物理化学过程。但在焊接中的这个小炉内的温度高于一般的冶炼温度,约为 1600 ℃。熔池中的金属 50%~70%来源于熔滴,平均温度为 2300 ℃,30%的金属来源于母材,所以要求熔滴的金属特性要与母材的金属特性相一致。熔池冷却的速度非常快,因熔池的体积小,周围都是冷金属,熔池停留在液态的时间大概不到 10 s。在这种很难达到平衡的环境下,凝固的熔池化学成分易不均

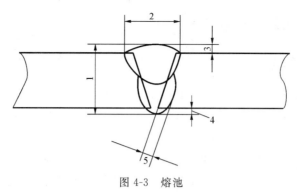

图 4-3 熔池

1—焊缝厚度；2—焊缝宽度；3—余高；4—背面余高；5—熔深

匀,气体和夹渣来不及浮出,从而产生气孔和各种缺陷。

3. 焊缝

焊缝是随着焊条的移动而熔池冷却凝固后形成的,在电弧的作用下,焊条和母材继续熔化形成新的熔池,如图 4-3 所示。熔深是从焊件表面至熔池底部的距离,一般不能超过工件的厚度,否则会形成焊穿缺陷；焊缝宽度的控制要根据焊接位置、焊接件查相应的标准获得；余高为焊缝和热影响区相互过渡的区域,对整条焊缝起到保温和缓冷的作用,还可以细化晶粒,减小焊接应力集中。但是,余高会致使设备在此处形成形状突变,造成局部应力集中。一般情况下,对接焊缝的焊缝余高不应超过 3 mm。

4. 熔渣

在冷却的焊缝表面覆盖的一层渣壳称为熔渣。

5. 电弧长度

电弧的长度为焊条熔化末端到熔池表面的距离。电弧的长度不宜过长,否则会出现电弧不稳定燃烧的现象。在焊接的起始端,一般采用长弧进行预热,而焊接的过程,一般都要采用短弧焊接。判断长弧还是短弧,通常情况可通过声音进行判别,发出"呼呼"的声音为长弧,发出"嘶嘶"的声音为短弧焊接。

在手工电弧焊中,焊条与焊件接触短路引燃电弧,电弧的高温将焊条与焊件局部熔化。熔化的焊芯端部迅速地形成细小的金属溶滴,通过弧柱过渡到局部熔化的焊件表面,熔到一起形成金属熔池,熔池冷却结晶后从而获得牢固的焊接接头,如图 4-4 所示。焊条电弧焊时,焊条药皮在电弧的作用下产生气体和熔渣可以保护高温的熔池不被氧化,从而提高焊缝质量。

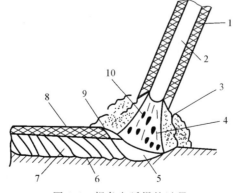

图 4-4 焊条电弧焊的过程

1—药皮；2—焊芯；3—保护气；4—电弧；5—熔池；6—母材；7—焊缝；8—焊渣；9—熔渣；10—熔滴

4.2.4 焊条电弧焊设备与工具

焊条电弧焊主要设备是弧焊电源,它的作用是为焊接电弧稳定燃烧提供所需要的能量。

1.电焊机

手弧焊的主要设备是电焊机,其实质是一种弧焊电源,按产生电流种类不同,分为弧焊变压器(交流电焊机)和弧焊整流器(直流电焊机)。

1)交流电焊机

(1)原理:交流电焊机是一种特殊的变压器,如图 4-5 所示,将 220 V 或 380 V 电源电压降到空载电压(60~80 V),当引弧开始,焊条与工件接触形成短路,电压接近于零,电弧出现后,正常电压为 20~30 V,提供稳定电流。电流一般根据需要调节大小(从几十安到几百安)。

(2)结构:由一次线圈、二次线圈、固定铁芯、活动铁芯、电抗器等组成。

(3)特点:结构简单,维护方便,使用可靠,价格较低,缺点是电弧不稳定。

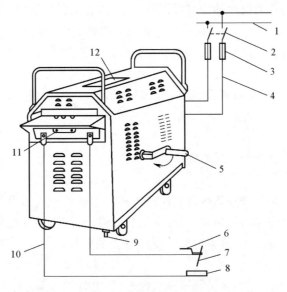

图 4-5 交流电焊机结构

1—网路电源;2—闸刀开关;3—熔断器;4—电源电缆线;5—电流细调节手摇柄;6—焊钳;7—焊条;
8—焊件;9—地线接头;10—焊接电缆线;11—粗调电流接线板;12—电流指示面板

常用的电焊机有 BX₁、BX₃ 等多种型号,本次实习所采用 BX₁-400 型号,为活动铁芯式,其型号含义如下。

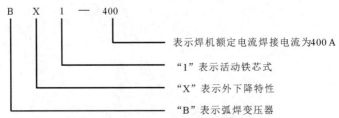

2)直流电焊机

(1)原理:直流电焊机是一种将工业交流电经变压器降压,并经整流元件整流变为直流电,再以直流的形式输出而对焊接回路供电的一种弧焊电源,如图 4-6 所示。

(2)结构:由一次线圈、二次线圈、整流器固定铁芯、活动铁芯、电抗器等组成。

（3）特点：电流稳定，设备价格较高，焊接成本也较高。

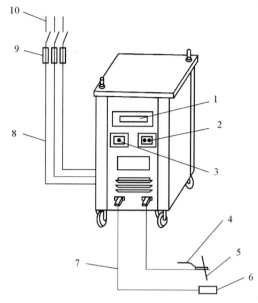

图 4-6 直流电焊机结构

1—电流表；2—电源开关；3—电流调节器；4—焊钳；5—焊条；6—焊件；

7—焊接电缆线；8—电源电缆线；9—熔断器；10—网路电源

常用的弧焊整流器型号及含义如下。

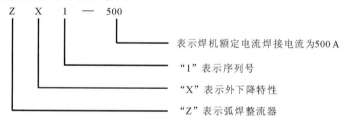

表示焊机额定电流焊接电流为500 A

"1"表示序列号

"X"表示外下降特性

"Z"表示弧焊整流器

2.焊条

1）焊条的结构及其牌号

焊条是电弧焊接过程中熔化的电极，它由两部分构成，一部分是焊芯，另一部分是药皮，如图 4-7 所示。

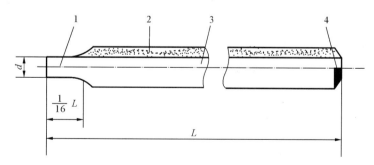

图 4-7 焊条

1—夹持端；2—涂层；3—焊芯；4—引弧端

焊芯就是被涂层覆盖的金属芯，其作用是作为导电的电极，产生稳定的电弧，并且在熔化后作为填充金属与被熔化的母材熔合形成焊缝。焊芯金属约占整个焊缝金属的 50%～70%，因此焊芯的化学成分直接影响焊缝质量。焊芯用钢丝为焊接专用钢丝,经特殊冶炼制成,单独规定了其牌号和化学成分,其牌号可分为行业标准和国家标准,以碳钢焊条为例,具体介绍如下。

(1) 行业标准。

行业标准的型号为 J422。

J:焊条。

42:熔敷金属抗拉强度的最小值。

2:药皮类型为酸性。

(2) 国家标准。

国家标准的型号为 E4303。

E:焊条。

43:熔敷金属抗拉强度的最小值。

0:焊条适于全位置焊接。

3:焊接电流种类(直流或交流)。

2) 药皮及其作用

压涂在焊芯表面上的涂料层称为药皮。药皮由各种矿物类、铁合金和金属类、有机物类及化工产品等原料组成。焊条药皮组成物的成分相当复杂,一般一种焊条药皮配方的原料都达到八九种以上。药皮在焊接过程中的主要作用如下。

(1) 机械保护作用。

焊条药皮在电弧的作用下,产生大量的气体和熔渣,隔绝空气,防止溶滴和熔池金属被空气中的氧、氮侵入,降低焊缝的质量。熔渣凝固后的渣壳覆盖在焊缝的表面上,可以防止高温金属被氧化,同时减小了焊缝的冷却速度。

(2) 冶金处理作用。

熔池内的金属在高温下发生剧烈的化学反应,简称冶金反应。在反应的过程中,可以有效地去除有害杂质(如氧、氢、硫、磷),同时可添加有益金属元素,使焊缝符合力学性能的要求。

(3) 改善焊条的焊接工艺性能。

焊条药皮中含有一定的引弧剂和稳弧剂,保证电弧易引燃和稳定燃耗;在焊接的过程中,飞溅少、焊缝成形好、易脱渣、融敷效率高,适合全位置焊接。

3. 焊钳

焊钳是用来夹持焊条并传导焊接电流以进行焊接的工具,应具备安全、轻便、耐用等特点。常用焊钳的型号有 300A、500A 两种。

在焊接中,还有其他的辅助工具,如焊接电缆线,常起导电的作用,长度一般控制在 20～30 m;面罩能防止焊接时产生的飞溅、电弧光及其他辐射对操作者造成伤害,常有手持式和头盔式两种。

4.2.5 焊条电弧焊操作方法

手工电弧焊的焊缝质量主要取决于操作者的焊接技术,焊接技术的基本操作步骤有引弧、运条、收弧。

1. 引弧

焊条电弧焊时,引燃电弧的过程称为引弧。引弧的方法主要有两种,划擦法和直击法,如图 4-8 所示。

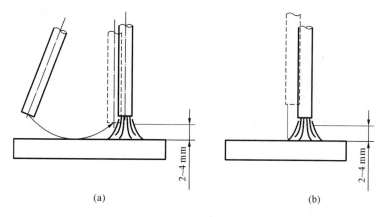

图 4-8　引弧方法

(a) 划擦引弧法　(b) 直击引弧法

1) 划擦法

将焊条的末端对准引弧处,然后利用手腕的力量扭动手腕一下,像划火柴一样,使焊条在引弧处轻微划擦一下,划擦的范围要小,一般控制在 15~20 mm,电弧引燃后应使弧长保持在 2~4 mm。这种引弧的方法的优点是电弧容易引燃、操作简单、引弧效率高。缺点是易损害工件表面,在引燃电弧处会留下划痕,在实际的生产中很少用。

2) 直击法

在开始引电弧之前,焊条的末端应与焊件表面垂直,同样靠腕力轻轻一碰,便迅速提起焊条,并使焊条的末端与工件仍保持 2~4 mm,电弧随之引燃。直击法的优点是不会在工件表面留下划痕,又不会受焊件表面大小及焊件的形状的限制。缺点是引弧率较低,并非一次引弧就成功,需要多次敲击才可以将电弧引出,操作技术不容易掌握。

对于初学者采用直击法时,在引弧的过程中容易造成药皮脱落、引燃的电弧又熄灭或者造成粘连现象,但是采用另一种方法,引弧率就会很高,不会发生上述问题。当发生粘连现象时,若不及时处理,就会造成焊接回路短路,烧毁焊机。

焊条在引弧的过程中黏在焊件表面时,可将焊条左右晃动几次,即可使焊条脱落于焊件表面,如果经左右晃动的焊条还不能脱离工件表面时,应立即将焊钳钳口松开,使焊接回路断开,待焊条冷却降温后拆下。

2. 运条

电弧引燃后,迅速将焊条提起 2~4 mm 焊接,焊接时运条有三个动作,如图 4-9 所示。

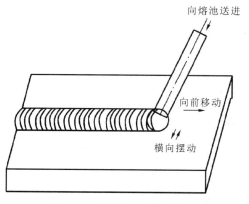

图 4-9　运条的三个基本动作

(1) 焊条中心向熔池方向逐渐前进,以维持一定弧长,焊条送进速度与熔化速度相同,否则会产生断弧或粘连现象。

(2) 焊条的横向摆动,以获得一定的焊缝宽度。

(3) 焊条沿焊接方向逐渐移动,移动速度的快慢会影响焊缝成形。

在焊接的过程中,当焊条移动时,在起始端、中间位置、终焊端,焊条角度是不一样的,如图 4-10 所示,把已熔化的金属和熔渣推向后方,否则熔渣流向电弧的前方,易造成夹渣缺陷。

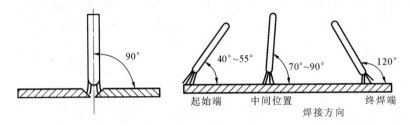

图 4-10　焊接角度

为了获得较宽的焊缝,焊条在送进和移动的过程中,还要做必要的摆动,常见的运条方法如图 4-11 所示。

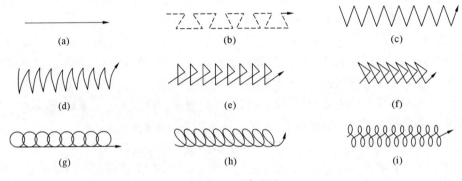

图 4-11　运条方法

(a)直线形　(b)直线往复形　(c)锯齿形　(d)月牙形　(e)正三角形
(f)斜三角形　(g)正圆圈形　(h)斜圆圈形　(i)8 字形

3. 收弧

焊接收弧时,操作不当往往会形成弧坑,降低焊缝的强度,产生应力集中或皱纹。在收弧时,要维持正确的熔池温度,逐渐填满熔池。为了防止和减少弧坑的出现,美观焊缝,收弧通常可采用三种方法,如图 4-12 所示。

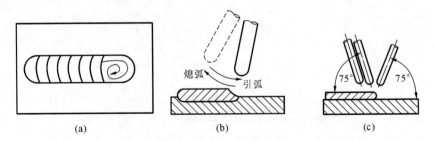

图 4-12　收弧方法

(a)划圈收尾法　(b)反复断弧收尾法　(c)回焊收尾法

(1) 划圈收尾法:适于厚板焊接的收弧。

（2）反复断弧收尾法：适于薄板和大电流焊接的收弧。

（3）回焊收尾法：一般采用碱性焊条收弧。

在实际的操作中，焊接的姿势对焊缝也有一定的影响，一般根据焊接的位置，选择合适的姿势进行焊接，通常操作姿势有蹲姿、坐姿、站姿，如图 4-13 所示。

（a）　　　　　　　　　（b）　　　　　　　　　（c）

图 4-13　焊接操作姿势

（a）蹲姿　（b）坐姿　（c）站姿

4.2.6　焊接接头、坡口与位置

1）焊缝的接头形式

焊接接头：在焊件需连接部位，用焊接方法制造而成的接头称为焊接接头，简称接头。焊接接头由焊缝金属、熔合区和热影响区组成，如图 4-14 所示。焊接接头的化学成分、金相组织、力学性能一般是不均匀的。由于焊缝的形式和分布不同，焊缝接头中经常存在不同程度的应力集中，另外，在焊接接头中存在残余应力和残余变形。焊条电弧焊常用的接头形式分别为对接、搭接、角接、T 形接等形式，如图 4-15 所示。依据产品的结构，综合考虑受力状态、工艺等因素选择接头形式。

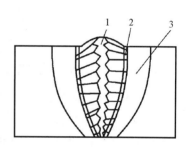

图 4-14　焊接接头的构成

1—焊缝；2—熔合区；3—热影响区

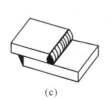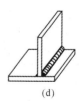

（a）　　　　　（b）　　　　　（c）　　　　　（d）

图 4-15　接头的基本形式

（a）对接接头　（b）角接接头　（c）搭接接头　（d）T 形接头

2）坡口

根据设计或工艺需要，将焊件的待焊部位加工成一定几何形状，并经装配后构成一定的沟槽形状，简称坡口。开坡口一般采用机械、火焰或电弧等方法，开坡口的原则是在焊接时保证接头可以焊透，从而确保连接强度；要容易加工，提高焊接效率；要节省材料、降低成本。

常用的坡口形式有 I 形坡口、V 形坡口、X 形坡口、U 形坡口，如图 4-16 所示。当板厚在 1～6 mm 时，采用 I 形坡口进行单面焊或双面焊即可焊透。当厚度大于 3 mm 时，在焊接接头处需开设一定形状的坡口，如 V 形、Y 形、U 形等，以保证接头强度。

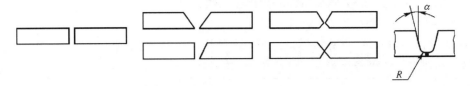

图 4-16 坡口的形式

(a) I 形坡口 (b) V 形坡口 (c) X 形坡口 (d) U 形坡口

3) 焊接的空间位置

根据焊缝的空间位置不同,焊接的接头形式可分为平焊,即工件水平、焊缝水平;横焊为工件垂直、焊缝水平;立焊为工件垂直、焊缝垂直,自下而上施焊;仰焊为工件水平、倒悬平面,对工件的下平面施焊,如图 4-17 所示。四种空间位置平焊最容易,仰焊最难。

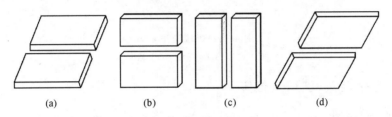

图 4-17 焊缝的空间位置

(a) 平焊缝 (b) 横焊缝 (c) 立焊缝 (d) 仰焊缝

4.2.7 常见焊接缺陷及产生原因

1.焊缝尺寸不符合要求

焊缝尺寸不符合要求主要是指焊缝过高或过低、过宽或过窄及不平滑过渡的现象,如图 4-18 所示。产生的原因是:操作时运条不当、焊接电流不稳定、焊接速度不均匀、焊接电弧高低变化太大。

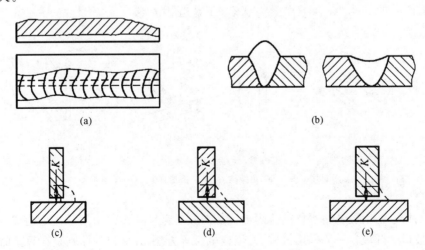

图 4-18 焊缝缺陷

(a) 焊缝高低不平、宽度不均、波纹粗劣 (b) 余高过高或过低 (c) 余高过大 (d) 过渡不圆滑 (e) 合适

2.咬边

咬边是指沿焊缝的母材部位产生的沟槽式凹陷,如图 4-19 所示。造成咬边的原因有工艺

参数选择不当,如电流过大、电弧过长。操作技术不正确,如焊条角度不对、运条不适当。一般在平焊时较少出现咬边,而在立焊、横焊或仰焊时,由于焊接电流值较大,较易出现咬边。咬边减小了焊缝的有效面积,不仅削弱了焊接接头的强度,而且易造成应力集中而产生裂纹。要避免咬边缺陷的产生,应该选择合适的焊接电流、避免电流过大;电弧不能拉得过长;焊条角度要适当;运条在坡口边缘速度较慢,停留时间稍长,而在焊缝中间速度较快。

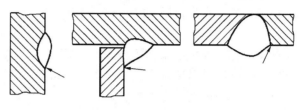

图 4-19　咬边

3.夹渣

夹渣主要是指焊后残留在焊缝中的熔渣,产生的原因如下。

(1)焊接材料质量不好。

(2)电流太小,焊接速度太快。

4.弧坑

焊缝收尾处下陷的现象称为弧坑,如图 4-20 所示。产生原因是操作时熄弧太快,未反复向熄弧处补充金属。

5.焊穿

焊穿主要是指熔化金属自坡口背面流出,形成穿孔的缺陷,如图 4-21 所示。产生的原因是焊件装配不当(如坡口尺寸不合要求)、间隙过大、焊接电流太大、焊接速度太慢。

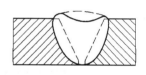

图 4-20　弧坑

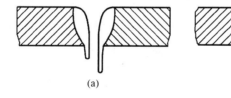

(a)　　　　　　　　　　(b)

图 4-21　焊穿

(a) 焊穿　(b) 塌陷

6.气孔

气孔主要是指熔池中的气泡凝固时未能逸出而留下来所形成的空穴。产生的原因是焊件和焊接材料有油污、铁锈及其他氧化物、焊接区域保护不好、焊接电流过小、弧长过长、焊接速度过快。

4.2.8　焊接工艺参数(焊接范围)的选择

1.焊条直径

焊条直径是指焊芯直径,焊条直径主要依据焊件厚度、焊接位置、接头形式、焊接层数等进行选择。在实际的生产中,为了提高生产效率,一般选用较大直径的焊条,但是直径过大会造成未焊透、焊缝成形不好等问题。焊条与焊件直径的关系如表 4-2 所示。

表 4-2 焊条直径与焊件厚度的关系

焊件厚度/mm	≤1.5	2	3	4～5	6～12	≥12
焊条直径/mm	1.5	2	3.2	3.2～4	4～5	4～6

在板厚相同的条件下,根据焊缝的位置,应选择不同直径的焊条。平焊时应选用较大直径焊条,立焊、横焊、仰焊时应采用较小直径焊条,并配合小电流焊接。

2.焊接电流

焊接时,焊接回路中的电流称为焊接电流,焊接电流是焊条电弧焊最重要的工艺参数。焊接电流的大小直接影响焊缝的质量和焊接效率。选择焊接电流时,可根据焊条类型、焊条直径、工件厚度、接头形式、焊接位置等因素综合考虑。通常情况下,焊条直径越大,焊接时所需的热量越大,焊接电流也越大,对于每一种规格的焊条直径有相应的焊接电流,见表 4-3。

表 4-3 焊接电流和焊条直径的关系

焊条直径/mm	1.6	2.0	2.5	3.2	4.0	5.0
焊接电流/A	25～40	40～65	50～80	100～130	160～210	220～270

平焊低碳钢时,

$$I = K \times \phi$$

式中: I——焊接电流;

K——经验常数(35～55);

ϕ——焊条直径(mm)。

根据焊接位置选择,在焊条直径一定的情况下,平焊位置应比其他位置选用的焊接电流大。

3.电弧长度

电弧电压大小由弧长决定,一般应采用短电弧焊接,即弧长 L 小于焊条直径 ϕ,否则会产生电弧燃烧不稳,飞溅大,熔深小,以及未焊透、咬边和气孔等缺陷。

4.焊接速度

焊接速度即单位时间内完成的焊缝长度,过快或过慢都将影响焊缝质量。

焊接速度的选择原则如下。

(1)保证焊透。

(2)保证焊缝尺寸。

做法:应以合适的焊接速度施焊。"合适"即均匀、协调、稳定。

5.焊条角度

焊条角度与焊缝的空间位置及结构、尺寸有关,平焊时焊条角度应与焊接方向呈70°～80°夹角,从而有利于观察熔池状态及熔渣漂浮。

4.2.9 案例分析

举例:将厚度为 4～6 mm 的 Q235 碳素钢相对接。

1.焊接工艺要求

(1)确定焊件材质,选择相应的焊条。

(2)根据焊件的厚度、位置,选择开坡口的类型以及焊条直径,从而确定焊接电流。

（3）清理焊口。

（4）将两个对接件装配到一起。

（5）定位后，调整电弧的大小，控制焊接速度、长度、角度进行焊接。

（6）清理焊口，检查焊缝。

2.操作步骤

操作步骤见表 4-4。

表 4-4　操作步骤

序　号	操 作 步 骤	操 作 要 点
1	准备材料	划线、用剪切或气割方法下料，并调直钢板
2	加工坡口	板厚为 4～6 mm 时，可采用 Y 形坡口双面焊，接口必须平整（见图 4-22）
3	焊前清理	清除铁锈、油污等
4	装备	将两板水平放置，对齐，两板间留 1～2 mm 间隙
5	固定	用焊条点固，固定两焊件的相对位置，点固后应除渣。若焊件较长，可每隔 300 mm 左右点固一次，点固长度为 10～15 mm
6	焊接	①选择合适的焊接工艺参数； ②先焊点固面的反面，使熔深大于板厚的一半，焊后除渣； ③翻转焊件焊另一面，注意事项同上

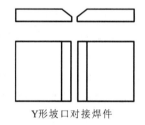
Y形坡口对接焊件

划基准线

图 4-22　试件坡口

4.3　气体保护焊

4.3.1　概述

随着焊接工艺技术的不断进步，各种焊接工艺方法广泛应用于工农业生产的各个领域，尤其是气体保护焊自诞生以来迅速得到普及与推广。气体保护焊将焊丝作为电极和填充材料取代手工电弧焊的焊芯，外加气体作为电弧介质取代手工电弧焊的药皮对电弧和熔池进行保护。气体保护焊按照电极的材料，可分为不熔化极气体保护焊和熔化极气体保护焊，其中熔化极气体保护焊应用比较广。常用的保护气体有惰性气体（氩气、氦气），还有活性气体（二氧化碳）。

4.3.2　二氧化碳气体保护焊

1.二氧化碳气体保护焊原理

二氧化碳气体保护电弧焊是使用焊丝来代替焊条，由送丝轮通过送丝软管送到焊枪上，经导电嘴导电，与母材之间产生电弧，靠电弧热量进行焊接。在二氧化碳气氛中经电弧高温在熔池上形成热气膜，保护液态金属不被氧化，同时，二氧化碳气体在工作时通过焊炬喷嘴沿焊丝周围喷射出来，在电弧周围造成局部的气体保护层使溶滴和溶池与空气机械地隔离开来，从而也可以保证焊接过程稳定持续地进行，并获得优质的焊缝，如图 4-23 所示。

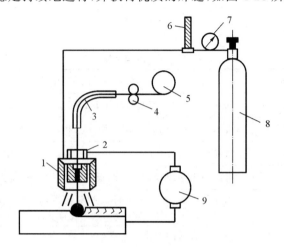

图 4-23　二氧化碳气体保护焊

1—焊炬喷嘴；2—导电嘴；3—送丝软管；4—送丝机构；5—焊盘丝；6—流量计；7—减压器；8—CO_2 气瓶；9—电焊机

2.二氧化碳气体保护焊种类

（1）半自动二氧化碳气体保护焊：适于各种空间位置焊接，可以取代手弧焊。

（2）全自动二氧化碳气体保护焊：适于较长水平直线或规则几何曲线焊缝的焊接。

3.二氧化碳气体保护焊特点

二氧化碳气体保护焊具有很多优点，主要表现为气体成本比较低，适用于活性小的金属焊接等方面，例如焊接低碳钢和合金钢，还可用于一些耐磨零件的堆焊、铸铁的补焊。二氧化碳气体保护焊在焊接时，电流密度比较大，隔离空气、保护熔池的效果很好。但是二氧化碳气体保护焊也有很大的缺点，焊接时飞溅比较大，二氧化碳易分解成一氧化碳和氧气，焊接的表面质量不好，故不能焊接易氧化的非钢铁金属。主要特点概括如下。

（1）提高焊接效率，降低成本，节约材料。

（2）焊缝表面光滑、平整、无熔渣。

（3）电流密度大，连接强度高，可以取代手工电弧焊的工艺特性。

（4）工件表面油污不必清理即可施焊。

（5）产生飞溅较严重，而且不适合在风力较大的环境中作业。

4.二氧化碳气体保护焊操作注意事项

在操作二氧化碳气体保护焊时，需要重点关注的参数有电弧电压、焊接电流、焊丝伸出长度、焊丝直径、气体流量等。若采用短路过渡焊接时，还需控制短路电流峰值和短路电流上升速度等。

（1）采用短路过渡焊接时，焊接电流和电弧电压会产生周期性的变化，值得注意的是电流和电压表上的数值是其有效值，而不是瞬时值，需根据焊丝直径，选择电流范围。

（2）焊丝的伸出长度一般为焊丝直径的 10～20 倍，所谓的焊丝伸出长度是指导电嘴端面至工件的距离。

（3）确定气体流量时，并不是气流值越大越好。气体流量过大会增加气流的紊乱程度，容易使空气进入焊接区,降低焊接质量。通常采用小电流时,气流为 $5\sim15$ L/min;采用大电流时,气流为 $10\sim20$ L/min。

（4）二氧化碳气体保护焊通常采用直流反接,飞溅小、电弧稳定、成形好。

4.3.3　氩弧焊

氩弧焊又称惰性气体保护焊。在电弧焊的周围通上氩气,将空气隔离在焊区之外,防止焊区的氧化。此技术是在普通电弧焊的原理的基础上,利用氩气对高温熔池进行保护,高电流使焊材在被焊基材上熔化成液态形成溶池,熔池中被焊金属和焊材达到冶金结合的一种焊接技术。由于在高温熔融焊接中不断送上氩气,使焊材不能和空气中的氧气接触,从而防止了焊材的氧化,因此可以焊接铜、铝、不锈钢、合金钢等金属工件。

从采用的电极是否为熔化极,可将氩弧焊分为熔化极氩弧焊和非熔化极氩弧焊,如图 4-24 所示。非熔化极氩弧焊的工作原理及特点:电弧在非熔化极(通常是钨极)和工件之间燃烧,在焊接电弧周围流过一种不和金属起化学反应的氩气,形成一个保护气罩,使钨极端头、电弧和熔池及已处于高温的金属不与空气接触,能防止焊区氧化和吸收有害气体,从而形成致密的焊接接头,其力学性能非常好。

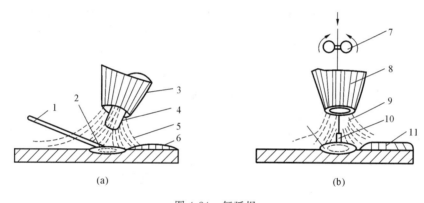

图 4-24　氩弧焊

（a）不熔化极(钨极)氩弧焊　（b）熔化极氩弧焊

1—填充焊丝;2—熔池;3—喷嘴;4—钨极;5—气体;6—焊缝;7—送丝滚轮;8—喷嘴;9—气体;10—焊丝;11—焊缝

熔化极氩弧焊的工作原理及特点:焊丝通过丝轮送进导电嘴中,导电后在母材与焊丝之间产生电弧,使焊丝和母材熔化,并利用氩气保护电弧和熔融金属来进行焊接,与二氧化碳气体保护焊相类似,不同的是:一个是二氧化碳,另一个是氩气。熔化极氩弧焊与钨极氩弧焊相比具有以下特点。

（1）效率高,因为焊接时电流密度大、热量集中、熔敷率高、焊接速度快。另外,容易引弧。

（2）需加强防护,因弧光强烈,烟气大,所以要加强防护。

氩弧焊优点:氩弧焊采用的氩气是一种比较理想的保护气体,比空气密度大 25%,而且是一种化学性质非常不活泼的气体,即使在高温下也不和金属发生化学反应,不会对合金元素氧化烧损,因此也不会有氧化带来的一系列问题。氩气也不溶于液态的金属,因而不会引起气孔。氩气通常以原子状态存在,在高温下没有分子分解或原子吸热的现象,且氩气的比热容和热传导能力小,即本身吸收热量小,向外传热也少,电弧中的热量不易散失,使焊接电弧燃烧稳定,热量集中,有利于焊接的进行。特别是在平焊时有利于对焊接电弧进行保护,降低了保护气体的消耗。

缺点:氩气电离势较高,当电弧空间充满氩气时,电弧的引燃较为困难,但电弧一旦引燃后就非常稳定。氩弧焊热影响区域比较大,工件在修补后常常会造成变形、硬度降低、砂眼、局部退火、开裂、针孔、磨损、划伤、咬边,或者是结合力不够及内应力损伤等缺点,尤其在精密铸造件细小缺陷的修补过程在表面突出,为解决此问题,精密铸件缺陷的修补可以使用冷焊机来替代氩弧焊,由于冷焊机放热量小,较好地克服了氩弧焊的缺点,弥补了精密铸件的修复难题。

氩弧焊与应用比较广泛的焊条电弧焊相比对人身体的伤害程度要高一些,氩弧焊的电流密度大,发出的光比较强烈,它的电弧产生的紫外线辐射,为普通焊条电弧焊的5~30倍,红外线为焊条电弧焊的1~1.5倍,在焊接时产生的臭氧含量较高,因此,尽量选择空气流通较好的地方施工,不然对身体有很大的伤害。

在我国手工钨极氩弧焊的应用最为广泛,下面介绍一下手工钨极氩弧焊的操作方法。手工钨极氩弧焊的操作技术包括:引弧、送丝及熄弧。

1. 引弧

一般引弧方法有三种,接触短路引弧、高频引弧和高压脉冲引弧。手工钨极氩弧焊不常采用接触短路引弧法,但冷焊枪常采用此方法。当钨极与工件接触引弧时,钨极损害较大,会使焊缝夹钨,改变焊缝的力学性能和抗腐蚀性能。因此手工钨极焊一般常采用高频引弧和高压脉冲引弧(随焊机而定)。在引弧时,让钨极和焊件之间存在一定的距离,接通引弧器,在高频电流或高压脉冲电流的作用下,氩气被电离引燃电弧,然后进行下步操作。

2. 送丝

根据焊炬类型、焊丝的直径、焊缝的位置,手工钨极氩弧焊的握持方法有全握式、拇指和中指夹持式、拇指和中指捏丝式。手工钨极氩弧焊时,一般由右向左焊接(左手习惯者除外),焊枪以一定速度前移,禁止跳动,尽量不做摆动,这与电焊、气焊不同。焊枪与焊件倾角为70°~85°。填充焊丝时,应在熔池的前半部接触加入,焊丝与工件表面成20°~30°夹角。使焊丝熔化过渡到熔池中。焊丝成连续熔化状态,熔化的速度随焊接成形的高低,由焊工掌握。一般情况,钨极应伸出焊嘴2~4 mm,钨极端面与熔池表面保持2~3 mm,在焊接过程中,切忌将钨极与焊件或焊丝接触,否则会造成焊缝夹钨,以及熔池被炸开的事故,焊接不能顺利进行。送丝方式如图4-25所示。

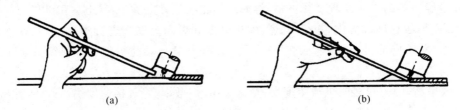

图 4-25　焊丝送进方式

(a) 开始连续送丝　(b) 送进连续送丝

3. 熄弧

手工钨极氩弧焊的熄弧一般用以下两种方法实现。

(1) 增加焊速法,也叫熔池衰减法。方法是当焊缝完成时,不要忽然停下来,应该加快行走速度使熔池逐渐缩小,最后熄弧。这样可以避免弧坑的产生和缩孔的产生。

(2) 焊接电流衰减法,使用有电流衰减装置的焊机很容易实现。

4.3.4 案例分析

手工钨极氩弧焊对接 Y 形坡口 Q235 钢板。

（1）焊前准备。

① 焊接材料为 Q235 钢板。

② 焊接坡口形状，如图 4-26 所示。

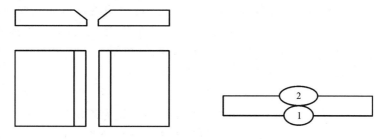

图 4-26　焊件的形状及层数

③ 焊接层数为 2 层。

④ 焊机。

⑤ 焊丝直径为 2.5 mm。

⑥ 氩气纯度为 95.5%（体积分数）。

（2）焊件装配。

（3）确定焊接参数。

（4）操作步骤。

焊接层次为两层两道焊缝。

① 打底焊：采用左焊法，则左侧装配间隙略大于右侧间隙。

② 引弧：高频引弧。

③ 焊接。

a.定位左侧焊引弧后，焊枪停留预热，并出现熔孔后，填丝。

b.采用小电流进行焊接，焊枪倾角要小，以免焊缝下凹或烧穿。

c.焊接时双手配合，焊枪的移动速度要均匀、平稳，如图 4-27 所示。钨极不能与焊丝相碰，以免产生夹钨。

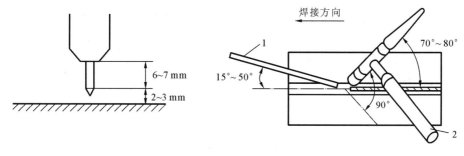

图 4-27　焊枪与焊丝的角度及距离
1—焊丝；2—焊枪

（5）焊缝清理。

（6）焊缝检查。

4.4 气焊与气割

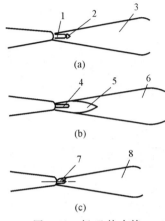

图 4-28　氧-乙炔火焰

(a) 中性焰　(b) 碳化焰　(c) 氧化焰

1、4、7—焰心；2—轻微闪动；

3、6、8—外焰；5—内焰

气焊用电石(碳化钙)加水制取乙炔气,再与氧气的混合气体点燃后对工件进行加热,用或不用添加金属对工件接头进行加热熔化,待冷却凝固后形成焊缝的焊接方法。气焊应用没有电弧焊的应用广泛,而且焊接质量控制不稳定,成本较高,效率低,操作不方便,而气割在工农业生产中的应用却十分广泛。

1.气焊

气焊火焰常用的气体为乙炔气(C_2H_2),氧气(O_2),根据两种气体比例不同可以分为三种火焰,如图 4-28 所示。中性焰的 C_2H_2:$O_2 \approx 1.1 \sim 1.2$,由焰心、内焰、外焰组成,温度平均为 3100 ℃;碳化焰的 C_2H_2:$O_2 \approx 0.85 \sim 0.95$,温度为 2700～2900 ℃;氧化焰的 C_2H_2:$O_2 > 1.7$,温度为 3300 ℃。上述三种火焰,内焰温度最高,其中中性焰最常用,氧化焰适于黄铜焊接。

气焊是利用气体火焰作热源的焊接方法,目前最常用的是氧-乙炔焊,氧-乙炔焊是利用乙炔与氧气混合燃烧时的火焰进行焊接的方法,如图 4-29 所示。

气焊焊接一般要遵循三步骤完成,包括点火、调节火焰与灭火。

(1)点火时,先微开氧气阀门,再开乙炔阀门,随后用明火点燃。

(2)调节火焰,先根据焊件材料确定应采用哪种氧乙炔焰,并调整到所需的那种火焰,再根据焊件厚度,调整火焰大小。

(3)灭火,应先关乙炔,再关氧气。

与电弧焊相比,气焊热源的温度较低,热量分散,加热缓慢,生产率低,接头显微组织粗大,性能较差,热影响区较大,容易引起较大的变形;但气焊火焰易于控制,操作简便、灵活,容易实现单面焊双面成形;气焊还便于预热和后热,不需要电源,适合在没有电源的地方(如野外)施工。

2.气割

利用氧气与乙炔气混合点燃后,对金属材料预热到燃烧温度后,打开割炬切割氧气阀喷出高速切割氧流,使其燃烧并放出热量实现切割的方法称为气割,如图 4-30 所示。实际上切割的过程就是预热—燃烧—吹渣过程。气割的金属材料有低碳钢、纯铁、中碳钢、普通低合金钢。

金属的切割条件如下。

(1)金属的燃点应低于金属的熔点。

(2)金属燃烧时氧化物的熔点应低于金属的熔点。

(3)金属燃烧时,应放出大量的热,且导电性较差。

气割常用的设备与工具有氧气瓶、乙炔瓶、液化石油气瓶、减压器、割炬等,其中割炬是手工气割的主要工具。按照可燃气体与氧气混合的方式不同,割炬可分为射吸式割炬和等压式割炬,射吸式割炬应用最为广泛,如图 4-31 所示。

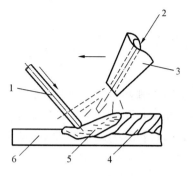

图 4-29 气焊示意图

1—焊丝;2—乙炔＋氧气;3—焊嘴;

4—焊缝;5—熔池;6—焊件

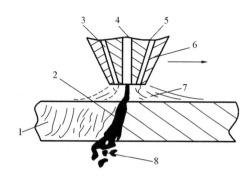

图 4-30 气割过程

1—割口;2—氧流;3—$C_2H_2+O_2$;4—O_2;

—$C_2H_2+O_2$;6—割嘴;7—预热火焰;8—氧化物

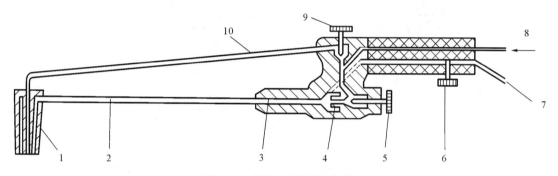

图 4-31 射吸式割炬构造原理

1—割嘴;2—混合气管;3—射吸管;4—喷嘴;5—预热氧气阀;6—乙炔阀;

7—乙炔;8—氧气;9—切割氧气阀;10—切割氧气管

气割时,先开启预热氧调节阀后开启乙炔调节阀,点火产生环形预热火焰对割件进行预热,直到预热到割件燃点时,即开启切割氧调节阀,此时高速切割氧气流经切割氧气管,由割嘴的中心喷出,进行气割。在操作气割时,若遇到回火现象(气体火焰进入喷嘴内逆向燃烧),应迅速关闭乙炔调节阀门和氧气调节阀门,切断乙炔和氧气的来源。

3.案例分析

Q215 圆钢的气割。

(1) 焊前准备。

① 气割设备:氧气瓶 1 个,乙炔气瓶 1 个。

② 气割工具:割炬 1 个。

③ 割件:Q215 圆钢,直径 180 mm,长 200 mm。

④ 气割附件:氧气表、乙炔表、乙炔胶带、氧气胶带。

⑤ 辅助工具和量具:活动扳手、钢丝刷、金属直尺、手锤、扁铲。

(2) 操作步骤。

① 从侧面预热,火焰应该垂直表面。

② 起始时,慢慢打开高压氧气调节阀,此时割嘴慢慢转为与地面垂直。

③ 加大割氧气流,开始切割圆钢,要一次性割透。

(3) 采用扁铲或钢丝刷清理割缝。

(4) 割缝质量检查。

4.5　埋弧自动焊

埋弧自动焊是利用可熔化颗粒状焊剂作为保护介质将电弧埋住,使熔池隔绝空气的一种熔化极电弧焊接方法。焊剂在电弧高温作用下发生高温化学反应,除向熔池增添有益合金元素,发生冶金反应外,同时生成内表面光滑的渣壳,从而保证焊缝表面光滑、平整、美观。焊接过程如图 4-32 所示。

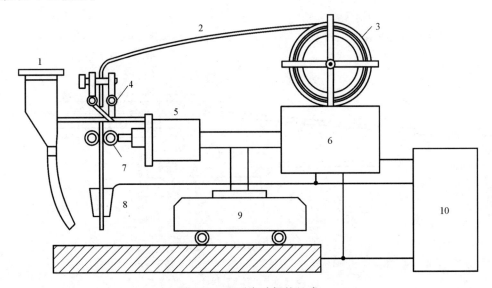

图 4-32　埋弧自动焊的组成

1—焊剂料斗;2—焊丝;3—焊丝盘;4—矫直机构;5—送丝电动机;6—控制装置;
7—送丝轮;8—导电嘴;9—行走小车;10—焊接电源

当焊丝末端与焊件之间引燃电弧后,电弧的热量使焊剂的一部分熔化,另一部分蒸发,金属与焊剂的蒸发气体形成一个气泡,电弧集中在这个气泡内燃烧,气泡被一层渣膜覆盖,这样可以使电弧更加集中,减少热变形,同时避免操作者被电弧光伤害。

埋弧自动焊的主要特点如下。

(1) 焊接工艺参数自动控制,可以获得所需均匀尺寸的焊缝。

(2) 焊波光滑、平整、美观。

(3) 可以实现单面焊,双面成形。

(4) 适于较厚工件的连接,减少开设坡口。

(5) 适于较长水平直线或规则几何曲线焊缝的焊接。

(6) 连接强度较高,焊接质量较好,缺陷较少,焊接效率较高。

4.6　焊接与气割安全操作规程

1.焊接

(1) 焊接和气割前要认真检查工作场地周围是否有易燃易爆物。若有,则应将这些物品搬离焊接工作地点 10 m 以外。

（2）焊接与气割前必须穿戴好工作服、手套、防护面罩等。

（3）工作前要认真检查焊接电缆是否完好，有无破损、裸露，无问题才能使用，如有问题应及时向指导老师报告，不可擅自处理，也不可将电缆放置在焊接电弧附近或焊接板上，避免高温而烧坏绝缘层，同时，也应避免碰撞磨损。

（4）焊钳应有可靠的绝缘，中断工作时，焊钳要放在安全的地方，绝对禁止放在工作台上，防止焊钳与焊体之间产生短路而烧坏弧焊机。

（5）更换焊条时，不仅应戴好手套，而且应避免身体与焊件接触。

（6）弧焊设备的初接接线、修理和检查应由指导教师进行，操作者不得私自随便拆修。

（7）未佩戴防护面罩，不得看弧光，以免刺伤眼睛，用小锤敲击渣壳时，避免渣壳进入眼睛。

（8）在焊接时，严禁调节电焊机的电流及开关电源，以免烧坏焊机。

（9）推拉电源闸刀时，应戴好干燥的手套，面部不要面对闸刀，以免推拉时，可能发生电弧花而灼伤脸部。

2.气割

（1）氧气瓶及附件焊接工具绝对禁油，禁止用易产生火花的工具去开启氧气或乙炔气阀门。胶管不能沾油和泥垢，操作者手上不能沾油。

（2）氧气瓶、乙炔瓶管道严禁漏气，若有漏气应马上关闭阀门，报告实习老师处理。检查设备、附件及管路是否漏气时，只准用肥皂水试验，试验时，周围不准有明火。严禁用火试验漏气，气管破裂处不准用胶布缠绕使用。

（3）开启氧气、乙炔气瓶阀时，禁止将阀门转过半周以上，严禁使用躺倒的氧气瓶和乙炔瓶。

（4）氧气软管为红色，乙炔软管为黑色(绿色)，与焊炬连接时不可错接。

（5）氧气、乙炔的减压阀及压力表必须灵敏可靠。氧气表压力通常采用 0.1～0.15 MPa；乙炔表压力采用 0.05 MPa。

（6）工作时，先开乙炔枪阀，然后稍微开些氧气枪阀使之混合后点火，切不可开度太大。关火时，先关乙炔后关氧气。

（7）焊枪、割枪不用时应立即熄火，不准在点燃火时随意放下枪离开。

（8）焊接时火焰不得烧坏其他部位，不得烧热水泥地板，以免炸裂。

（9）使用时，如果发现焊枪有漏气现象或者漏出的气体已经燃烧，此时切勿将焊枪乱丢，应迅速关闭乙炔、氧气瓶阀，停止所有供气的阀门，把火熄灭。

（10）工作完毕后，将所有阀门都关好，把焊枪、气瓶放在安全的地方，将氧气乙炔胶管放在规定的位置上，并清扫工作场地。

复习思考题

一、填空题

（1）手工电弧焊常用的两种引弧方法为_____和_____。

（2）焊接的接头形式有_____、_____、_____和_____。

焊缝的空间位置分为_____、_____、_____和_____。其中最容易焊接的是

_____,最难焊接的是_____。

(3) 气焊最常用的气体为_____和_____。火焰主要分为_____、_____和_____。其中最常用的是_____。

二、思考题

1.什么是电弧焊？交流电焊机与直流电焊机各由哪些基本部分组成？各有何特点？

2.电焊条由哪几部分组成？各部分有何作用？

3.气焊常用的气体是什么？气焊火焰有哪几种？哪种火焰最常见？

4.厚度为 12 mm 的低碳钢板,对接时采用什么坡口？用什么方法焊接？说明焊接工艺规程？

5.常见的坡口有哪些？试绘出。

6.什么是气体保护焊？氩弧焊与二氧化碳气体保护焊有什么区别？

7.埋弧自动焊有什么特点？

第 5 章　车 削 加 工

本章要求学生了解车床分类、车床附件、切削加工的任务及分类，重点掌握切削加工操作中的切削运动及切削用量三要素、常用车刀的组成、主要角度及作用，熟悉零件切削加工的步骤。

5.1　概　　述

车削加工是机械加工的一部分，它是定义相对简单且最直接的金属切削方法，也是应用最广泛的工艺。在车床上加工回转类零件回转表面的切削加工方法称为车削加工，简称车工。车工适于加工回转表面，如内外圆柱面、端面、沟槽、螺纹和回转成形面等，所用刀具主要是车刀。普通车床加工的零件精度一般可达 IT6~IT11，表面粗糙度 Ra 可达 1.6~12.5 μm。普通车床的加工范围如图 5-1 所示。

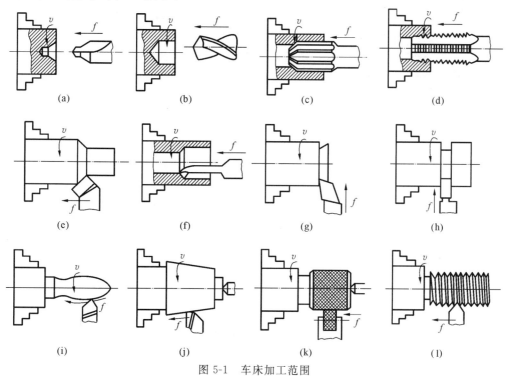

图 5-1　车床加工范围

（a）钻中心孔　（b）钻孔　（c）铰孔　（d）攻螺纹　（e）车外圆　（f）镗孔　（g）车端面　（h）切槽
（i）车成形面　（j）车锥面　（k）滚花　（l）车螺纹

5.2　切削基本原理

金属的切削加工过程实质上就是通过工件和刀具的相对运动,用刀具把工件毛坯上多余的金属切除掉,以获得图样所要求的零件过程。要实现金属的切削加工,就会涉及切削运动、切削用量和加工表面的问题。

5.2.1　切削运动

在车削加工中,刀具和工件之间的相对运动称为切削运动。切削时,切削运动按照作用不同可分为两种:主运动和进给运动。

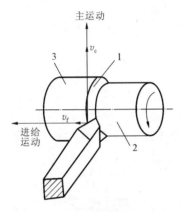

图 5-2　切削外圆时切削运动
和加工表面
1—过渡表面;2—已加工表面;
3—待加工表面

1.主运动

使工件和刀具产生相对运动以进行切削的最基本运动称为主运动。切削过程中的主运动速度最高、消耗功率最多。主运动由刀具或工件完成,其形式可以是旋转运动或直线运动,但每种切削加工方法的主运动只有一个。

2.进给运动

使主运动能够连续切除工件上多余的金属以形成工件表面所需的运动称为进给运动。进给运动的速度和消耗的功率都要比主运动小得多。进给运动可能不止一个,由工件或刀具来实现,其运动形式可以是直线运动、旋转运动或两者的组合,也可以是连续的或是间歇的运动。

图 5-2 是车削外圆时切削运动的情况。此时,主运动——工件的旋转运动;进给运动——车刀相对于工件所做的匀速直线运动。

5.2.2　工件的表面

在切削过程中,工件上有三个不断变化的表面,如图 5-2 所示。

待加工表面——切削加工时即将被切除的工件表面。

过渡表面——切削加工时切削刃正在切削的表面。

已加工表面——切削加工后工件上形成的新表面。

5.2.3　切削用量

切削用量指切削速度、进给量、切削深度三者的总称,通常称其为切削用量三要素。

1.切削速度 v_c

切削加工时刀刃上选定点相对于工件主运动的速度称为切削速度,单位为 m/s 或 m/min。其值可由式(5-1)计算。

$$v_c = \frac{\pi dn}{1000} \qquad\qquad (5-1)$$

式中：　d——工件或刀具上某一点的回转直径(mm);

n——主运动的转速(r/s 或 r/min)。

2．进给量 f

刀具与工件在进给方向上二者之间的相对位移量称为进给量,单位为 mm/r。也有用进给速度 v_f 来表示的,单位为 mm/s 或 mm/min。

3．切削深度 a_p

工件上已加工表面和待加工表面之间的垂直距离称为切削深度,又称背吃刀量,单位为 mm。对于图 5-1 所示的车削外圆,切削深度可由式(5-2)计算。

$$a_p = \frac{d_w - d_m}{2} \qquad (5\text{-}2)$$

式中: d_w——工件待加工表面的直径(mm);

$\quad\quad d_m$——工件已加工表面的直径(mm)。

图 5-3 为车削外圆时的切削用量。

4．切削用量的选择

在切削加工过程中,需要针对工件、刀具材料,以及其他工艺技术要求来选定合适的切削用量。切削加工一般分为

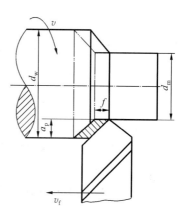

图 5-3　车削外圆时的切削用量

粗加工、半精加工和精加工。制定切削用量就要确定切削工序的切削深度、进给量、切削速度,需要综合考虑生产率、加工质量和加工成本。另外,切削用量对切削加工生产率和加工质量都有很大的影响。

1) 切削深度的选择

粗加工时,一次走刀应尽可能切除全部余量,在中等功率机床上切削深度可达 8～10 mm。半精加工,切削深度可取 0.5～2 mm。精加工时,切削深度可取 0.1～0.4 mm。

2) 进给量的选择

粗加工时,对工件表面质量没有太高要求,这时切削力往往很大,合理的进给量应该是工艺系统所能承受的最大进给量。进给量受到下列一些因素的限制:机床进给机构的强度,车刀刀杆的强度和刚度,硬质合金或陶瓷刀片的强度和工件的装夹刚度。例如,当刀杆的尺寸增大,工件直径增大时,可以选择较大的进给量;当切削深度增大时,由于切削力增大,应选择较小的进给量;加工铸铁时的切削力比加工钢件时的小,可以选择较大的进给量。

3) 切削速度的选择

粗加工或工件材料的加工性能较差时,选用较低的切削速度;精加工或工件材料的加工性能较好时,选择较高的切削速度。在易发生振动的情况下,切削速度应避开自激振动的临界速度。加工大件和细长、薄壁件时,应选用较低的切削速度。

5.3　车　　床

车床是机械加工中最常用的一种机床,在金属切削机床中约占各类机床总数的一半,所以称为工作的母机。车床既可用车刀对工件进行车削加工,又可用钻头、扩孔钻、绞刀、丝锥、板牙、滚花刀等对工件进行加工的一类机床。

5.3.1　车床型号

车床的型号由机床类代号、特性代号、组代号、系代号、主参数、重大改进序号等组成,用汉语拼音字母和阿拉伯数字按一定的规律排列。例如,CA6140车床,型号中字母及数字的含义如下。

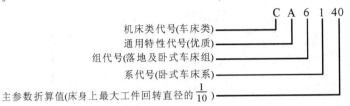

1.机床类代号

机床类代号用大写汉语拼音字母表示,位于型号编写首位,如车床用"C"表示。

2.特性代号

机床的特性代号包括通用特性代号和结构特性代号,用大写的汉语拼音字母表示,位于类代号之后。

3.组、系代号

每类机床划分为十个组,每一组又分为十个系。机床的组、系用两位阿拉伯数字表示,位于特性代号之后。

4.主参数、第二主参数

(1) 机床的主参数用折算值(主参数乘以折算系数)表示,位于组、系代号之后。它反映机床的主要技术规格,主参数的尺寸单位为毫米(mm)。如CA6140车床,主参数的折算值为40,折算系数为$\frac{1}{10}$,即主参数(床身上最大工件回转直径)为400 mm。

(2) 机床的第二主参数一般是指主轴数、最大工件长度、最大车削长度和最大模数等。如卧式车床的第二参数表示最大工件的长度。

5.重大改进序号

当对机床的结构、性能有更高的要求,并须按新产品重新设计、试制和鉴定时,才能在机床型号之后,按A、B、C……英文字母的顺序选用,加入型号的尾部,以区别原机床型号。

5.3.2　车床的分类及结构

1.车床的分类

车床按其用途可分为通用车床和专用车床(如曲轴车床、凸轮车床等),按其结构可分为卧式车床、立式车床、落地车床、多刀多轴车床、六角车床等。下面分别介绍几种常用车床的结构。

1) 卧式车床

在所有车床中,卧式车床的应用最为广泛。可完成的工作内容有:切削外圆、切削端面、切槽、切断、钻孔、钻中心孔、镗孔、铰孔、车各种螺纹、车内外圆锥面、车特形面、滚花等。卧式车床是单件和小批量生产的典型机床。

图5-4所示为CA6140型卧式车床,表5-1所示为CA6140型卧式车床的主要技术参数。

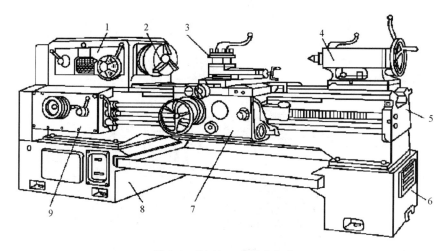

图 5-4　CA6140 型卧式车床

1—主轴箱；2—卡盘；3—刀架；4—尾座；5—床身；6、8—床腿；7—溜板箱；9—进给箱

表 5-1　CA6140 型卧式车床的主要技术参数

最大工件直径/mm	最大工件长度/mm	最大加工直径/mm			加工最大长度/mm	加工螺纹公制/mm
		床身上	刀架上	主轴孔直径		
400	2000	400	220	52	1950	0.5～224

刀架行程/mm		主轴转速		工作精度/mm				外形尺寸长×宽×高/mm
小刀架	横向	级数	范围/(r/min)	圆度	圆柱度	平面度	表面粗糙度 $Ra/\mu m$	
145	320	24	9～1600	0.003	0.0055/100	0.0075/200	1.6	3626×1023×1235

2）立式车床

立式车床的特点是主轴竖立，工件安装在由主轴带动旋转的水平回转工作台上，刀架在水平横梁或立柱上移动。立式车床主要用来加工直径大，长度短，难以在普通车床上安装的工件，一般分为单柱和双柱两大类，图 5-5 所示为单柱立式车床。

3）落地车床

落地车床的特点是主轴水平放置。主要加工大直径、大型的工件。床身和刀架直接安装在地基上（见图 5-6），一般无床脚。有一只直径很大的花盘。主轴箱与卧式车床相同。

4）六角车床

六角车床是普通车床的变化形式，具有可装多把刀具的转塔刀架和回轮刀架（见图 5-7），能在工件的一次装夹中使用不同的刀具完成多种加工。六角车床适于加工批量大且具有内孔的工件。

5）自动、半自动车床

自动、半自动车床能按一定的程序自动完成中小型工件的多工序加工，能自动上下料，重复加工一批同样的工件，适用于大批量生产。人工上下料的为半自动车床。

6）仿形车床

仿形车床能仿照样板或样件的形状尺寸，自动完成工件的加工循环，适用于形状复杂工件的中小批量生产，其生产效率比卧式车床高 10～15 倍。

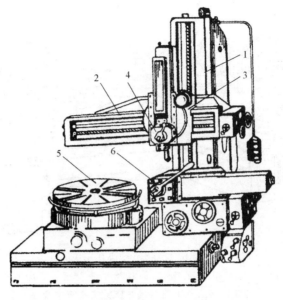

图 5-5　单柱立式车床

1—立柱;2—横梁;3—拖板;4—立向刀架;5—工作台;6—水平刀架

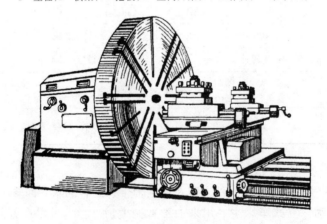

图 5-6　落地车床

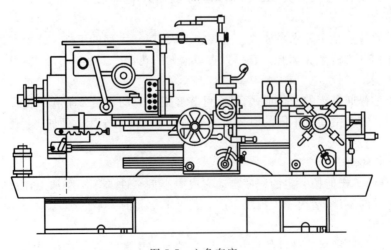

图 5-7　六角车床

2.车床的结构

车床尽管类型很多,结构布局各不相同,但其基本组成大致相同。它包括基础件(如床身、立柱、横梁等)、主轴箱、进给箱、溜板箱、刀架(如方刀架、转塔刀架、回轮刀架等)、尾座等。以卧式车床为例,其主要结构组成如下。

1)床身

床身是卧式车床的基础部件,它是车床的其他部件的安装基础,保证其他部件相互之间的正确位置和正确的相对运动轨迹。床身上面有保证刀架正确移动的三角导轨和供尾座正确移动的平导轨。

2)主轴箱

安装在床身的左上端,内装主传动系统和主轴部件。主轴的端部可安装卡盘,用以夹持工件,带动工件旋转,实现主运动。主轴的不同转速是通过改变主轴箱上变速手柄的位置获得的。

3)进给箱

安装在床身的左下方前侧,进给箱内有进给运动传动系统,用以控制光杠及丝杠的进给运动和不同进给量的变换。

4)溜板箱

安装在床身的前侧、拖板的下方,与拖板相连。其作用是实现纵、横向进给运动的变换,带动拖板、刀架实现进给运动。

5)刀架和拖板

拖板安装在床身的导轨上,在溜板箱的带动下沿导轨做纵向运动;刀架安装在拖板上,可与拖板一起纵向运动,也可经溜板箱的传动在拖板上做横向运动。刀架上安装刀具。

6)尾座

安装在床身的右端尾座导轨上,可沿导轨纵向移动调整位置。用于支承长工件和安装钻头等刀具进行孔加工。

卧式车床外形如图 5-4 所示。工作时,主轴通过安装于其前端的卡盘装夹工件,并带动工件按需要的转速旋转。刀架 3 装在床身上的刀架导轨上,由电动机经主轴箱 1、进给箱 9、光杠或丝杠和溜板箱 7 带动做纵向和横向运动。

5.4　车　　刀

在车削过程中,直接承担切削工作的是车刀的切削部分,要达到顺利切削的目的,车刀切削部分必须根据不同要求,选用不同的材料及几何形状。

5.4.1　车刀的材料

刀具材料是指刀具上参与切削部分的材料。在金属切削加工中,刀具材料的切削性能直接影响着生产率、工件的加工精度和已加工表面质量、刀具消耗和加工成本。

1.刀具材料应具备的性能

1)足够的硬度和耐磨性

硬度是刀具材料应具备的基本性能。刀具硬度应高于工件材料的硬度,常温硬度一般应在 60 HRC 以上。

耐磨性是指材料抵抗磨损的能力,它与材料硬度、强度和组织结构有关。材料硬度越高,耐磨性越好;组织中碳化物和氮化物等硬质点的硬度越高,颗粒越小,数量越多且分布越均匀,则耐磨性越高。

2) 足够的强度与韧度

切削时刀具要承受较大的切削力、冲击和振动,为避免崩刃和折断,刀具材料应具有足够的强度和韧度。

3) 足够的耐热性、热硬性和较好的传热性

耐热性指刀具材料在高温下保持足够的硬度、耐磨性、强度和韧度、抗氧化性、抗黏结性和抗扩散性的能力(亦称热稳定性)。材料在高温下仍保持高硬度的能力称为热硬性(亦称高温硬度、红硬性),它是刀具材料保持切削性能的必备条件。刀具材料的高温硬度越高,耐热性越好,允许的切削速度就越高。

4) 较好的工艺性和经济性

为了便于刀具加工制造,刀具材料要有良好的工艺性能,如热轧、锻造、焊接、热处理和机械加工等工艺性能。

2. 常用刀具材料

目前应用较多的刀具材料有高速钢、硬质合金、金属陶瓷、陶瓷、金刚石和立方氮化硼等。

1) 高速钢

高速钢是富含钨(W)、铬(Cr)、钼(Mo)、钒(V)等合金元素的高合金工具钢。在工厂中常称为白钢或锋钢。

高速钢的热硬性很高,在切削温度达 $500\sim650$ ℃时,仍能保持 60 HRC 的高硬度,切削速度可达 $25\sim30$ m/min。高速钢还具有较高的耐磨性、强度和韧度。目前高速钢是制造复杂、精密和成形刀具的基本材料,是应用最广泛的刀具材料之一。

高速钢分为普通高速钢、高性能高速钢和粉末冶金高速钢。

(1) 普通高速钢 工艺性能好,具有较高的硬度、强度、耐磨性和韧度,可用于制造各种刃形复杂的刀具。

(2) 高性能高速钢 在普通高速钢成分中再添加一些碳、钒及钴硅等合金元素,进一步提高耐热性能和耐磨性。

(3) 粉末冶金高速钢 将熔炼的高速钢液用高压惰性气体雾化成小粉末,将粉末在高温高压下制成刀具毛坯,或压制成钢坯然后经轧制(或锻造)做成刀具。粉末冶金高速钢适于制造切削难加工材料的刀具,特别适于制造各种精密刀具和形状复杂的刀具。

2) 硬质合金

硬质合金是以高硬度难熔金属的碳化物(WC、TiC)微米级粉末为主要成分,以钴或镍、钼为黏结剂,在真空炉或氢气还原炉中烧结而成的粉末冶金制品。硬质合金具有高硬度、抗弯强度和韧度、抗冷焊性等特点。

硬质合金可分为钨钴类硬质合金(YG)、钨钴钛类硬质合金(YT)和钨钛钽(铌)类硬质合金(YW)。

(1) 钨钴类硬质合金 由 WC 和 Co 组成,常用牌号有 YG3、YG6、YG8 等。牌号中的数字表示 Co 的质量分数,如 YG8,其中 Co 的质量分数为 8%,WC 的质量分数为 92%。当 Co 含量较高、WC 含量较低时,则硬度较低,但抗弯强度较高;反之则抗弯强度较低,而硬度、耐磨性和耐热性较高。YG 类硬质合金主要用于加工脆性材料。

（2）钨钴钛类硬质合金　由 WC、TiC 和 Co 组成，常用牌号为 YT14、YT30 等。牌号中的数字表示 TiC 的质量分数，如 YT14，其中 TiC 的质量分数为 14％。当 TiC 含量较高、Co 含量较低时，硬度和耐磨性均提高，但抗弯强度有所下降；反之则相反。YT 类硬质合金主要用于加工塑性材料。

（3）钨钛钽（铌）类硬质合金　由 WC、TiC、TaC(NbC) 和 Co 组成，YW 类硬质合金兼具 YG、YT 类合金的性能，综合性能好，它既可用于加工塑性材料，又可用于加工脆性材料。这类合金如适当增加钴含量，强度可提高，可用于各种难加工材料的粗加工和断续切削。

3）陶瓷

陶瓷刀具具有硬度高、耐磨性好、耐高温、耐热性好、化学稳定性好，摩擦因数低，强度和韧度差等特点。陶瓷刀具广泛应用于高速切削、干切削、硬切削，以及难加工材料的切削加工。陶瓷刀具可以高效加工传统刀具根本不能加工的高硬材料，它的最佳切削速度可以比硬质合金刀具高 2～10 倍。陶瓷刀具材料一般可分为氧化铝基陶瓷、氮化硅基陶瓷、复合氮化硅氧化铝基陶瓷三大类。其中以氧化铝基陶瓷刀具材料应用最为广泛。它主要用于高速精加工和半精加工的刀具材料，适于切削加工各种铸铁和钢材，也可用来切削铜合金、石墨、工程塑料和复合材料。陶瓷刀具材料在性能上存在着抗弯强度低、冲击韧度差等问题，不适于在低速、冲击负荷下切削。

4）金刚石

金刚石是碳的同素异构体，天然金刚石是自然界中已经发现的最硬的一种材料。金刚石刀具具有极高的硬度和耐磨性、很低的摩擦因数、锋利的切削刃、很高的导热性能、较低的热膨胀系数、热稳定性差、强度低等特点。金刚石有天然单晶金刚石、聚晶金刚石、CVD 金刚石。

（1）天然单晶金刚石　天然单晶金刚石刀具经过精细研磨，刃口能磨得极其锋利，刃口半径可达 $0.002~\mu m$，能实现超薄切削，可以加工出极高的精度和极低的表面粗糙度的工件，是公认的、理想和不能代替的超精密加工刀具。

（2）聚晶金刚石（polycrystalline diamond，PCD）　天然单晶金刚石价格昂贵，金刚石广泛应用于切削加工的还是 PCD，PCD 原料来源丰富，其价格只有天然单晶金刚石的几十分之一至十几分之一。PCD 复合片是由粒度为微米级的金刚石颗粒与 Co、Ni 等金属粉末均匀混合后，在高压下，在碳化钨（WC）基材上烧结而成的一种刀坯新材料。PCD 复合片不仅具有金刚石高硬度、高耐磨性、高导热性、低摩擦因数、低膨胀系数等优越性能，同时还具有硬质合金良好的强度和韧度。因此可切割成所需刀头，将刀头焊接在刀体上，经过刃磨制成 PCD 刀具。PCD 刀具无法磨出极其锋利的刃口，很难达到超精密镜面切削，加工的工件表面质量也不如天然金刚石加工的。

（3）CVD 金刚石　CVD 金刚石是指用化学气象沉积法（CVD）在异质基体（如硬质合金、陶瓷等）上合成金刚石膜，形成金刚石和硬质合金（或陶瓷）的复合刀片。CVD 金刚石的性能与天然单晶金刚石相比十分接近，兼有天然单晶金刚石和聚晶金刚石的优点，在一定程度上又克服了它们的不足。

5）立方氮化硼

用与制造金刚石方法相似的方法合成的第二种超硬材料——立方氮化硼（cubic boron nitride，CBN），在硬度和热导率方面仅次于金刚石，热稳定性极好，在大气中加热至 1000 ℃ 也不发生氧化。CBN 对钢铁材料具有极为稳定的化学性能，可广泛用于钢铁制品的加工。它具有高硬度和高耐磨性、很高的热稳定性、优良的化学稳定性、较好的热导性、较低的摩擦因数，但强度及韧度较差。

5.4.2　车刀的组成

车刀的种类很多,其形状、结构各不相同,但它们的基本功用都是在切削过程中,用刀刃从工件毛坯上切下多余的金属。因此在结构上它们具有共同的特征,尤其是它们的切削部分。外圆车刀是最基本、最典型的切削刀具,故通常以外圆车刀为代表来说明刀具切削部分的组成,并给出切削部分几何参数的一般性定义。

车刀由刀头和刀柄(又称刀体)两部分组成。刀头用于切削,刀柄用于装夹。图 5-8 所示的是外圆车刀切削部分的结构要素图,其各部分要素定义如下。

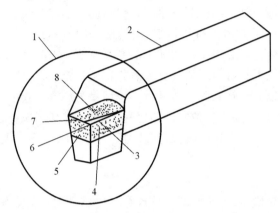

图 5-8　车刀的结构

1—刀头;2—刀体;3—主切削刃;4—主后刀面;5—副后刀面;6—刀尖;7—副切削刃;8—前刀面

前刀面:切屑流过的表面,以 A_r 表示。

主后刀面:与工件上过渡表面相对的表面,以 A_α 表示。

副后刀面:与工件上已加工表面相对的表面,以 A'_α 表示。

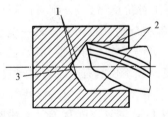

图 5-9　钻头切削部分的形状

1—主切削刃;2—副切削刃;3—横刃

主切削刃:前刀面与主后刀面的交线,记为 S。它承担主要的切削工作。

副切削刃:前刀面与副后刀面的交线,记为 S'。它协同主切削刃完成切削工作,并最终形成已加工表面。

刀尖:主切削刃与副切削刃连接处的那部分切削刃。它可以是小的直线段或圆弧。

其他各类车刀,如切刀、螺纹车刀、钻头等,都可以看作是车刀的演变和组合。如图 5-9 所示,钻头可看作是两把一正一反并在一起同时镗削孔壁的车刀,因而有两个主切削刃,两个副切削刃,另外还多了一个横刀刃。

5.4.3　车刀的种类和结构形式

车削加工可完成工件内外表面的圆柱体、端面、圆锥面、球面、椭圆柱面、沟槽、螺旋面和其他特殊型面等不同形式的加工,因而刀具的品种繁多,主要有两种分类方法,一是按用途分类,二是按结构形式分类。

1.按用途分类

1)外圆车刀

外圆车刀有直头外圆车刀、弯头外圆车刀和 90°外圆车刀。其中直头外圆车刀用于加工外圆柱和外圆锥表面;弯头外圆车刀通用性好,应用广,用于加工外圆柱、外圆锥表面、端面和倒棱;90°外圆车刀用于加工细长轴和刚度不好的轴类零件、阶梯轴、凸肩或端面。

2) 内孔车刀

用于车削圆孔,工作条件比车削外圆差,车刀的刀杆伸出长度和刀杆截面尺寸都受所加工孔的尺寸限制。

3) 端面车刀

专门用于加工工件的端面,一般由工件外圆向中心进给;加工带孔的工件端面时,也可由中心向外圆进给。

4) 螺纹车刀

用于车削内外螺纹,依螺纹的形式分 60°或 55°V 形牙刀、29°梯形牙刀或方形牙刀。

5) 切槽、切断车刀

专门用于切断工件或切窄槽。切槽刀和切断刀结构形式相同,不同点在于:切槽刀刀头的伸出长度和宽度取决于所加工的工件上槽的深度和宽度,而切断刀为了切断工件和尽量减少工件材料消耗,刀头必须伸出很长(一般大于工件半径约 5 mm),且宽度很小(一般为 2～6 mm)。因此切断刀狭长,刚度差。

6) 成形车刀

成形车刀又称样板刀,是一种专用刀具,其刃形是根据工件要求的轮廓形设计的。它主要用在普通车床、转塔车床、半自动及自动车床上加工回转体内外成形表面。成形车刀又分为平体成形车刀、棱体成形车刀、圆体成形车刀。

(1) 平体成形车刀　外形为平条状,与普通车刀相似,刃形具有一定的廓形,结构简单,容易制造,成本低,但可重磨次数不多。用于加工简单的外成形表面。

(2) 棱体成形车刀　刀头和刀杆分开制作,大大增加了沿前刀面的重磨次数,刀体刚度好,但比圆体成形车刀制造工艺复杂,刃磨次数少,且只能加工外成形表面。

(3) 圆体成形车刀　好似由长长的棱体成形车刀包在一个圆柱面上而形成的。它允许重磨的次数最多,制造也比棱体成形车刀容易,且可加工零件上的内、外成形表面。

2. 按结构形式分类

1) 整体式车刀

整体式车刀主要是指整体高速钢车刀,整体高速钢车刀因全部是由高速钢材料制造,材料昂贵且切削性能亦不理想,目前主要用于成形加工用车刀,如螺纹车刀和成形车刀。

2) 焊接式硬质合金车刀

将一定形状的硬质合金刀片和刀杆用钎焊连接而成。刀杆为中碳钢,有矩形、方形和圆形三种。刀杆上根据刀片形状开有通槽(A1 型矩形刀片)、半通槽(A2、A3、A4 等圆弧刀片)和封闭槽(焊接面积较小的 C1、C2 型刀片)。焊接式硬质合金车刀具有以下特点:结构简单,制造方便,使用灵活;切削性能主要取决于工人刃磨的技术水平;刀杆不能重复使用;硬质合金与刀杆的线膨胀系数不同,易出现裂纹。

3) 机夹可重磨式车刀

用机械夹固的方法将刀片固定在刀杆上,由刀片、刀垫、刀杆和夹紧机构组成。机夹重磨式车刀具有以下特点:不产生焊接应力和裂纹;刀杆可以重复使用;刀片可以多次刃磨;切削性能取决于工人的技术水平;刀杆制造复杂。机夹可重磨式车刀的夹固方式满足刀具重磨后能够调整尺寸的要求,有上压式、侧压式和弹性加固式。

4）可转位车刀

把可转位刀片用机械夹固的方法安装在特制的刀杆上使用。机夹可转位车刀的组成与机夹可重磨式车刀的组成相似,具有以下优点:切削和断屑性能稳定;换刀时间短;避免了焊接、刃磨热应力和热裂纹;有利于硬质合金等新型材料的合理使用和刀杆刀片专业化生产。表5-2所示为可转位硬质合金刀片的标记顺序。

可转位刀片型号标记如下。

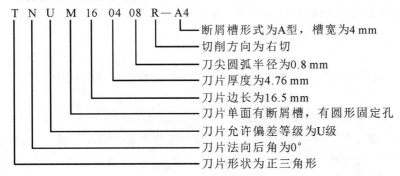

```
T N U M 16 04 08 R—A4
```
- 断屑槽形式为A型，槽宽为4mm
- 切削方向为右切
- 刀尖圆弧半径为0.8mm
- 刀片厚度为4.76mm
- 刀片边长为16.5mm
- 刀片单面有断屑槽,有圆形固定孔
- 刀片允许偏差等级为U级
- 刀片法向后角为0°
- 刀片形状为正三角形

表 5-2　可转位硬质合金刀片的标记顺序

编号	1	2	3	4	5
表达特性	刀片形状	法向后角	偏差等级	刀片结构形式	刀片边长
编号	6	7	8	9	
表达特性	刀片厚度	刀尖圆弧半径	切削方向	断屑槽形式和宽度	

5.4.4　车刀的角度

1. 车刀角度参考系

刀具要从工件上切下金属,必须具有一定的切削角度,也正是由于切削角度才决定了刀具切削部分各表面的空间位置。为了确定车刀角度和各切削刃的空间位置,需要引入一个空间坐标参考系,如图5-10所示。它们分别是基面、切削平面、正交平面。

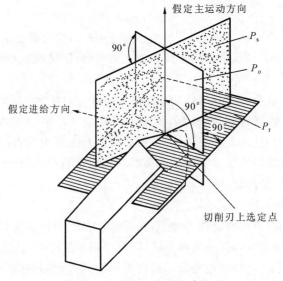

图 5-10　定义车刀角度的参考系

　　基面 P_r——过主切削刃选定点,并且其平行于车刀安装底面、垂直于选定点处的主运动方向的平面。

　　切削平面 P_s——过主切削刃选定点,与主切削刃相切并垂直于基面的平面。

　　正交平面 P_o——过主切削刃选定点,并同时垂直于基面和主切削平面的平面。

　　基面、切削平面和正交平面组成标注刀具角度的正交平面参考系。

　　2.车刀标注角度

　　车刀几何角度是指车刀切削部分各几何要素之间,或它们与参考平面之间构成的两面角或线、面之间的夹角。它们分别决定着车刀的切削刃和各刀面的空间位置。车刀独立标注的角度有五个,它们分别是:确定车刀前刀面与后刀面的前角 γ_o 和后角 α_o;确定车刀主切削刃位置的主偏角 κ_r 和刃倾角 λ_s;确定副切削刃位置的副偏角 κ_r'。如图 5-11 所示。

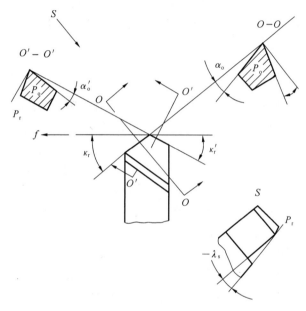

图 5-11　车刀的主要标注角度

　　前角 γ_o 是在正交平面内测量的前刀面与基面间的夹角。前角的正负方向按规定表示,即刀具前刀面在基面之下时为正前角,刀具前刀面在基面之上时为负前角。

　　后角 α_o 是在正交平面内测量的主后刀面与切削平面间的夹角。后角一般为正值。

　　主偏角 κ_r 是在基面内测量的主切削刃在基面上的投影与进给运动方向的夹角。主偏角一般为正值。

　　副偏角 κ_r' 是在基面内测量的副切削刃在基面上的投影与进给运动反方向的夹角。副偏角一般也为正值。

　　刃倾角 λ_s 是在切削平面内测量的主切削刃与基面间的夹角。当主切削刃呈水平时,$\lambda_s=0$;刀尖为主切削刃上最高点时,$\lambda_s>0$;刀尖为主切削刃上最低点时,$\lambda_s<0$(见图 5-12)。

　　除上述五种主要的角度外,还有如下一些角度。

　　刀尖角 ε_r 是主切削刃与副切削刃在基面投影的夹角。它影响刀头强度和导热能力。

　　楔角 β_o 是前刀面与主后刀面之间的夹角,在主截面内测量。它影响刀头截面的大小。

　　副前角 γ_o' 是前刀面经过副切削刃与基面的夹角,在副截面内测出。

　　切削角 δ_o 是前刀面和切削平面的夹角,在主截面内测出。

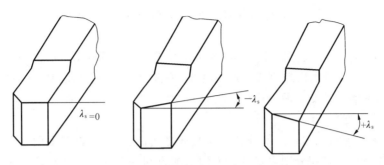

图 5-12 刃倾角的正负规定

副后角 α_0' 是副后刀面与通过副切削刃并垂直于基面的平面之间的夹角,在副截面内测出。用来减少副后刀面与已加工表面的摩擦。

合理选择车刀几何角度,有利于改善加工条件,提高被加工工件质量,延长刀具与设备的使用寿命。

5.4.5　车刀的刃磨

在加工零件时,由于车刀切削刃与工件发生强力摩擦,所以使用一段时间后切削刃会钝化,从而导致零件质量下降。刃磨刀具是延长刀具使用寿命,提高零件加工质量的有效方法之一。

车刀的刃磨方法一般有机械刃磨和手工刃磨两种。机械刃磨一般使用工具磨床,效率高、操作方便、磨出的刀具质量好。手工刃磨灵活、对设备要求低。车刀的手工刃磨常用砂轮有两种:一种是白刚玉(WA)砂轮,其砂粒韧度较好,比较锋利,硬度稍低,适用于刃磨高速钢车刀和磨削硬质合金车刀的刀杆部分。另一种是绿色碳化硅(GC)砂轮,其砂轮硬度高,切削性能好,但较脆,适用于刃磨硬质合金车刀。

现在以 90° 主偏角钢件粗车刀(YT15)为例,介绍手工刃磨步骤。

(1)采用白刚玉砂轮,先把车刀前刀面、主后刀面和副后刀面等处的焊渣磨去,并磨平车刀的底平面。

(2)采用白刚玉砂轮粗车主后刀面和副后刀面的刀杆部分。其后角应比刀片的后角大 $2°\sim3°$,以便刃磨刀片的后角。

(3)用绿色碳化硅砂轮粗磨刀片上的主后刀面、副后刀面和前刀面。粗磨出来的主后角、副后角应比所要求的后角大 2°左右(见图 5-13)。

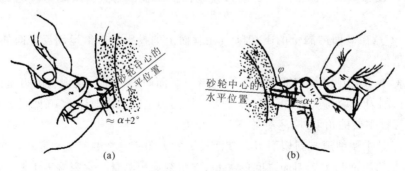

图 5-13　粗磨后角、副后角

(a)粗磨后角　(b)粗磨副后角

（4）用绿色碳化硅砂轮精磨前刀面及断屑槽。断屑槽一般有两种类型，即直线型和圆弧型。刃磨圆弧型断屑槽，必须把砂轮的外圆与平面的交接处修整成相应的圆弧。刃磨直线型断屑槽，砂轮的外圆与平面的交接处应修整得尖锐。刃磨时刀尖可向上或向下磨削（见图 5-14）。刃磨时应注意断屑槽形状、位置及前角大小。

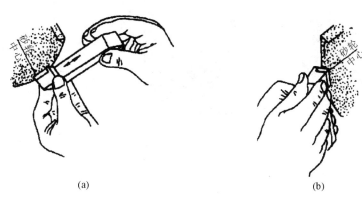

(a)　　　　　　　　(b)

图 5-14　磨断屑槽

（a）在砂轮左角上刃磨　（b）在砂轮右角上刃磨

（5）用绿色碳化硅砂轮精磨主后刀面和副后刀面。刃磨时，将车刀底平面靠在调整好角度的台板上，使切削刃轻靠住砂轮端面进行刃磨。刃磨后的刃口应平直，精磨时应注意主、副后角的角度（见图 5-15）。

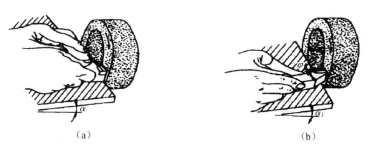

(a)　　　　　　　　(b)

图 5-15　精磨主、副后刀面

（a）精磨主后刀面　（b）精磨副后刀面

（6）采用绿色碳化硅砂轮磨负倒棱。刃磨时，用力要轻，车刀要沿主切削刃的后端向刀尖方向摆动。磨削时可以用直磨法和横磨法（见图 5-16）。

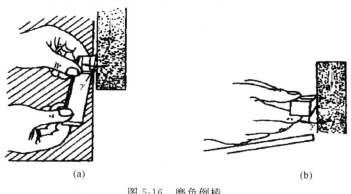

(a)　　　　　　　　(b)

图 5-16　磨负倒棱

（a）直磨法　（b）横磨法

（7）磨过渡刃。采用绿色碳化硅砂轮。过渡刃有直线形和圆弧形两种。刃磨方法和精磨后刀面时基本相同(见图5-17)。

对于车削较硬材料的车刀,也可以在过渡刃上磨出副倒棱。对于大进给量车刀,可用相同方法在副刀刃上磨出修光刃(见图5-18)。

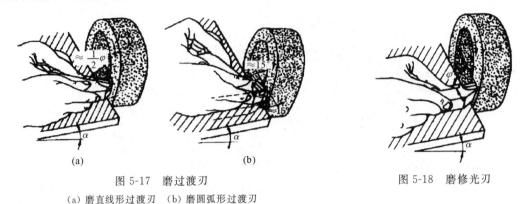

(a)   (b)

图 5-17　磨过渡刃　　　　　　　　图 5-18　磨修光刃

（a）磨直线形过渡刃　（b）磨圆弧形过渡刃

刃磨后的刀刃一般不够平滑光洁,刃口呈锯齿形,切削时,会影响工件表面粗糙度。所以手工刃磨后的车刀应用油石进行研磨,以消除刃磨后的残留痕迹(见图5-19)。

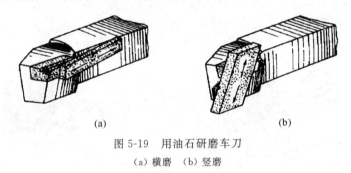

(a)   (b)

图 5-19　用油石研磨车刀

（a）横磨　（b）竖磨

5.5　车　床　附　件

在工件定位后将其固定,在加工过程中保持定位位置不变的机构称为夹紧装置。车床夹具是用于保证被加工零件在车床上与刀具之间具有相对正确位置的工艺装备。夹具通常安装在车床的主轴前端部,与主轴一起旋转。车床夹具一般分为通用夹具、专用夹具和组合夹具三类。在此只介绍通用夹具。常用的通用夹具有三爪卡盘、四爪卡盘、两顶尖、花盘、角铁、中心架和跟刀架等。通用夹具的适应性强,操作简单,但效率较低,大多用于单件小批量生产。通用夹具一般作为机床附件供应。

5.5.1　三爪卡盘

三爪卡盘的结构如图5-20所示。它是用连接盘装夹在车床主轴上。当扳手插入小锥齿轮1的方孔转动时,小锥齿轮1就带动大锥齿轮2转动。大锥齿轮2的背面是一平面螺纹3,三个卡爪4背面的螺纹跟平面螺纹啮合,因此当平面螺纹转动时,就带动三个卡爪同时做向心或离心移动,从而夹紧工件。三爪卡盘能自动定心,工件装夹找正方便,但夹紧力没有四爪卡盘大。这种卡盘一般只适用于中小型规则零件的装夹,如圆柱形、六边形等工件。

三爪卡盘的卡爪可装配成正爪和反爪,以适应不同内径或外径的工件的装夹。三个卡爪背面的螺纹齿数不同,装配时要将卡爪上的号码 1、2、3 和卡盘上的号码相对应。

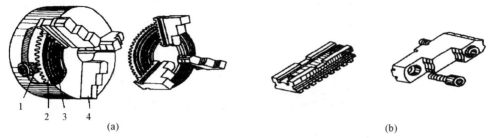

(a)　　　　　　　　　　　　　　　　　　　　　(b)

图 5-20　三爪卡盘

(a) 三爪卡盘结构原理　(b) 装配式卡爪

1—小锥齿轮;2—大锥齿轮;3—平面螺纹;4—卡爪

5.5.2　四爪卡盘

四爪卡盘的结构见图 5-21。其有相互独立的卡爪 1、3、4 和 5,每个爪的后面有一半瓣内螺纹和丝杠 2 啮合。丝杠的一端有一方孔,用来安插扳手。用扳手转动某一丝杠时,跟它啮合的卡爪就能单独移动,以适应工件大小的需要。卡盘后面配有连接盘,连接盘有内螺纹跟车床主轴外螺纹相配合。

由于四爪卡盘的四个卡爪各自独立移动,因此工件安装以后必须找正,其工作量很大。但四爪卡盘的夹紧力较大,适用于装夹大型或形状不规则的工件。四爪卡盘也可装成正爪和反爪两种,反爪用来装夹直径较大的工件。

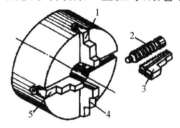

图 5-21　四爪卡盘

1、3、4、5—卡爪;2—丝杠

5.5.3　顶尖

顶尖的作用是定中心和承受工件的重量以及刀具作用在工件上的切削力。顶尖有前顶尖和后顶尖两种。插在主轴锥孔内跟主轴一起旋转的称为前顶尖。前顶尖随同工件一起转动,无相对运动不发生滑动摩擦(见图 5-22)。插入车床尾座套筒内的称为后顶尖。后顶尖可分为固定顶尖(见图 5-23)和回转顶尖(见图 5-24)两种。

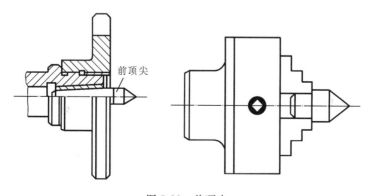

图 5-22　前顶尖

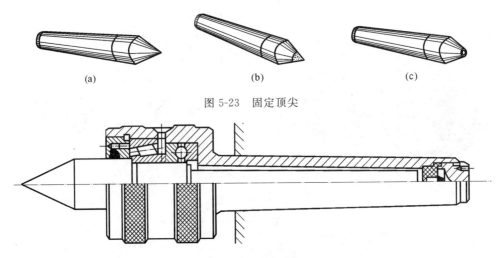

图 5-23　固定顶尖

图 5-24　回转顶尖

1) 固定顶尖

在车削中,固定顶尖与工件中心孔产生滑动摩擦而发生高热。在高速切削时,碳钢顶尖和高速钢顶尖往往会退火,如图 5-23(a)所示。因此目前多数使用镶硬质合金的顶尖,如图 5-23(b)所示。固定顶尖的优点是定心正确而刚度好;缺点是工件和顶尖是滑动摩擦,发热较大,过热时会把中心孔或顶尖"烧坏"。因此它适用于低速加工和加工精度要求较高的工件。支承细小工件时可用反顶尖,如图 5-23(c)所示。

2) 回转顶尖

为了避免后顶尖与工件中心孔摩擦,常使用弹性回转顶尖。弹性回转顶尖的结构如图 5-24 所示,顶尖用圆柱滚子轴承、滚针轴承承受径向力,推力轴承承受轴向推力。在圆柱滚子轴承和推力球轴承之间,放置两片碟形弹簧。这种顶尖把顶尖与工件中心孔的滑动摩擦改成顶尖内部轴承的滚动摩擦,能承受很高的旋转速度,克服了固定顶尖的缺点,目前应用很广。

5.5.4　花盘和角铁

在车床加工中,有时会遇到一些外形复杂和不规则的零件,不能用三爪卡盘或四爪卡盘直接装夹,在数量较少时,往往采用花盘、角铁等附件装夹。

1) 花盘

花盘是一铸铁大圆盘,形状基本上与四爪卡盘相同(见图 5-25),可以安装在车床主轴上,盘面上有许多条通槽以及 T 形槽,用来安插各种螺钉,以紧固工件。花盘表面必须与主轴轴线垂直,盘面平整,表面粗糙度值 $Ra \leqslant 1.6~\mu m$。

2) 角铁

角铁分两种类型,两个相互垂直的角铁叫直角形角铁;两个平面相交角度大于或小于 90°的角铁叫角度角铁,最常用的是直角形角铁。在角铁面上有长短不同的通槽,用来

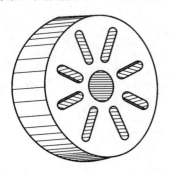

图 5-25　花盘

安插螺钉,以便用螺钉将角铁装夹在花盘面上以及把工件装夹在角铁上。角铁的两平面必须

精刮过,以保证正确的角度。

3）其他常用附件（见图5-26）

V 形块　其工作面是一条 V 形槽,一般为 90°或 120°。在 V 形块上根据需要加工出螺钉孔或圆柱孔,以便用螺钉将 V 形块固定在花盘上或把工件固定在 V 形块上。

方头螺栓　方头螺栓起紧固作用,根据装夹要求,可做成长短不同,插入花盘或角铁的槽中,与压板和螺母结合使用。

压板　可根据需要做成各种不同的规格。压板上铣有腰形孔,用来安插螺钉,并使螺钉在孔中可以移动。

平垫铁　平垫铁装在花盘、角铁上,作为工件的基准平面或导向平面。

平衡块　平衡块是使用花盘和角铁车削工件时不可缺少的附件。因为在花盘上装夹工件后常会出现一面偏重的情况,这样不但影响工件的加工精度,而且还会损坏主轴与轴承。为了克服工件的偏重,必须在花盘偏重的对面装上适当的平衡块。在花盘上平衡工件时,可以调整平衡块的重量和位置。

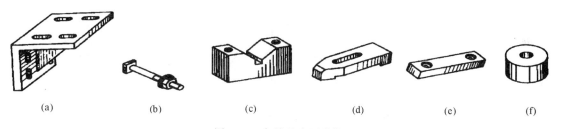

(a)　　　　(b)　　　　(c)　　　　(d)　　　　(e)　　　　(f)

图 5-26　角铁及常用附件

（a）角铁　（b）方头螺栓　（c）V 形块　（d）压板　（e）平垫铁　（f）平衡块

5.5.5　中心架和跟刀架

中心架和跟刀架用于细长轴的加工,以增加工件的刚度。

1）中心架

中心架安装在车床的导轨面上并固定在适当的位置,卡爪和工件外表面接触（或使用过渡套筒）,如图5-27和图5-28所示。使用时要首先调整各个卡爪和工件接触,并保证工件轴线和主轴轴线同轴,还要注意保证卡爪和工件之间的充分润滑。必要时可使用图5-29所示的带滚动轴承的中心架。

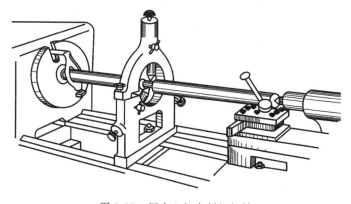

图 5-27　用中心架车削细长轴

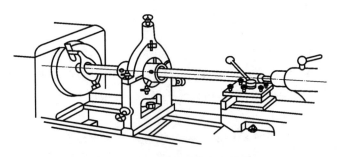

图 5-28　用过渡套筒装夹细长轴

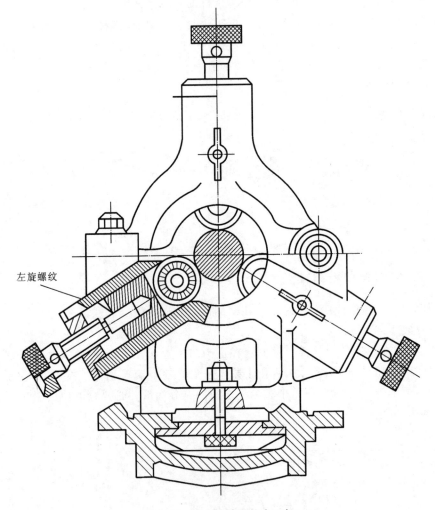

图 5-29　带滚动轴承的中心架

2) 跟刀架

跟刀架一般有两个或三个卡爪,使用时固定在床鞍上,跟随刀具作纵向移动,抵消径向切削抗力(见图 5-30)。跟刀架主要用于车削细长轴和长丝杠,以提高细长轴的形状精度和减小表面粗糙度值。

三爪跟刀架的结构如图 5-31 所示。用手柄 2 转动锥齿轮 1,经锥齿轮 5 转动丝杠 4,即可使用卡爪 3 做向心和离心移动。其他两个卡爪也可移动。

图 5-30　跟刀架的使用

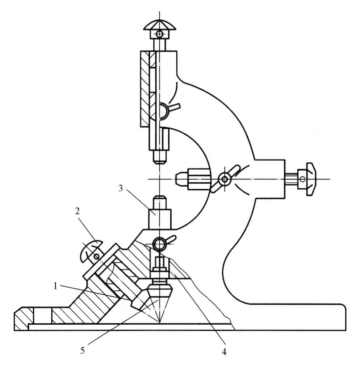

图 5-31　三爪跟刀架的结构

1、5—锥齿轮；2—手柄；3—卡爪；4—丝杠

5.6　车 削 操 作

各种回转表面都适合在车床上加工，车削加工内容有：内外圆柱面、内外圆锥面、内外螺纹、端面、沟槽、滚花及成形面等。下面分别介绍它们的加工方法。

5.6.1　车削端面和外圆

1.车削端面

机器上的零件大多数都有端面,如车床上的卡盘端面是用来支承、装夹其他零件的表面,以确定其他零件的轴向位置,因此端面一般都必须垂直于零件的轴线。

车端面时,工件装夹在卡盘上,必须找正工件的平面和外圆。平面找正时可使用划线针盘找正。车端面通常使用45°弯头车刀和90°偏刀,常见的几种加工方式如图5-32所示。

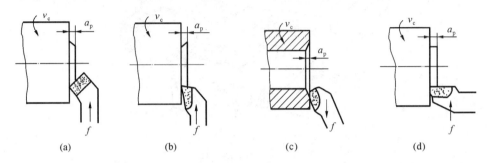

(a)　　　　　　　　　(b)　　　　　　　　　(c)　　　　　　　　　(d)

图 5-32　车削端面

(a) 弯头车刀　(b) 右偏刀(由外向中心)　(c) 右偏刀(由中心向外)　(d) 左偏刀

(1) 用45°弯头车刀车端面　如图5-32(a)所示,45°车刀是利用主切削刃进行切削的,工件表面粗糙度值较小,工件中心的凸台是逐步车掉的,不易损坏刀尖;45°弯头车刀的刀尖角等于90°,刀头强度比偏刀的高,适用于车削较大的平面,并能车削外圆和倒角。

(2) 用90°偏刀车端面　车刀安装时应使主偏角大于90°,以保证车出的端面与工件轴线垂直。

如果采用右偏刀由外圆向中心进给车削端面,如图5-32(b)所示,这时原副切削刃变主切削刃,由于前角较小,切削不顺利。当背吃刀量较大时,同时受切削力方向的影响,刀尖容易扎入工件,使车出的端面形成凹面。此外,工件中心的凸台是瞬时车掉的,容易损坏刀尖。

为避免这个缺点,可采用从中心向外走刀的切削方式,如图5-32(c)所示,这时用主切削刃切削,切削力向外,所以不会产生凹面,且能得到较高的加工质量。

(3) 用左偏刀　如果用左偏刀由外圆向中心进给车削端面,如图5-32(d)所示,这时是用主切削刃进行切削,切削顺利,同时切屑流向待加工表面,加工后工件表面粗糙度值较小;如果使用主偏角为60°~65°的左偏刀由外圆向中心进给车削端面,由于车刀的刀尖角大于90°,刀头强度和散热条件好,适合于车削具有较大平面的工件。

车端面时应注意的事项:

① 由于车刀是垂直进刀车削的,工件直径不断变化会引起切削速度的变化,所以要适当地调整转速,如果是由外向中心车削,转速可以略高一些。但由于直径逐渐减小,切削速度也逐渐减小,粗糙度值较大,所以最好由中心向外切削。

② 车削直径较大的端面时,应将方刀架与床鞍紧固(利用开合螺母进行锁紧,丝杠不能转动)在床身上。用小滑板手柄调整背吃刀量,可以避免工件中心出现凸台或凹槽现象。

③ 当背吃刀量大时,最好采用弯头车刀。因为用偏刀车端面,当背吃刀量大时,容易扎刀,而且车削到中心时,凸台一下子被车掉,容易损坏车刀。

2.车外圆

车外圆是将工件车削成圆柱形外表面。常用的外圆车刀有尖头车刀、弯头车刀、偏刀等（见图 5-33）。尖头车刀主要用于粗车外圆或没有台阶的光轴及台阶不大的工件；弯头车刀除车外圆和车端面外，还可以用于车端面和 45°斜面或倒角；主偏角为 90°的偏刀，可用于车削有垂直台阶的外圆表面，或车削细长工件的外圆。

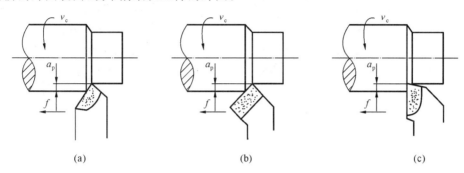

(a)　　　　　　　　　(b)　　　　　　　　　(c)

图 5-33　外圆车削

(a) 尖头车刀车外圆　(b) 弯头车刀车外圆　(c) 偏刀车外圆

5.6.2　车削台阶

台阶的车削实际上是车端面和车外圆的组合。车台阶通常使用偏刀。其车削方法与车外圆没什么显著的区别，但在车削台阶时需要兼顾外圆的尺寸精度和台阶长度的要求。

台阶根据相邻量圆柱体直径差值的大小，可分为低台阶和高台阶两种。

1.低台阶的车削

相邻两圆柱体直径差值小于 5 mm 的台阶称为低台阶，低台阶可以用一次进给车出。由于台阶面跟工件轴线垂直，所以必须用正装的 90°偏刀车出。装刀时必须使主切削刃与工件轴线垂直（见图 5-34）。

车削前，对于单件生产，先用钢直尺确定台阶长度，如图 5-35(a)所示，并用刀尖刻出线痕作为加工界限；对于成批生产，可用样板控制台阶长度，如图 5-35(b)所示。车削时，先将主切削刃和已车好的端面贴平，确保主切削刃垂直于工件的轴线。

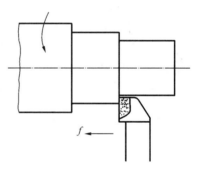

图 5-34　低台阶车削

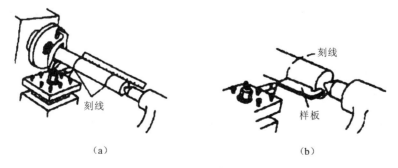

(a)　　　　　　　　　(b)

图 5-35　确定台阶长度

(a) 用钢直尺确定台阶长度　(b) 用样板确定台阶长度

2.高台阶的车削

相邻两圆柱体直径差值大于 5 mm 的台阶称为高台阶,高台阶宜采用分层切削的方法。粗车时,先用主偏角小于 90°的偏刀进行车削,再把偏刀的主偏角装成 93°～95°,用几次进给分层切削来完成,如图 5-36 所示。

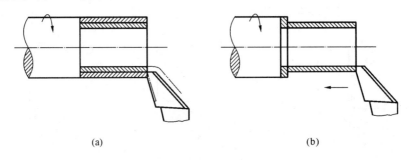

(a)   (b)

图 5-36   高台阶分层车削

(a) 多次纵向进给车削   (b) 末次横向退出

在最后一次进给时,车刀在纵向进给完后,用手摇动中滑板手柄,车刀慢慢地均匀退出,将台阶面车一刀,使台阶跟工件轴线垂直。

3.台阶车削时尺寸控制的方法

车削台阶时,应准确地掌握台阶的长度尺寸,尤其是车削多台阶的工件,否则会达不到加工的要求,产生废品。控制好长度尺寸的关键是必须按图样找出正确的测量基准。如果基准找得不正确,将会造成积累误差而产生废品,尤其是多台阶的工件。常用的控制台阶尺寸的方法有以下几种。

(1) 刻线痕   为了确定台阶的位置,可事先用内卡钳或钢直尺量出台阶的长度尺寸,大批量生产时可用样板,再用车刀刀尖在台阶的位置处车刻出细线,然后再车削。

(2) 利用床鞍刻度盘控制台阶尺寸   台阶长度尺寸一般可利用床鞍的刻度盘来控制。CA6140 车床床鞍的刻度盘 1 格等于 1 mm,精度一般在 0.3 mm 左右。台阶的外圆直径尺寸可利用中滑板刻度盘来控制,其方法与车外圆时相同。

5.6.3   切槽及切断

1.切槽

切槽是在工件的外圆或端面上切有各种形式的槽。切槽使用切槽刀,一把切槽刀相当于并在一起的左偏刀和右偏刀同时车削左右两个端面。

切削宽度不大(5 mm 以下)的窄槽时,可以用主切削刃宽度等于槽宽的切槽刀一次直进切出。切削时,刀尖应与工件轴线等高,而主切削刃应平行于工件轴线。

切削较宽(5 mm 以上)的宽槽时,可按图 5-37 所示的方法,分几次切削,多次横向进给完成。车第一刀时,先用钢直尺量好距离。车一条槽后,把车刀退出工件向左移动继续车削,把槽的大部分余量车去。但必须在槽的两侧和底部留有精车余量。最后根据槽的宽度和槽的位置进行精车。沟槽内的直径可用卡钳或游标卡尺测量。沟槽的宽度可用钢直尺、样板或塞规来测量。

2.切断

在车削加工中,当零件的毛坯是整根棒料且很长时,需要把它事先切割成一段一段的,然后进行车削,或是在车削完成后把工件从原材料上切下来,这样的加工方法叫做切断。切断

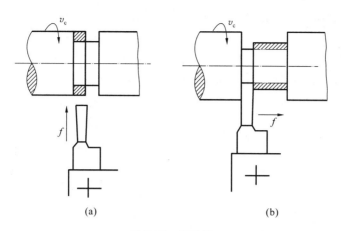

图 5-37　切宽槽

（a）多次横向进给粗车　　（b）末次横向进给

时,由于切断刀伸入工件被切割的槽内,周围被工件和切屑包围,散热情况极为不利。为了降低切削区域的温度,应在切断时添加充分的切削液进行冷却。

切断刀与切槽刀极其相似,当刀头更窄更长,切削时排屑困难,还往往会引起振动,使刀头容易折断。

3.切断时的注意事项

（1）切断毛坯表面的工件前,最好用外圆车刀把工件先车圆,或尽量减小进给量,以免造成"扎刀"现象而损坏车刀。

（2）手动进给切断时,摇动手柄应连续、缓慢、均匀,切削速度要低,以避免由于切断刀与工件表面摩擦增大,而使工件表面产生冷硬现象,使刀具磨损加快。如不得不中途停车,应先把车刀退出再停车。

（3）用卡盘装夹工件切断时,切断位置离卡盘的距离应尽可能近,如图 5-38 所示。否则容易引起振动,或使工件抬起压断切断刀。切断用"一夹一顶"的方法装夹工件时,不应完全切断工件,应卸下工件后再敲断。切断较小的工件时,要用盛具接住,以免切断后的工件混在切屑中或飞出找不到。

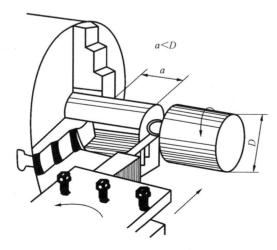

图 5-38　用卡盘装夹切断

（4）切断时不能用两顶尖装夹工件,否则切断后工件会飞出造成事故。

（5）尽量减小滑板各活动部分间隙，提高刀架刚度，使工件的变形和振动减小。

5.6.4 孔加工

在车床上，孔的加工可采用钻头、扩孔钻、铰刀、镗刀分别完成钻孔、扩孔、铰孔、镗孔（车孔）等孔的车削加工工作。

1. 钻孔

钻孔是在实体上加工出孔。图 5-39 所示为在车床上手动进给钻孔。工件安装在卡盘内，由卡盘带动旋转，钻头安装在车床尾座套筒内，然后转动手轮实现钻头的手动进给。这种方式劳动强度大，生产效率低。在车床上还有两种方式可以实现钻孔的自动进给加工，可以有效地提高钻孔的生产效率。

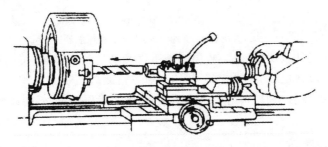

图 5-39　在车床上钻孔

（1）钻头安装在刀架上　如图 5-40 所示，将直柄钻头放在两块 V 形槽铁内，锥柄或直柄钻头利用锥柄、锥形套或钻夹头装入专用工具的锥孔中，然后将 V 形槽铁或专用工具装在刀架上，调整好钻头的位置，就可用自动进给进行钻孔。

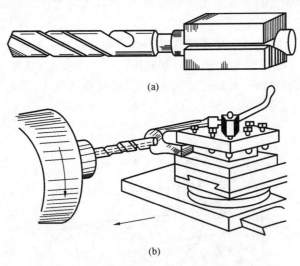

(a)

(b)

图 5-40　钻头安装在车床刀架上实现钻孔的自动进给
(a) 用 V 形槽铁安装钻头　(b) 用专用工具安装钻头

采用这种方法时，必须注意一定要使钻头的轴线对准工件的回转中心，否则会使钻出的孔的孔径扩大，甚至折断钻头。

（2）用大拖板拉动车床尾座　如图 5-41 所示，在车床尾座前面安装一块槽铁，在中拖板的右侧边也安装一块与槽形方向相反的槽铁，调整拖板使两块槽铁啮合，这时就可利用大拖板的自动进给拉动车床尾座做进给运动，实现钻孔的自动进给。

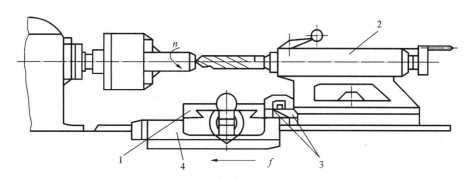

图 5-41　用大拖板拉动车床尾座实现自动进给
1—中拖板；2—尾座；3—槽铁；4—大拖板

2.扩孔

用扩孔工具扩大工件孔径的加工方法称为扩孔。常用的扩孔工具有麻花钻和扩孔钻。一般可用麻花钻扩孔。对于精度要求较高和表面粗糙度值较小的孔，可用扩孔钻扩孔。

（1）用麻花钻扩孔　工件上的小孔，可一次钻出，但钻较大孔时，钻头直径也大，由于横刃长，轴向切削力大，切削时很费力，这时可分两次钻削。例如钻直径为 40～50 mm 的孔，可先用直径 25 mm 的钻头钻孔，再用大钻头进行扩孔。

（2）用扩孔钻扩孔　扩孔钻有高速钢扩孔钻和硬质合金扩孔钻两种。扩孔钻的钻心较粗，刀齿较多，钻头刚度和导向性均比麻花钻好，因此，可提高生产率，改善加工质量。扩孔精度一般可达 IT9～IT10，表面粗糙度 Ra 值达 6.3～3.2 μm，扩孔一般可作为孔的半精加工。

3.镗孔

镗孔一般要求工件的内孔与外圆具有很高的同轴度，内孔与端面具有很高的垂直度，工件的两个端面具有很高的平行度。在镗孔过程中，除了保证尺寸精度和表面粗糙度要求外，上述要求必须都满足。因此，工件能够在一次安装中完成加工的，不要多次安装。如果确实需要两次或两次以上装夹加工才能完成的，就必须要认真校正装夹的工件，否则难以保证加工的位置精度要求。

图 5-42 所示为镗孔加工，为提高加工精度，减小振动，镗刀杆应尽量粗，镗刀伸出刀架应尽量短。安装时刀尖应略高于主轴中心，可减小振动和扎刀现象，并可防止镗刀下部碰坏孔壁。

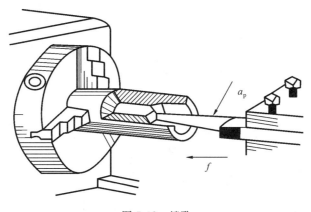

图 5-42　镗孔

5.6.5　车削锥度

圆锥面多用于配合面,分为外圆锥面和内圆锥面。习惯上将外圆锥面称为锥体,内圆锥面称为锥孔。锥面车削分为外锥面车削和内锥面车削两种。

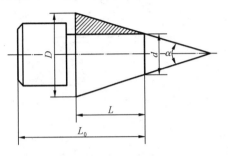

图 5-43　圆锥的基本参数

1.圆锥面的主要尺寸

外圆锥面和内圆锥面的主要尺寸及其名称是相同的,如图 5-43 所示,圆锥的基本参数有圆锥角 α、圆锥直径、圆锥长度 L 和锥度 C。

(1)圆锥角 α　在通过圆锥轴线的截面内,两条素线间的夹角称为圆锥角。

(2)圆锥直径　圆锥直径是圆锥在垂直轴线截面上的直径。常用的直径有:最大圆锥直径 D;最小圆锥直径 d;给定截面圆锥直径 d_x。

(3)圆锥长度 L　为最大直径 D 与最小直径 d 之间的距离。

(4)锥度 C　为两个垂直圆锥轴线截面的直径差与该两截面间的轴向距离之比,即 $C=(D-d)/L$。锥度 C 与圆锥角 α 的关系为 $C=2\tan(\alpha/2)$。锥度一般用比例或分式形式表示。

2.外锥面加工

车床上加工圆锥面的方法很多,其适用范围有明显的差异。由于圆锥工件也有各种不同的锥面结构要求、加工质量要求和生产批量不同等,而车床的设备条件也各有不同,因此要根据不同情况,采用不同方法进行车削。在车床上加工外圆锥主要有下列四种方法:转动小刀架法、偏移尾座法、仿形法(靠模法)、宽刃刀车削法。前三种方法,都是为了使刀具的运动轨迹与工件轴线成圆锥半角 α/2,从而加工出所需要的圆锥零件。

1)转动小刀架法

车削较短的外圆锥时,可以用转动小刀架的方法(见图 5-44)。车削时只要把小刀架按工件的要求转动一定的角度,使车刀的运动轨迹与所要车削的圆锥母线平行即可。这种方法操作简单,调整范围大,能保证一定的精度。

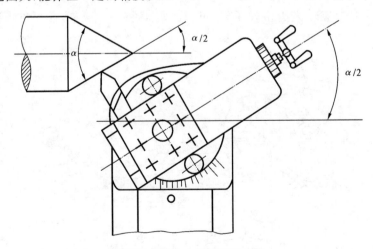

图 5-44　转动小刀架车圆锥体

(1)小刀架转动角度的确定　由于图样上对圆锥角度的标注方法不同,一般不能直接按图样上所标注的角度去转动小刀架,必须经过换算。换算原则是把图样上所标注的角度,换算为圆锥母线与车床主轴线(即工件的轴线)的夹角 $\alpha/2$,此时 $\alpha/2$ 就是车床小刀架应该转过的角度值。

(2) 转动小刀架车削圆锥面的优缺点　优点:能车削整锥体和圆锥孔;能车角度很大的工件。缺点:只能手动进给,劳动强度较大,表面粗糙度较难控制(大型车床也有小拖板自动进给装置);因受小拖板的行程限制,只能加工锥面不长的工件。

2) 偏移尾座法

在两顶尖之间车削圆柱体时,纵向进给是平行于主轴轴线移动的,若尾座横向移动一个距离 S 后(见图 5-45),则工件旋转轴线与机床主轴中心线相交成一个角度 $\alpha/2$,纵向进给仍与主轴中心线平行,因此,工件就形成了外圆锥。车削锥度不大且长度较长、精度要求不是很高的工件时,多采用此方法。

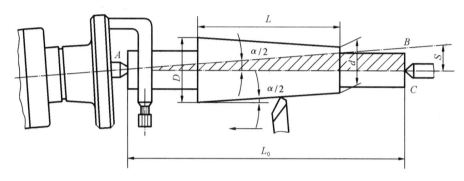

图 5-45　偏移尾座车削圆锥体

采用偏移尾座的方法车削外圆锥时,必须注意尾座的偏移量不仅和圆锥部分的长度 L 有关,而且还和两顶尖之间的距离有关,这段距离一般可以近似看作工件总长 L_0。

(1) 尾座偏移量的计算　尾座偏移量可根据公式(5-3)计算,即

$$S = L_0 \tan \frac{\alpha}{2} = \frac{D-d}{2L} L_0 = \frac{C}{2} L_0 \qquad (5-3)$$

式中:　S——尾座偏移量(mm);

　　　　D——大端直径(mm);

　　　　d——小端直径(mm);

　　　　L——工件圆锥长度(mm);

　　　　L_0——工件的总长度(mm);

　　　　C——锥度。

(2) 确定尾座偏移量的方法　尾座偏移量计算出来以后,就可以根据偏移量 S 移动尾座上层。偏移尾座上层的方法是:利用尾座刻度偏移尾座。这种方法是利用车床尾座上、下层的刻度。如图 5-46 所示,偏移时,松开尾座紧固螺母,先把尾座上下层零线对齐,然后转动螺钉 1 和 2,将尾座上层移动一段距离 S,然后拧紧螺母。这种方法比较方便,一般尾座上有刻度的车床都能应用。

(3) 偏移尾座法车外圆锥的优缺点　优点:任何卧式车床都可以应用;可以自动进给车锥面,车出的工件表面粗糙度值较小;能车较长的圆锥面。缺点:因为顶尖在中心孔中歪斜,接触不良,所以中心孔磨损不均;因为受尾座偏移量的限制,不能车锥度较大的工件;不能车整圆锥。用偏移尾座法车外圆锥,只适宜于加工锥度较小、长度较长的工件。

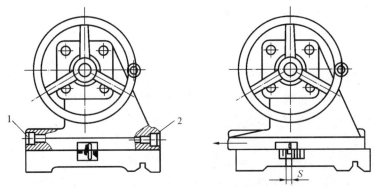

图 5-46　应用刻度偏移尾座的方法
1、2—镙钉

3) 仿形法(靠模法)

对于长度较长、精度要求较高的锥体,一般用仿形法车削。仿形装置能使车刀在作纵向进给的同时,还作横向进给,从而使车刀的移动轨迹与被加工工件的圆锥素线平行。用此方法加工锥面时,在车床上要安装靠模装置,有的车床配有车削锥体的特殊附件,称为锥度仿形装置(靠模)。

锥度仿形装置的结构原理如图 5-47 所示。底座 1 固定在车床床鞍上,底座下面的燕尾导轨和角铁 5 上的燕尾槽采用小间隙配合。角铁 5 上装有锥度仿形板 2,可绕着中心旋转到与工件轴线相交成所需的圆锥半角 $\alpha/2$。两个螺钉 7 用来固定锥度仿形板。滑块 4 与中拖板丝杠 3 连接,可以沿着锥度仿形板自由滑动,滑块 4 和中拖板空心丝杠与轴 15 间隙配合,轴上铣有长槽,和丝杠中的键 14 配合(见图 5-47(b))。

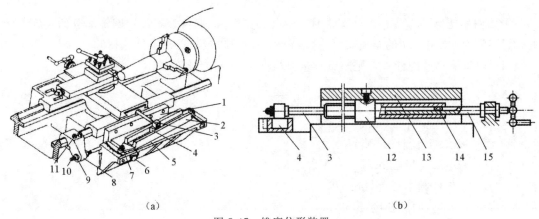

(a)　　　　　　　　　　　　　　　　(b)

图 5-47　锥度仿形装置
(a) 锥度仿形装置　(b) 滑板丝杠传动原理
1—底座;2—锥度仿形板;3—丝杠;4—滑块;5—角铁;6、7、11—螺钉;
8—挂脚;9、12—螺母;10—拉杆;13—中拖板;14—键;15—轴

当需要车锥度时,紧固两个螺钉 11,通过挂脚 8、螺母 9 及拉杆 10 把角铁 5 固定在床身上。用螺钉 6 调整仿形板斜度。当床鞍做纵向移动时,滑块就沿着仿形板斜面滑动,由于丝杠和中拖板 13 上的螺母 12 是相连接的,当大拖板纵向进给时,中拖板就沿着仿形板斜度做横向进给,车刀就合成斜进给运动。需要吃刀时,可转动中拖板手柄,使轴 15 带动丝杠 3 旋转,车刀即可做横向进给。当不需要使用仿形装置时,只要把固定在床身上的两个螺钉 11 放松,大拖板就带动整个附件一起移动,使仿形装置失去作用。

仿形法车圆锥的优点:锥度仿形板调整锥度既方便又准确;因中心孔接触良好,所以圆锥面质量高;可自动进给车削外圆锥。缺点:仿形装置的角度调节范围较小,一般在 12°以下。

4) 宽刃刀车削法

宽刀法是利用宽刀横向进给直接车削出圆锥面。主要车削较短的外圆锥面,其加工方便,生产效率高,适用于批量生产。

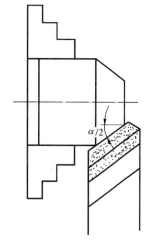

在车削较短的圆锥面且精度要求不高的工件时,可以用宽刃刀直接车出(见图 5-48)。宽刃刀切削实质上是属于成形法加工。宽刃刀的主切削刃必须平直,车削前,用油石将车刀的前、后刀面打磨光。安装时,应使主切削刃与工件回转中心线即主轴轴线的夹角等于工件圆锥半角 $\alpha/2$。

宽刃刀车削圆锥面时,用切入法依次进给车削出全部锥体长度,生产效率较高,但车削时会产生振动,影响表面质量。因此使用宽刃刀切削,要求车床和工件系统必须具有足够的刚度,以减少振动,且车削的锥面长度一般限于 10～15 mm 范围内。当工件的圆锥素线长度大于切削刃长度时,也可以用多次接刀方法加工,但接刀处必须平整。

图 5-48　用宽刃刀车削圆锥面

3.内锥面加工

加工内圆锥面的主要方法有转动小刀架拖板法、仿形法和铰内圆锥法。

1) 转动小刀架法

车较短的内圆锥面时,可以使用转动小刀架法。车削时,先用直径小于内圆锥小端直径 1～2 mm 的钻头钻孔,再转动小拖板,使车刀的运动轨迹跟工件轴线相交成所需的圆锥半角 $\alpha/2$,然后进行车削内圆锥(见图 5-49)。如果要车削配套圆锥面时,可采用图 5-50 所示的车削方法。车削时,先把外圆锥车削正确,此时不要变动小拖板的角度,只要把车孔刀反装,使前刀面向下(主轴仍正转),然后车削内圆锥孔。由于小拖板角度不变,因此可以获得很准确的圆锥配合表面。

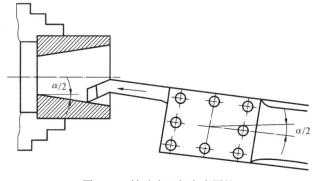

图 5-49　转动小刀架车内圆锥

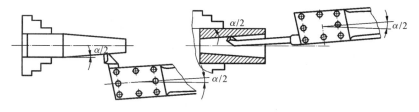

图 5-50　车削配套圆锥面的方法

用上述方法车削左右对称的内圆锥工件,一般也可以保证精度。车削方法如图 5-51 所示。先把外端内圆锥孔加工正确,此时不变动小刀架拖板的角度,把车刀反装,摇向对面再车削里面的一个内圆锥孔。这种方法加工方便,不但能保证两对称内圆锥孔的锥度相等,而且工件不需要进行两次安装,因此两内圆锥孔可获得很高的同轴度。

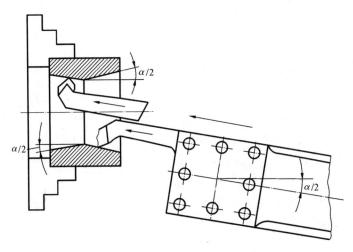

图 5-51　车削对称内圆锥的方法

2) 仿形法

当工件内圆锥的圆锥半角 $\alpha/2$ 小于 12°时,可采用图 5-47 所示的仿形装置进行车削,这时只要把仿形板 2 转到与车外圆锥时相反的位置就可以了。

5.6.6　车削螺纹

螺纹是零件上常见的表面之一,按照用途的不同,可分为两类:紧固螺纹用于零件间的固定连接,常用的有普通螺纹和管螺纹等,螺纹牙型多为三角形;传动螺纹用于传递运动和动力,如机床上丝杠的螺纹等,其牙型多为梯形或方牙。在专业生产中多采用滚压螺纹、轧螺纹和搓螺纹等一系列的先进加工工艺,而在一般的机械加工中,车螺纹、套螺纹、攻螺纹是最常用的方法。

按照车床进给箱铭牌上标注的数据,变换主轴箱和进给箱外手柄的位置,并配合更换交换齿轮箱内的交换齿轮,就可以得到常用的螺距。

1. 变换螺距 $P=1$ mm 的手柄位置

根据螺纹螺距 $P=1$ mm,查 CA6140 型车床进给箱铭牌,查出相关手轮、手柄的位置。变换螺纹螺距 $P=1$ mm 相关手柄的位置,其操作步骤见表 5-3。

表 5-3　操作步骤

步　骤	1	2	3	4
操作内容	把主轴箱正面左侧的左、右螺纹变换手柄放在右上角位置	调整主轴箱手柄位置。长手柄在黄颜色位置,短手柄指向 40,此时转速为 40 r/min	把进给箱正面右侧的后手柄放在"B"的位置,前手柄放在"I"的位置	进给箱正面左侧手轮有 8 个数字,表示 8 个位置,选择位置"3"

交换齿轮箱内的交换齿轮 $P=1$ mm 是普通螺纹螺距,它和英制螺纹一样,其交换齿轮箱

中的齿轮齿数分别是:$z_A=63$,$z_B=100$,$z_C=75$。此时和车外圆、端面选取进给量时的交换齿轮相同,不需要更换交换齿轮。

2.车削螺纹的方法

启动车床并移动螺纹车刀,使刀尖与工件外圆轻微接触,记住中滑板刻度读数,将床鞍向右移动退出工件端面。使中滑板径向进给约 0.05 mm,左手握中滑板手柄,右手握开合螺母手柄。右手压下开合螺母,使车刀刀尖在工件表面车出一条螺旋线痕,当车刀刀尖移动到退刀槽位置时,右手迅速提起开合螺母,然后横向退刀,停止车床。用钢直尺或游标卡尺测量螺距,确认螺距正确无误后才能车螺纹。

5.6.7 滚花

在车床上用滚花刀在工件表面上滚压出花纹的加工称为滚花。滚花是利用滚花刀的滚轮来滚压工件表面的金属层,使其产生一定的塑性变形而形成花纹的。滚花的目的是为了增加摩擦力或使零件表面美观。

1.滚花的花纹

滚花花纹有直纹和网纹两种。花纹有粗细之分,并用模数 m 区分。模数越大,花纹越粗,花纹的粗细应根据工件滚花表面的直径大小选择,直径大选用大模数花纹,直径小则选用小模数花纹。

滚花标记

模数 $m=0.2$ mm 的直纹滚花标记为:

$$\text{直纹 } m0.2 \quad \text{GB/T 6403.3—2008}$$

网纹 $m=0.5$ mm 的网纹滚花标记为:

$$\text{网纹 } m0.5 \quad \text{GB/T 6403.3—2008}$$

2.滚花的方法

滚花的方法见表 5-4。

表 5-4　滚花的方法

	滚花前工件的直径	滚轮轴线与工件轴线应平行	刀柄尾部向左偏斜 3°～5°
说明	随着花纹的形成,滚花后的工件直径会增大。为此,在滚花前滚花表面的直径 d_0 应根据工件材料的性质和花纹模数 m 的大小相应车小 $(0.8\sim1.6)m$	滚压非铁金属或滚花表面要求较高的工件时,滚花刀滚轮轴线与工件轴线应平行	滚压碳素钢或滚花表面要求一般的工件时,可使滚花刀刀柄尾部向左偏斜 3°～5°装夹,以便切入工件表面且不易产生乱纹

5.7　车削综合工艺举例

5.7.1　阶梯轴

1.阶梯轴工序图(见图 5-52)

阶梯轴工序图如图 5-52 所示。

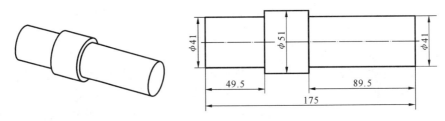

图 5-52　阶梯轴工序图

2. 操作步骤

1) 用 45°车刀车右端面

背吃刀量 $a_p=1$ mm,取进给量 $f=0.4$ mm/r,主轴转速 $n=500$ r/min;将端面车平。

2) 钻中心孔

将中心钻插入夹头的三爪之间,通过三爪夹紧中心钻;将钻夹头装入尾座锥孔中;找正尾座中心;钻中心孔 B2 mm/6.3 mm 时,由于中心孔直径小,主轴转速要高于 1000 r/min;钻削时进给量要小而均匀,一般取 $f=0.05\sim0.2$ mm/r;当中心钻钻入工件时,应及时加切屑液冷却、润滑;中途退出 1~2 次清除切屑;钻毕(A 型中心钻应钻出 60°斜面,B 型中心钻应钻出 120°斜面),中心钻应在原位稍停 1~2 s 以修光中心孔,然后再退出,使中心孔光洁,精确。

3) 试车削

将 75°车刀调整到工作位置,进给量 f 可取 0.3 mm/r,车床主轴转速为 500 r/min,背吃刀量取 2.5 mm。启动车床,使工件回转。左手摇动床鞍手轮,右手摇动中滑板手柄,使车刀刀尖趋近并轻轻接触工件待加工表面,以此作为确定背吃刀量的零点位置,然后反向摇动床鞍手轮(此时中滑板手柄不动),使车刀向右离开工件 3~5 mm;摇动中滑板手柄,使车刀横向进给 2.5 mm,横向进给的量即为背吃刀量,其大小通过中滑板上的刻度盘进行控制和调整。试车削的目的是为了控制背吃刀量,保证工件的加工尺寸。车刀在进刀后,纵向进给切削工件 2 mm 左右时,纵向快速退刀,停车测量;根据测量结果相应调整背吃刀量,直至试车削的测量结果为 $\phi51$ mm 为止。

4) 定总长,钻中心孔

将工件掉头,使毛坯伸出三爪卡盘约 35 mm,找正后夹紧;车左端面并保证总长 175 mm,钻中心孔 B2 mm/6.3 mm。

5) 调整车床尾座的前后位置

一夹一顶装夹,夹住 $\phi50$ mm×25 mm 外圆,用后顶尖支承;车削整段外圆至一定尺寸(外径不能小于图样最终要求 $\phi50$ mm),测量两端直径,通过调整尾座的横向偏移量来校正工件;若车出工件的右端直径小,左端直径大,尾座应向离开操作者的方向移动。如果车出工件右端直径大,左端直径小,尾座应向操作者方向移动。为节省尾座前后位置的调整时间,也可先将工件中间车凹(车凹部分外径不能小于图样的最终直径要求 $\phi50$ mm),然后车削两端外圆,经测量校正即可。

6) 一夹一顶装夹,车整段 $\phi51$ mm 的外圆和左端 $\phi41$ mm×49.5 mm 的外圆

夹住 $\phi50$ mm×25 mm 外圆,用后顶尖支承。选取进给量 $f=0.3$ mm/r,车床主轴转速调整为 500 r/min;车整段 $\phi51$ mm 的外圆(除夹紧处 $\phi50$ mm 外),背吃刀量 $a_p=2$ mm;车左端外圆 $\phi41$ mm×49.5 mm。可分两次车削,每次背吃刀量 $a_p=2.5$ mm,如工艺系统刚度许可,也

可一次车至尺寸。不管采用哪种方式都需要先进行试车削,经测量无误后再车至尺寸
$\phi(41\pm0.2)$ mm,长度控制为(49.5 ± 0.2) mm。

7) 将工件掉头,车右端外圆 $\phi39$ mm×89.5 mm

用三爪卡盘夹 $\phi41$ mm处外圆,一夹一顶装夹工件;对刀—进刀—试车—测量—车右端外
圆。将直径控制为 39 mm,长度控制为 89.5 mm。

5.7.2　外圆锥面

1. 圆锥工序图

圆锥工序图如图 5-53 所示,用转动小滑板法车圆锥。

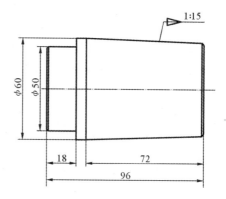

图 5-53　圆锥

2. 操作步骤

车圆锥的具体操作内容见表 5-5。

表 5-5　车圆锥的具体操作内容

步骤	操作内容	具 体 操 作	工 艺 装 备	选取的切削用量
1	找正并夹紧毛坯	用三爪卡盘夹住毛坯外圆,伸出长度为 25 mm 左右,找正并夹紧	三爪卡盘	—
2	车左端	车端面 A,粗、精车外圆至 $\phi52_{-0.046}^{0}$ mm,长 18 mm 至要求,倒角 C1	45°车刀、90°粗车刀、90°精车刀、50～75 mm 的千分尺	进给量:0.14 mm/r 主轴转速:710 r/min 背吃刀量:2 mm
3	掉头,找正并夹紧	掉头,垫铜皮夹住外圆 $\phi52_{-0.046}^{0}$ mm,长 15 mm 左右,找正并夹紧	三爪卡盘、铜皮	—
4	车右端	车端面 B,保证总长 96 mm,粗、精车外圆 $\phi60_{-0.019}^{0}$ mm 至要求	45°车刀、90°粗车刀、90°精车刀、50～75 mm 的千分尺	进给量:0.14 mm/r 主轴转速:710 r/min 背吃刀量:2.5 mm
5	粗车外圆锥	使小滑板逆时针转动 $\alpha/2$(圆锥半角 $\alpha/2=1°54'33''$),粗车外圆锥	活扳手、90°粗车刀	进给量:0.20 mm/r 主轴转速:710 r/min 背吃刀量:2 mm
6	调整角度	用万能角度尺检查圆锥角,并把小滑板转角调整准确	万能角度尺、活扳手	—

步骤	操作内容	具 体 操 作	工 艺 装 备	选取的切削用量
7	精车外圆锥	精车外圆锥至要求	万能角度尺、游标卡尺、90°精车刀	进给量:0.14 mm/r 主轴转速:710 r/min 背吃刀量:1 mm
8	倒角	倒角 C1,去毛刺	45°车刀	进给量:0.4 mm/r 主轴转速:560 r/min 背吃刀量:1 mm
9	检查、交验	检查各尺寸及圆锥角,合格后卸下工件	50～75 mm 的千分尺、万能角度尺	—

5.7.3 螺纹

1. 螺纹轴工序图如图 5-54 所示。

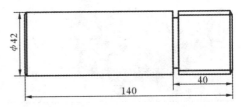

图 5-54 螺纹轴

图中"B"是指普通螺纹退刀槽尺寸,可在表 5-6 中查取。如"5×2"是指退刀槽的宽度是 5 mm,单边深度是 2 mm。

表 5-6 普通螺纹退刀槽尺寸

次　数	M	B/mm
1	M42×1.5	5×2
2	M38×2	5×2
3	M34×2.5	5×3
4	M28×2	0
5	M24	6×3
6	M20	5×3

2. 操作步骤

操作步骤描述:装夹螺纹车刀—车削普通螺纹轴左端—车削螺纹轴右端的外圆及退刀槽—选择退刀方法—试车普通螺纹并测量螺距—粗车普通螺纹—更换普通螺纹精车刀—精车普通螺纹。

1) 车削普通螺纹轴左端

装夹毛坯,伸出约 120 mm 长,找正并夹紧;用 45°车刀车端面;用 90°车刀粗车、精车 $\phi42_{-0.039}^{\ 0}$ mm 的外圆至要求,长度接近卡盘处;用 45°车刀倒角 C1。

2）车削螺纹轴右端的外圆及退刀槽

掉头装夹 $\phi 42_{-0.039}^{0}$ mm 的外圆，伸出约 60 mm 长，找正并夹紧；用 45°车刀取总长 140 mm；用 90°车刀粗车、精车螺纹大径至 $\phi 41.85$ mm；用 45°车刀倒角 C2；车 5 mm×2 mm 的槽，并控制位置 40 mm。

3）试车普通螺纹并测量螺距

选择车床主轴转速 $n=100$ r/min；按照 1.5 mm 的螺纹螺距调整车床；启动车床并移动螺纹车刀，使刀尖与工件外圆轻微接触，记住中滑板刻度读数（或将中滑板刻度盘调零），将床鞍向右移动退出工件端面；使中滑板径向进给约 0.05 mm，左手握中滑板手柄，右手握开合螺母手柄；右手压下开合螺母，使车刀刀尖在工件表面车出一条螺旋线痕，当车刀刀尖移动到退刀槽位置时，右手迅速提起开合螺母，然后横向退刀，将车床停止。

4）粗车普通螺纹 M42×1.5

粗车螺纹，选择进刀次数（6 种）以及背吃刀量；用直进法分 6 次进刀粗车普通螺纹 M42×1.5。

5）更换普通螺纹精车刀

加工过程中因故掉换或刃磨螺纹车刀，再次装夹时要重新对刀；使车刀刀尖运动轨迹在原螺旋槽内。车刀装夹正确后，不切入工件，启动车床并合上开合螺母；当车刀纵向移动到已车螺纹处时，将操纵杆放到中间位置，待车刀缓慢停稳后，移动小滑板和中滑板，使车刀刀尖对准已车出的螺旋槽；轻提操纵杆但不要提到位，再迅速放回中间位置，使车床点动（俗称"晃车"），观察车刀是否在螺旋槽内，反复调整，直到刀尖对准螺旋槽后才能继续精车螺纹。

6）精车普通螺纹 M42×1.5

选择车床主轴转速 $n=50$ r/min；选择 6 次进刀次数以及背吃刀量；第 1、2 次向左赶刀，精车螺纹的左侧牙型；第 3～5 次向右赶刀，精车螺纹的右侧牙型；最后 1 刀采用直进法同时精车螺纹的左侧和右侧，以获得正确的牙型。

5.7.4　滚花销

1.滚花销工序图（见图 5-55）

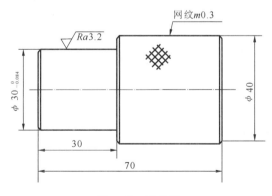

图 5-55　滚花销

该零件图标注了滚花的标记：网纹 $m0.3$，其含义是 $m=0.3$ mm 的网纹花纹。滚花圆柱面的直径尺寸 $\phi 40$ mm 是指滚花后的直径尺寸，而非滚花前的直径尺寸。

2.操作步骤

加工滚花销的具体操作内容见表 5-7。

表 5-7　加工滚花销的具体操作内容

步骤	操作内容	具体操作	工艺装备	选取的切削用量
1	找正并夹紧毛坯	用三爪卡盘夹持工件毛坯外圆,找正并夹紧	三爪卡盘	—
2	车端面,粗车 $\phi30_{-0.084}^{0}$ mm 的外圆	车端面粗车 $\phi30_{-0.084}^{0}$ mm 的外圆至 $\phi31.2$ mm,长 30 mm	45°车刀、90°粗车刀	进给量:0.20 mm/r 主轴转速:710 r/min 背吃刀量:1~2 mm
3	掉头	掉头夹持 $\phi31.2$ mm 的外圆,长 20 mm,找正并夹紧	—	—
4	粗定总长、车外圆	车端面,保证总长 70.5 mm 车 $\phi40$ mm 的外圆至 $\phi39.65$ mm	45°车刀、90°粗车刀、90°精车刀	进给量:0.30 mm/r 主轴转速:710 r/min 背吃刀量:1~2 mm
5	滚花	扳转 $m0.3$ mm 的六轮滚花刀至工作位置 滚压 $m0.3$ mm 网纹至要求	$m0.3$ mm 的六轮滚花刀	进给量:0.20 mm/r 主轴转速:710 r/min 背吃刀量:1~2 mm
6	倒角	倒角 C1	45°车刀	进给量:0.50 mm/r 主轴转速:63 r/min 背吃刀量:1~2 mm
7	保证总长	掉头夹持滚花表面,找正并夹紧 车端面,保证总长 70 mm	45°车刀	进给量:0.20 mm/r 主轴转速:710 r/min 背吃刀量:1 mm
8	精车 $\phi30_{-0.084}^{0}$ mm 的外圆	精车外圆至 $\phi30_{-0.084}^{0}$ mm,长 30 mm 至要求	45°车刀、90°精车刀	进给量:0.16 mm/r 主轴转速:710 r/min 背吃刀量:1 mm

注:浇注切削液或清除切屑时,应避免毛刷接触工件与滚轮的咬合处,以防毛刷被卷入。

5.8　车削加工安全操作规程

(1) 进入实习场地前,穿好工作服,领口、袖口、衣服的底扣必须扣好;长发纳入帽内;不得戴手套、饰品及耳机,不得穿高跟鞋。

(2) 上课期间不得离开车床工作区域,禁止在实训场地内打闹;车床工作区域内禁止吸烟,以免发生火灾。

(3) 凡两人以上合用一台设备,必须分工明确,严禁两人同时操作;安全站立位置为横向进给手轮右侧,自动进给手柄左侧;除操作设备外,身体任何部位不得再触碰设备;设备运转时,不得离开操作岗位;若操作者都去休息,设备必须关闭。

(4) 启动设备前,检查各手柄是否处于正确位置,若不在正确位置应及时调整;应将小拖板调整到凸出拖盘位置,以免小拖板导轨与卡盘发生碰撞;设备启动前,工件必须安装牢固;启动后,不要与旋转工件靠得太近,不能用手、工具触摸工件及卡盘,不能用量具测量工件。

（5）离合器不得两边同时操作;改变转速、进给量必须在设备停止时进行。禁止隔着刀架及卡盘传递物品和操作。

（6）工件伸出卡盘爪的长度不得超出 80 mm,卡盘扳手用后必须立刻取下;加工工件时,工件先旋转,车刀再进行切削;停止加工前,车刀先退出,再将车床停止;加工锥面需调整小拖板角度,调整后需锁紧小拖板。

（7）调整车刀时必须使刀架与卡盘、工件远离,避免发生碰撞,调整后锁紧刀架。工件旋转时,禁止用手触摸切屑。

（8）清理切屑必须用毛刷清扫,不得用手直接清理。车床导轨区域不得存放工具、刀具、量具及工件等。

（9）尾座移动不得超过极限位置,以免掉落伤人;尾座内套筒伸出量不能超过套筒直径的两倍。纵向或横向自动进给时,严禁拖板超过极限位置。禁止按快速进给按钮。

（10）下课后擦净车床,将拖板与尾座移至床尾,各传动手柄放于空挡位置,关闭总电源,打扫切屑,清扫场地。

复习思考题

1.卧式车床由哪几部分组成？功能如何？

2.车工可以完成哪些表面的加工？精度及表面粗糙度可达到多少？

3.在车床上能钻孔吗？

4.在车床上能够完成哪些加工内容？

5.切削用量的三要素是什么？

6.车床的主轴转速是不是切削速度？车端面时,主轴转速不变,其切削速度是否变化？

7.切槽刀和切断刀的形状很相近,可否相互代替使用？

8.硬质合金刀具材料有哪几类？分别适宜加工什么材料？

9.按照 5.7 小节中的内容,练习车削以下工件。

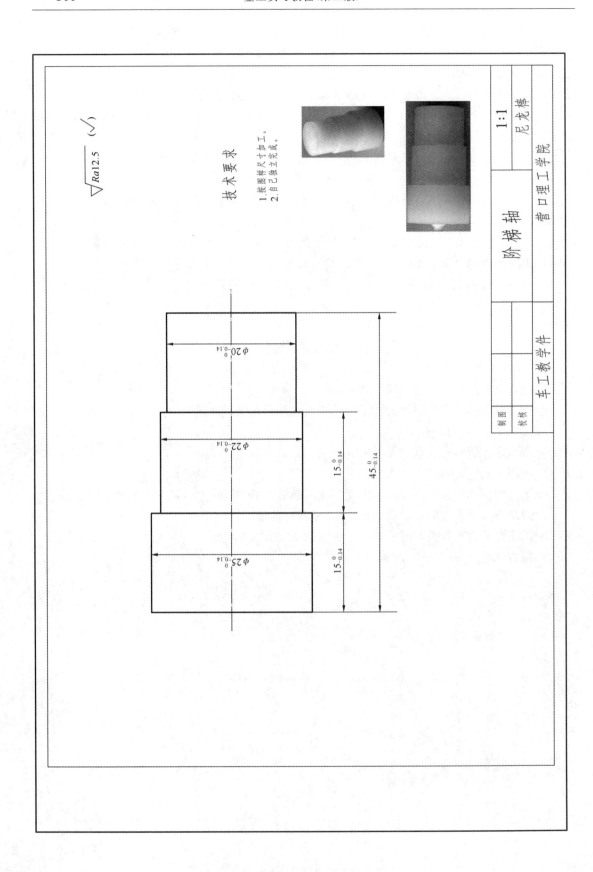

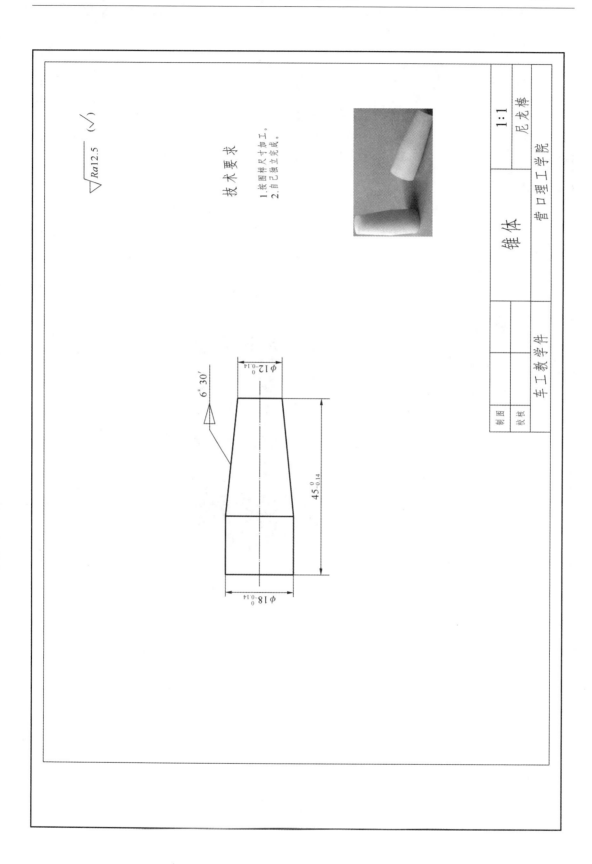

$\sqrt{Ra12.5}$ （✓）

技 术 要 求

1. 按图样尺寸加工。
2. 自己独立完成。

1:1

尼龙棒

锥 体

营口理工学院

车工教学件

制图

校核

6° 30'

$\phi 12^{\;0}_{-0.14}$

$45^{\;0}_{-0.14}$

$\phi 18^{\;0}_{-0.14}$

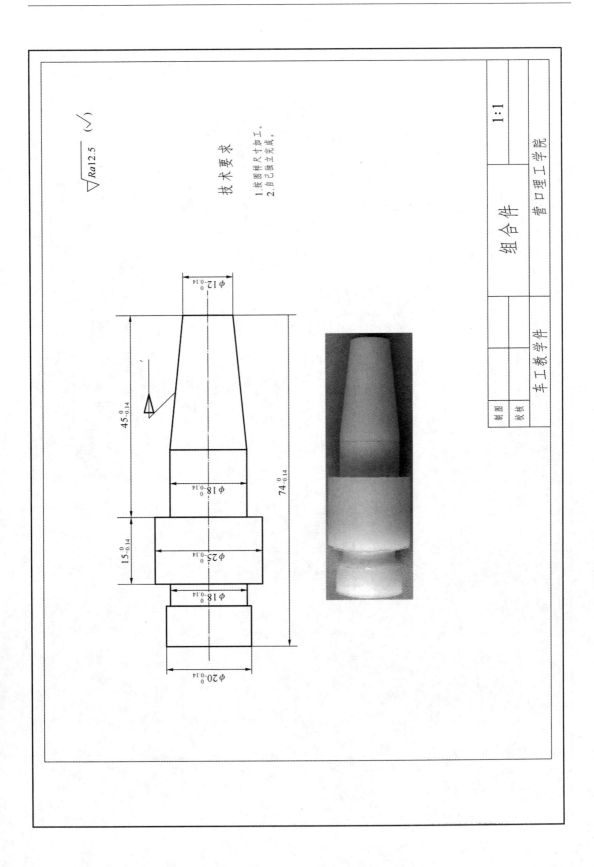

$\sqrt{Ra12.5}$ （√）

技术要求

1. 按图样尺寸加工。
2. 自己独立完成。

组合件

营口理工学院

车工教学件

制图

核核

1:1

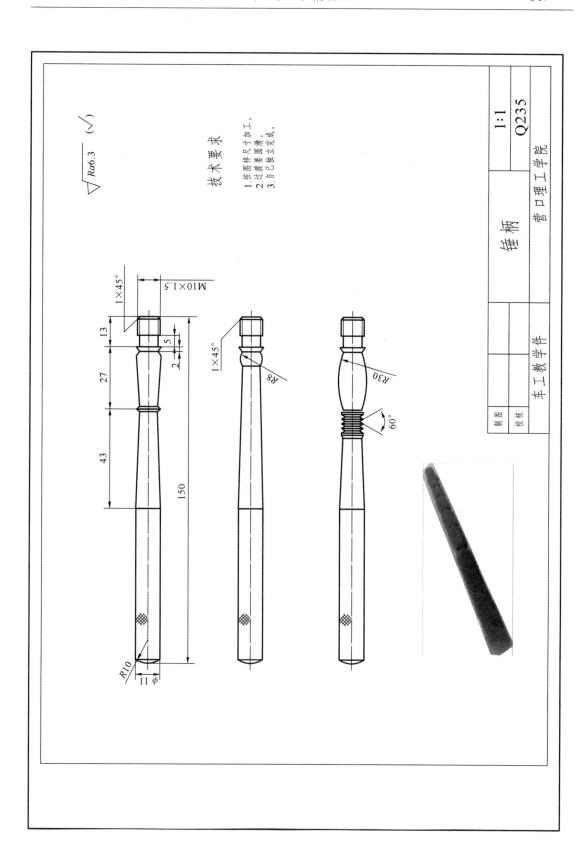

第6章 铣削加工

学习本章使学生了解铣削加工的工艺过程及其特点和应用,并重点掌握铣削加工方法的工艺技术特性。包括铣床常见刀具的认识、刀具的安装、工件的装夹、铣削加工的操作。结合实践教学,让学生掌握铣削加工的工艺过程、特点和应用。

6.1 概　　述

6.1.1 铣削加工简介

在铣床上用铣刀加工工件的工艺过程称为铣削加工,简称铣削。铣削是金属切削加工中常用的方法之一。铣削时,铣刀做旋转的主运动,工件做缓慢直线的进给运动。

1.铣削特点

(1)铣刀是一种多齿刀具,在铣削时,铣刀的每个刀齿不像车刀和钻头那样连续地进行切削,而是间歇地进行切削,刀具的散热和冷却条件好,铣刀的耐用度高,切削速度可以提高。

(2)铣削时经常是多齿进行切削,可采用较大的切削用量,与刨削相比,铣削有较高的生产率,在成批及大量生产中,铣削几乎代替了刨削。

(3)由于铣刀刀齿的不断切入、切出,铣削力不断地变化,故而铣削容易产生振动。

2.铣削用量

铣削时的铣削用量由切削速度、进给量、背吃刀量(铣削深度)和侧吃刀量(铣削宽度)四要素组成。其铣削用量如图 6-1 所示。

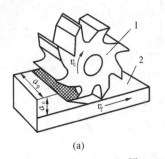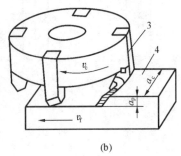

(a)　　　　　　　　　　　　　　　　　(b)

图 6-1　铣削运动及铣削用量

(a)在卧铣上铣平面　(b)在立铣上铣平面

1—圆柱形铣刀;2—工件;3—端铣刀;4—工件

1)切削速度 v_c

切削速度即铣刀最大直径处的线速度,可由下式计算:

$$v_c = \frac{\pi d n}{1000}$$

式中：　v_c——切削速度(m/min)；

　　　　d——铣刀直径(mm)；

　　　　n——铣刀每分钟转数(r/min)。

2) 进给量 f

铣削时,工件在进给运动方向上相对刀具的移动量即为铣削时的进给量。由于铣刀为多刃刀具,计算时按单位时间不同,有以下三种度量方法。

(1) 每齿进给量 f_z 指铣刀每转过一个刀齿时,工件对铣刀的进给量(即铣刀每转过一个刀齿,工件沿进给方向移动的距离)。

(2) 每转进给量 f,指铣刀每转一转,工件对铣刀的进给量(即铣刀每转,工件沿进给方向移动的距离),其单位为 mm/r。

(3) 每分钟进给量 v_f,又称进给速度,指工件对铣刀每分钟进给量(即每分钟工件沿进给方向移动的距离),其单位为 mm/min。上述三者的关系为

$$v_f = f n = f_z z n$$

式中：　z——铣刀齿数；

　　　　n——铣刀每分钟转速(r/min)。

3) 背吃刀量(又称铣削深度)a_p

铣削深度为平行于铣刀轴线方向测量的切削层尺寸(切削层是指工件上正被刀刃切削着的那层金属),单位为 mm。因周铣与端铣时相对于工件的方位不同,故铣削深度的标示也有所不同。

4) 侧吃刀量(又称铣削宽度)a_c

铣削宽度是垂直于铣刀轴线方向测量的切削层尺寸,单位为 mm。

铣削用量选择的原则:通常粗加工为了保证必要的刀具耐用度,应优先采用较大的侧吃刀量或背吃刀量,其次是加大进给量,最后才是根据刀具耐用度的要求选择适宜的切削速度,这样选择是因为切削速度对刀具耐用度影响最大,进给量次之,侧吃刀量或背吃刀量影响最小;精加工时为减小工艺系统的弹性变形,必须采用较小的进给量,同时为了抑制积屑瘤的产生。对于硬质合金铣刀应采用较高的切削速度,对高速钢铣刀应采用较低的切削速度,如铣削过程中不产生积屑瘤时,也应采用较大的切削速度。

3. 铣削的应用

铣床的加工范围很广,可以加工平面、斜面、垂直面、各种沟槽和成形面(如齿形),如图 6-3 所示。还可以进行分度工作。有时孔的钻、镗加工,也可在铣床上进行,如图 6-2 所示。铣床的加工精度一般为 IT9～IT8;表面粗糙度一般为 $Ra6.3\sim1.6\ \mu m$。

4. 铣削方式

(1) 周铣和端铣　用刀齿分布在圆周表面的铣刀而进行铣削的方式叫做周铣(见图 6-3(a));用刀齿分布在圆柱端面上的铣刀进行铣削的方式叫做端铣(见图 6-3(d))。与周铣相比,端铣铣平面时较为有利,因为:① 端铣刀的副切削刃对已加工表面有修光作用,能使粗糙度降低,而周铣的工件表面则有波纹状残留面积;② 同时参加切削的端铣刀齿数较多,切削力的变化程度较小,因此工作时振动较周铣为小;③ 端铣刀的主切削刃刚接触工件时,切屑厚度不等于零,使刀刃不易磨损;④ 端铣刀的刀杆伸出较短,刚度好,刀杆不易变形,可用较大的切削用

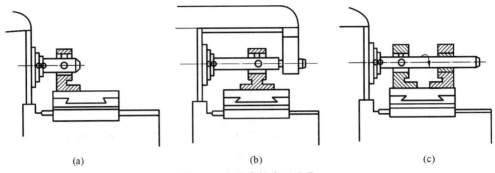

图 6-2　在卧式铣床上镗孔

（a）卧式铣床上镗孔　（b）卧式铣床上镗孔用吊架　（c）卧式铣床上镗孔用支承套

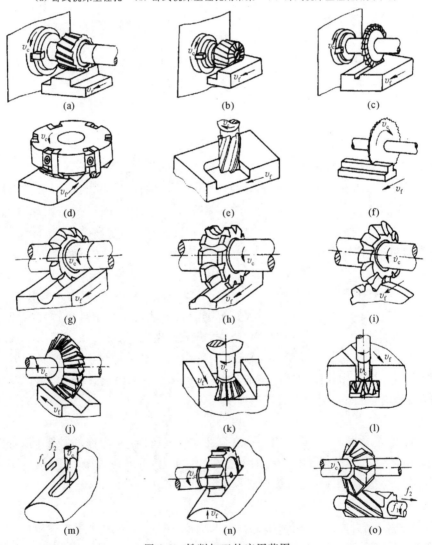

图 6-3　铣削加工的应用范围

（a）圆柱铣刀铣平面　（b）套式铣刀铣台阶面　（c）三面刃铣刀铣直角槽　（d）端铣刀铣平面
（e）立铣刀铣凹平面　（f）锯片铣刀切断　（g）凸半圆铣刀铣凹圆弧面　（h）凹半圆铣刀铣凸圆弧面
（i）齿轮铣刀铣齿轮　（j）角度铣刀铣 V 形槽　（k）燕尾槽铣刀铣燕尾槽　（l）T 形槽铣刀铣 T 形槽
（m）键槽铣刀铣键槽　（n）半圆键槽铣刀铣半圆键槽　（o）角度铣刀铣螺旋槽

量。由此可见,端铣法的加工质量较好,生产率较高。所以铣削平面大多采用端铣。但是,周铣对加工各种形面的适应性较广,而有些形面(如成形面等)不能用端铣。

(2) 逆铣和顺铣　周铣有逆铣法和顺铣法之分(见图 6-4)。逆铣时,铣刀的旋转方向与工件的进给方向相反;顺铣时,铣刀的旋转方向与工件的进给方向相同。逆铣时,切屑的厚度从零开始渐增。实际上,铣刀的刀刃开始接触工件后,将在表面滑行一段距离才真正切入金属。这就使得刀刃容易磨损,并增加加工表面的粗糙度。逆铣时,铣刀对工件有上抬的切削分力,影响工件安装在工作台上的稳固性。

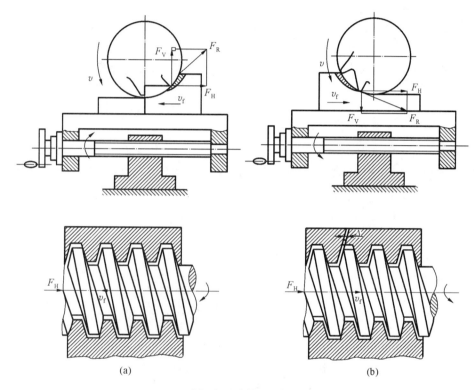

图 6-4　逆铣和顺铣

(a) 逆铣　(b) 顺铣

顺铣则没有上述缺点。但是,顺铣时工件的进给会受工作台传动丝杠与螺母之间间隙的影响。因为铣削的水平分力与工件的进给方向相同,铣削力忽大忽小,就会使工作台窜动和进给量不均匀,甚至引起打刀或损坏机床。因此,必须在纵向进给丝杠处有消除间隙的装置才能采用顺铣。但一般铣床上没有消除丝杠螺母间隙的装置,只能采用逆铣法。另外,对铸锻件表面的粗加工,顺铣因刀齿首先接触黑皮,将加剧刀具的磨损,此时,也是以逆铣为妥。

6.1.2　铣床

铣床种类很多,常用的有卧式铣床、立式铣床、龙门铣床和数控铣床及铣镗加工中心等。在一般工厂,卧式铣床和立式铣床应用最广,其中万能卧式升降台式铣床应用最多,特加以介绍。

万能卧式升降台铣床简称万能卧式铣床,如图 6-5 所示,是铣床中应用最广的一种。其主轴是水平的,与工作台面平行。下面以实习中所使用的 X6132 万能卧式铣床为例,介绍万能铣床型号以及组成部分和作用。

1. 万能卧式铣床的型号

X6132

　　　主要参数代号:表示工作台宽度的1/10,即工作台宽度为320 mm
　　　型别代号:表示万能升降台铣床
　　　组别代号:表示卧式铣床
　　　类别代号:表示铣床类(X为"铣床"汉语拼音的首字母,直接读音为"铣(xǐ)")

2. X6132万能卧式铣床的主要组成部分及作用

　　(1) 床身　　用来固定和支承铣床上所有的部件。电动机、主轴及主轴变速机构等安装在它的内部。

　　(2) 横梁　　它的上面安装吊架,用来支承刀杆外伸的一端,以加强刀杆的刚度。横梁可沿床身的水平导轨移动,以调整其伸出的长度。

　　(3) 主轴　　主轴是空心轴,前端有7:24的精密锥孔,其用途是安装铣刀刀杆并带动铣刀旋转。

　　(4) 纵向工作台　　在转台的导轨上作纵向移动,带动台面上的工件做纵向进给。

　　(5) 横向工作台　　位于升降台上面的水平导轨上,带动纵向工作一起做横向进给。

　　(6) 转台　　作用是能将纵向工作台在水平面内扳转一定的角度,以便铣削螺旋槽。

　　(7) 升降台　　它可以使整个工作台沿床身的垂直导轨上下移动,以调整工作台面到铣刀的距离,并做垂直进给。带有转台的卧铣,由于其工作台除了能作纵向、横向和垂直方向移动外,尚能在水平面内左右扳转45°,因此称为万能卧式铣床。

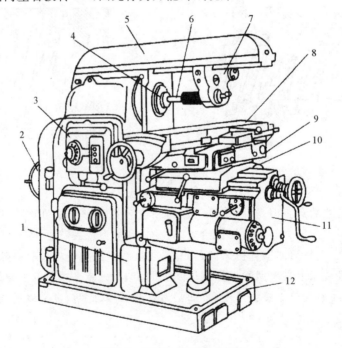

图 6-5　X6132万能卧式铣床

1—床身;2—电动机;3—变速机构;4—主轴;5—横梁;6—刀杆;7—刀杆支架;

8—纵向工作台;9—转台;10—横向工作台;11—升降台;12—底座

3. 立式铣床及龙门铣床

　　(1) 立式铣床,如图6-6所示。其主轴与工作台面垂直。有时根据加工的需要,可以将立铣头(主轴)偏转一定的角度。

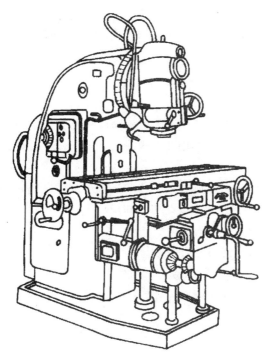

图 6-6 立式铣床

（2）龙门铣床属大型机床之一，图 6-7 所示为四轴龙门铣床的外形。它一般用来加工卧式、立式铣床不能加工的大型工件。

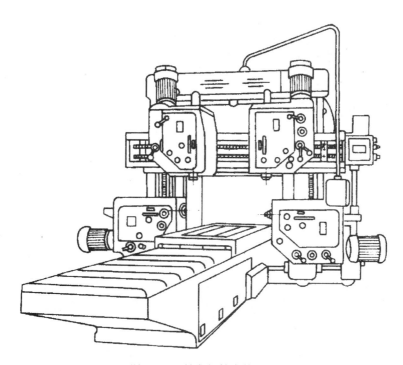

图 6-7 四轴龙门铣床外形图

6.2　铣床刀具及主要附件

6.2.1　铣刀

　　铣刀的分类方法很多,根据铣刀安装方法的不同可分为两大类,即带孔铣刀和带柄铣刀。带孔铣刀多用在卧式铣床上,带柄铣刀多用在立式铣床上。带柄铣刀又分为直柄铣刀和锥柄铣刀。

　　1.常用的带孔铣刀

　　(1) 圆柱铣刀　其刀齿分布在圆柱表面上,通常分为直齿和斜齿两种,主要用于铣削平面。由于斜齿圆柱铣刀的每个刀齿是逐渐切入和切离工件的,故工作较平稳,加工表面粗糙度数值小,但有轴向切削力产生。

　　(2) 圆盘铣刀　即三面刃铣刀,锯片铣刀等。图 6-3(c)所示为三面刃铣刀,主要用于加工不同宽度的直角沟槽及小平面、台阶面等。锯片铣刀(见图 6-3(f))用于铣窄槽和切断。

　　(3) 角度铣刀　如图 6-3(j)、(k)、(o)所示,具有各种不同的角度,用于加工各种角度的沟槽及斜面等。

　　(4) 成形铣刀　如图 6-3(g)、(h)、(i)所示,其切刃呈凸圆弧、凹圆弧、齿槽形等,用于加工与切刃形状对应的成形面。

　　2.常用的带柄铣刀

　　(1) 立铣刀:如图 6-3(e)所示。立铣刀有直柄和锥柄两种,多用于加工沟槽、小平面、台阶面等。

　　(2) 键槽铣刀:如图 6-3(m)所示,专门用于加工封闭式键槽。

　　(3) T 形槽铣刀:如图 6-3(l)所示,专门用于加工 T 形槽。

　　(4) 镶齿端铣刀:如图 6-3(d)所示,一般刀盘上装有硬质合金刀片,加工平面时可以进行高速铣削,以提高工作效率。

6.2.2　铣刀的安装

　　1.孔铣刀的安装

　　带孔铣刀中的圆柱形、圆盘形铣刀和多用长刀杆安装,如图 6-8 所示。长刀杆一端有 7 : 24 锥度与铣床主轴孔配合,安装刀具的刀杆部分,根据刀孔的大小分几种型号,常用的有 $\phi16$、$\phi22$、$\phi27$、$\phi32$ 等。

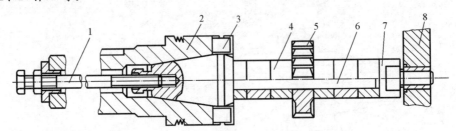

图 6-8　圆盘铣刀的安装

1—拉杆;2—铣床主轴;3—端面键;4—套筒;5—铣刀;6—刀杆;7—螺母;8—刀杆支架

用长刀杆安装带孔铣刀时要注意：

（1）铣刀应尽可能地靠近主轴或吊架，以保证铣刀有足够的刚度；套筒的端面与铣刀的端面必须擦干净，以减小铣刀的端跳；拧紧刀杆的压紧螺母时，必须先装上吊架，以防刀杆受力弯曲。

（2）斜齿圆柱铣刀加工时所产生的轴向切削刀应指向主轴轴承，主轴转向与铣刀旋向的选择见表 6-1。

表 6-1　主轴转向与斜齿圆柱铣刀旋向的选择

情况	铣刀安装简图	螺旋线方向	主旋转方向	轴向力的方向	说　明
1		左旋	逆时针方向旋转	向着主轴轴承	正确
2		左旋	顺时针方向旋转	离开主轴轴承	不正确

（3）带孔铣刀中的端铣刀，多用短刀杆安装。如图 6-9 所示。

2.带柄铣刀的安装

（1）锥柄铣刀的安装　根据铣刀锥柄的大小，选择合适的变锥套，将各配合表面擦净，然后用拉杆把铣刀及变锥套一起拉紧在主轴上，如图 6-10 所示。

（2）直柄立铣刀的安装　这类铣刀多为小直径铣刀，一般不超过 $\phi20$ mm，多用弹簧夹头进行安装。铣刀的柱柄插入弹簧套的孔中，用螺母压弹簧套的端面，使弹簧套的外锥面受压而孔径缩小，即可将铣刀抱紧。弹簧套上有三个开口，故受力时能收缩。弹簧套有多种孔径，以适应各种尺寸的铣刀。

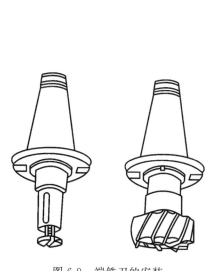

图 6-9　端铣刀的安装

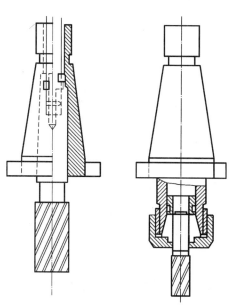

图 6-10　带柄铣刀的安装

6.2.3 铣床附件及其应用

铣床的主要附件有分度头、平口钳、万能铣头和回转工作台,如图 6-11 所示。

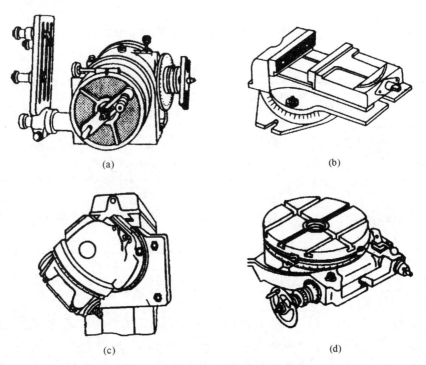

图 6-11 常用铣床附件
(a) 分度头 (b) 平口钳 (c) 万能铣头 (d) 回转工作台

1.分度头

如图 6-11(a)所示,在铣削加工中,常会遇到铣六方、齿轮、花键和刻线等工作。这时,就需要利用分度头分度。因此,分度头是万能铣床上的重要附件。

1) 分度头的作用

(1) 能使工件实现绕自身的轴线周期地转动一定的角度(即进行分度);

(2) 利用分度头主轴上的卡盘夹持工件,使被加工工件的轴线,相对于铣床工作台在向上 90°和向下 10°的范围内倾斜成需要的角度,以加工各种位置的沟槽、平面等(如铣锥齿轮);

(3) 与工作台纵向进给运动配合,通过配换挂轮,能使工件连续转动,以加工螺旋沟槽、斜齿轮等。

万能分度头由于具有广泛的用途,在单件小批量生产中应用较多。

2) 分度头的结构

分度头的主轴是空心的,两端均为锥孔,前锥孔可装入顶尖(莫氏 4 号),后锥孔可装入心轴,以便在差动分度时挂轮,把主轴的运动传给侧轴可带动分度盘旋转。主轴前端外部有螺纹,用来安装三爪卡盘。

松开壳体上部的两个螺钉,主轴可以随回转体在壳体的环形导轨内转动,因此主轴除安装成水平外,还能扳成倾斜位置。当主轴调整到所需的位置上后,应拧紧螺钉。主轴倾斜的角度可以从刻度上看出。在壳体下面,固定有两个定位块,以便与铣床工台面的 T 形槽相配合,用来保证主轴轴线准确地平行于工作台的纵向进给方向。手柄用于紧固或松开主轴,分度时松开,分度后紧固,以防在铣削时主轴松动。另一手柄是控制蜗杆的手柄,它可以使蜗杆和蜗轮连接或脱开(即分度头内部的传动切断或接合),在切断传动时,可用手转动分度的主轴。蜗轮与蜗杆之间的间隙可用螺母调整。

3) 分度方法

分度头内部的传动系统,可通过转动分度手柄,利用传动机构(传动比为 1∶1 的一对齿轮和传动比为 1∶40 的蜗轮蜗杆),使分度头主轴带动工件转动一定角度。手柄转一圈,主轴带动工件转 1/40 圈。

如果要将工件的圆周等份为 z 等份,则每次分度工件应转过 $1/z$ 圈。设每次分度手柄的转数为 n,则手柄转数 n 与 z 之间有如下关系:

$$1\∶40 = \frac{1}{z}\∶n$$

$$n = \frac{40}{z}$$

分度头分度的方法有直接分度法、简单分度法、角度分度法和差动分度法等。这里仅介绍常用的简单分度法。例如:铣齿数 $z=35$ 的齿轮,需对齿轮毛坯的圆周作 35 等分,每一次分度时,手柄转数为

$$n = \frac{40}{z} = \frac{40}{35} = 1\frac{1}{7}\quad(圈)$$

分度时,如果求出的手柄转数不是整数,可利用分度盘上的等分孔距来确定。一般备有两块分度盘,分度盘的两面各钻有不通的许多圈孔,各圈孔数均不相等,然而同一孔圈上的孔距是相等的。

分度头第一块分度盘正面各圈孔数依次为 24、25、28、30、34、37,反面各圈孔数依次为 38、39、41、42、43。

第二块分度盘正面各圈孔数依次为 46、47、49、51、53、54,反面各圈孔数依次为 57、58、59、62、66。

按上例计算结果,即每分一齿,手柄需转过 $1\frac{1}{7}$ 圈,其中 1/7 圈需通过分度盘来控制。用简单分度法需先将分度盘固定。再将分度手柄上的定位销调整到孔数为 7 的倍数(如 28、42、49)的孔圈上,如在孔数为 28 的孔圈上。此时分度手柄转过 1 整圈后,再沿孔数为 28 的孔圈转过 4 个孔距。

为了确保手柄转过的孔距数可靠,可调整分度盘上的扇形条 1、2 间的夹角,使之正好等于分子的孔距数,这样依次进行分度时就可准确无误。

2. 平口钳

图 6-11(b)所示的平口钳是一种通用夹具,可常用于安装小型工件。

3. 万能铣头

图 6-11(c)所示的是安装在卧式铣床上的万能铣头,它不仅能完成各种立铣的工作,而且还可以根据铣削的需要,把铣头主轴扳成任意角度。万能铣头的底座用螺栓固定在铣床的垂直导轨上。铣床主轴的运动通过铣头内的两对锥齿轮传到铣头主轴上。铣头的壳体可绕铣床主轴轴线偏转任意角度。铣头主轴的壳体还能在铣头壳体上偏转任意角度。因此,铣头主轴就能在空间偏转成所需要的任意角度。

4.回转工作台

图 6-11(d)所示的回转工作台又称为转盘、平分盘、圆形工作台等。它的内部有一套蜗轮蜗杆。摇动手轮,通过蜗杆轴,就能直接带动与转台相连接的蜗轮转动。转台周围有刻度,可以用来观察和确定转台位置。拧紧固定螺钉,转台就固定不动。转台中央有一孔,利用它可以方便地确定工件的回转中心。当底座上的槽和铣床工作台的 T 形槽对齐后,即可用螺栓把回转工作台固定在铣床工作台上。铣圆弧槽时,工件安装在回转工作台上,铣刀旋转,用手均匀缓慢地摇动回转工作台而使工件铣出圆弧槽。

6.2.4　工件的安装

铣床上常用的工件安装方法有以下几种。

1.平口钳安装工件

在铣削加工时,常使用平口钳夹紧工件,如图 6-12 所示。它具有结构简单、夹紧牢靠等特点,所以使用广泛。平口钳尺寸规格是以其钳口宽度来区分的。X62W 型铣床配用的平口钳为 160 mm。平口钳分为固定式和回转式两种。回转式平口钳可以绕底座旋转 360°,固定在水平面的任意位置上,因而扩大了其工作范围,是目前平口钳应用的主要类型。平口钳用两个T 形螺栓固定在铣床上,底座上还有一个定位键,它与工作台中间的 T 形槽相配合,以提高平口钳安装时的定位精度。

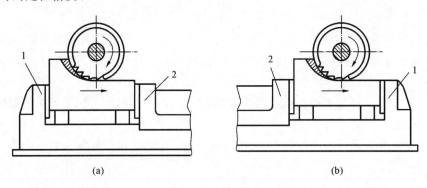

图 6-12　平口钳安装工件

(a) 正确　(b) 不正确

1—固定钳口;2—活动钳口

2.用压板、螺栓安装工件

对于大型工件或平口钳难以安装的工件,可用压板、螺栓和垫铁将工件直接固定在工作台上,如图 6-13(a)所示。

注意事项:

(1)压板的位置要安排得当,压点要靠近切削面,压力大小要适合。粗加工时,压紧力要大,以防止切削中工件移动;精加工时,压紧力要合适,注意防止工件发生变形。

(2)工件如果放在垫铁上,要检查工件与垫铁是否贴紧了,若没有贴紧,必须垫上铜皮或纸,直到贴紧为止。

(3)压板必须压在垫铁处,以免工件因受压紧力而变形。

(4)安装薄壁工件时,可在其空心位置处用活动支撑(千斤顶等)增加刚度。

(5)工件压紧后,要用划针盘复查加工线是否仍然与工作台平行,避免工件在压紧过程中变形或走动。

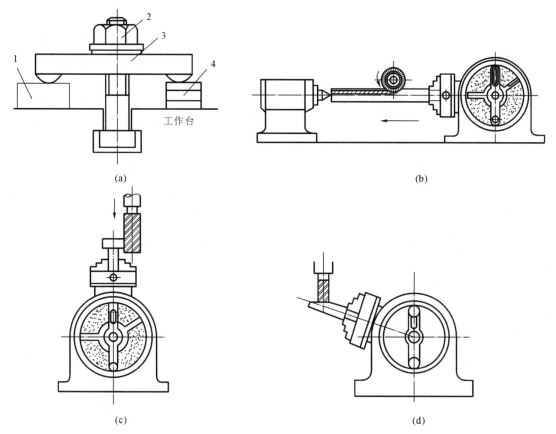

图 6-13 工件在铣床上常用的安装方法

(a) 用压板、螺钉安装工件 (b) 用分度头安装工件 (c) 分度头卡盘在垂直位置安装工件 (d) 分度头卡盘在倾斜位置安装工件

1—工件；2—螺母；3—压板；4—垫铁

3. 用分度头安装工件

分度头安装工件一般用在等分工作中。它可以用分度头卡盘(或顶尖)与尾架顶尖一起使用安装轴类零件(见图 6-13(b))，也可以只使用分度头卡盘安装工件。又由于分度头的主轴可以在垂直平面内转动，因此可以利用分度头在水平、垂直及倾斜位置安装工件，如图 6-13(c)、(d)所示。

当零件的生产批量较大时，可采用专用夹具或组合夹具装夹工件，这样既能提高生产效率，又能保证产品质量。

6.3　铣削加工工艺介绍

6.3.1　铣平面

铣平面可以用圆柱铣刀、端铣刀或三面刃盘铣刀在卧式铣床或立式铣床上进行铣削。

1. 用圆柱铣刀铣平面

圆柱铣刀一般用于卧式铣床铣平面。铣平面用的圆柱铣刀一般为螺旋齿圆柱铣刀。铣刀的宽度必须大于所铣平面的宽度。螺旋线的方向应使铣削时所产生的轴向力将铣刀推向主轴轴承方向。

圆柱铣刀通过长刀杆安装在卧式铣床的主轴上，刀杆上的锥柄与主轴上的锥孔相配，并用一拉杆拉紧。刀杆上的键槽与主轴上的方键相配，用来传递动力。安装铣刀时，先在刀杆上装几个垫圈，然后装上铣刀，如图 6-14(a)所示。应使铣刀切削刃的切削方向与主轴旋转方向一致，同时铣刀还应尽量装在靠近床身的地方。再在铣刀的另一侧套上垫圈，然后用手轻轻旋上压紧螺母，如图 6-14(b)所示。再安装吊架，使刀杆前端进入吊架轴承内，拧紧吊架的紧固螺钉，如图 6-14(c)所示。初步拧紧刀杆螺母，开车观察铣刀是否装正，然后用力拧紧螺母，如图 6-14(d)所示。

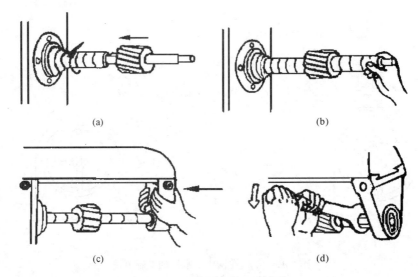

图 6-14　安装圆柱铣刀的步骤

操作方法：根据工艺卡的规定来调整机床的转速和进给量，再根据加工余量的多少来调整铣削深度，然后开始铣削。铣削时：先采用手动方式使工作台纵向靠近铣刀，而后改为自动进给；当进给行程尚未完毕时不要停止进给运动，否则铣刀在停止的地方切入金属就比较深，形成表面深啃现象；铣削铸铁时可不加切削液（因铸铁中的石墨可起润滑作用；铣削钢料时要用切削液，通常用含硫的矿物油作切削液）。

用螺旋齿铣刀铣削时，同时参加切削的刀齿数较多，每个刀齿工作时都是沿螺旋线方向逐渐地切入和脱离工作表面，切削比较平稳。在单件小批量生产的条件下，用圆柱铣刀在卧式铣床上铣平面仍是常用的方法。

2.用端铣刀铣平面

端铣刀一般用于立式铣床上铣平面，有时也用于卧式铣床上铣侧面。

端铣刀一般中间带有圆孔。通常先将铣刀装在短刀轴上，再将刀轴装入机床的主轴上，并用拉杆拉紧。

用端铣刀铣平面（见图 6-15）与用圆柱铣刀铣平面相比，其特点是：切削厚度变化较小，同时切削的刀齿较多，因此切削比较平稳；再则端铣刀的主切削刃担负着主要的切削工作，而副切削刃又有修光作用，所以表面光整；此外，端铣刀的刀齿易于镶装硬质合金刀片，可进行高速铣削，且其刀杆比圆柱铣刀的刀杆短些，刚度较高，能减少加工中的振动，有利于提高铣削用量。因此，端铣既提高了生产率，又提高了表面质量，所以在大批量生产中，端铣已成为加工平面的主要方式之一。

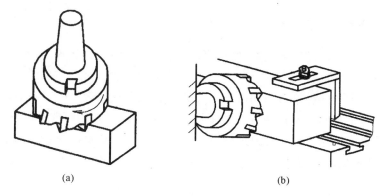

(a)   (b)

图 6-15 用端铣刀铣平面

（a）立式铣床 （b）卧式铣床

6.3.2 铣斜面

工件上具有斜面的结构很常见,铣削斜面的方法也很多,下面介绍常用的几种方法。

（1）用斜垫铁铣斜面,如图 6-16(a)所示。在零件设计基准的下面垫一块倾斜的垫铁,则铣出的平面就与设计基准面成倾斜位置,改变倾斜垫铁的角度,即可加工不同角度的斜面。

（2）用万能铣头铣斜面,如图 6-16(b)所示。由于万能铣头能方便地改变刀轴的空间位置,因此可以转动铣头,以使刀具相对工件倾斜一个角度来铣斜面。

（3）用角度铣刀铣斜面,如图 6-16(c)所示。较小的斜面可用合适的角度铣刀加工。当加工零件批量较大时,则常采用专用夹具铣斜面。

（4）用分度头铣斜面,如图 6-16(d)所示。在一些圆柱形和特殊形状的零件上加工斜面时,可利用分度头将工件转到所需位置而铣出斜面。

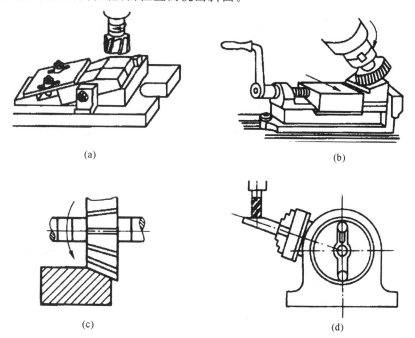

(a)   (b)

(c)   (d)

图 6-16 铣斜面的几种方法

（a）用斜垫铁铣斜面 （b）用万能铣头铣斜面 （c）用角度铣刀铣斜面 （d）用分度头铣斜面

6.3.3 铣键槽

在铣床上能加工的沟槽种类很多,如直槽、角度槽、V 形槽、T 形槽、燕尾槽和键槽等。现仅介绍键槽、T 形槽和燕尾槽的加工。

(1) 铣键槽　常见的键槽有封闭式和敞开式两种。在轴上铣封闭式键槽,一般用键槽铣刀加工,如图 6-17(a)所示。键槽铣刀一次轴向进给不能太大,切削时要注意逐层切下。敞开式键槽多在卧式铣床上用三面刃铣刀进行加工,如图 6-17(b)所示。注意在铣削键槽前,做好对刀工作,以保证键槽的对称度。

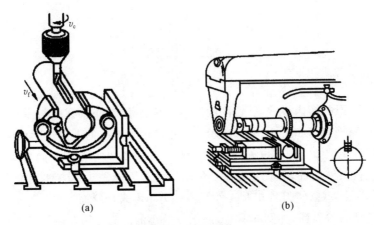

图 6-17　铣键槽

(a) 在立式铣床上铣封闭式键槽　(b) 在卧式铣床上铣敞开式键槽

若用立铣刀加工,则由于立铣刀中央无切削刃,不能向下进刀,因此必须预先在槽的一端钻一个落刀孔,才能用立铣刀铣键槽。对于直径为 3～20 mm 的直柄立铣刀,可用弹簧夹头装夹,弹簧夹头可装入机床主轴孔中;对于直径为 10～50 mm 的锥柄铣刀,可利用过渡套装入机床主轴孔中。对于敞开式键槽,可在卧式铣床上进行,一般采用三面刃铣刀加工。

(2) 铣 T 形槽及燕尾槽,如图 6-18 所示。T 形槽应用很多,如铣床和刨床的工作台上用来安放紧固螺栓的槽就是 T 形槽。要加工 T 形槽及燕尾槽,必须首先用立铣刀或三面刃铣刀铣出直角槽,然后在立铣上用 T 形槽铣刀铣削 T 形槽和用燕尾槽铣刀铣削成形。但由于 T 形槽铣刀工作时排屑困难,因此切削用量应选得小些,同时应多加冷却液,最后再用角度铣刀铣出倒角。

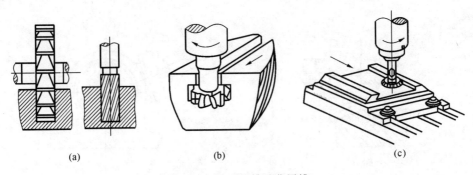

图 6-18　铣 T 形槽及燕尾槽

(a) 铣直角槽　(b) 铣 T 形槽　(c) 铣燕尾槽

6.3.4 铣成形面

如零件的某一表面在截面上的轮廓线是由曲线和直线所组成的,这个面就是成形面。成形面一般在卧式铣床上用成形铣刀来加工,如图 6-19(a)所示。成形铣刀的形状要与成形面的形状相吻合。如零件的外形轮廓是由不规则的直线和曲线组成的,这种零件就称为具有曲线外形表面的零件。这种零件一般在立式铣床上铣削,加工方法有:按画线用手动进给铣削;用圆形工作台铣削;用靠模铣削,如图 6-19(b)所示。

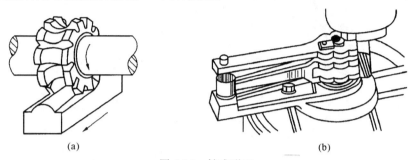

(a)   (b)

图 6-19 铣成形面
(a)用成形铣刀铣成形面 (b)用靠模铣曲面

对于要求不高的曲线外形表面,可按工件上画出的线迹移动工作台来进行加工,顺着线迹将打出的样冲眼铣掉一半。在成批及大量生产中,可以采用靠模夹具或专用的靠模铣床来对曲线外形面进行加工。

6.3.5 铣齿形

齿轮齿形的加工原理可分为两大类:展成法(又称范成法),它是利用齿轮刀具与被切齿轮的互相啮合运转而切出齿形的方法,如插齿和滚齿加工等;成形法(又称形铣法),它是利用仿照与被切齿轮齿槽形状相符的盘状铣刀或指状铣刀切出齿形的方法,如图 6-20 所示。在铣床上加工齿形的方法属于成形法。

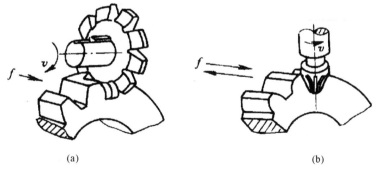

(a)   (b)

图 6-20 用盘状铣刀和指状铣刀加工齿轮
(a)盘状铣刀铣齿轮 (b)指状铣刀铣齿轮

铣削时,常用分度头和尾架装夹工件,如图 6-21 所示。可用盘状模数铣刀在卧式铣床上铣齿(见图 6-20(a)),也可用指状模数铣刀在立式铣床上铣齿(见图 6-20(b))。

圆柱形齿轮和锥齿轮可在卧式铣床或立式铣床上加工;人字形齿轮在立式铣床上加工;蜗轮则可以在卧式铣床上加工。卧式铣床加工齿轮一般用盘状铣刀,而在立式铣床上则使用指状铣刀。

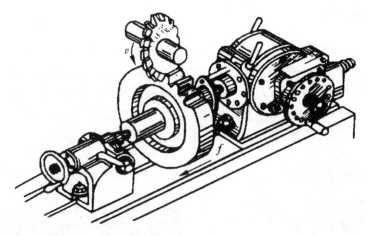

图 6-21　分度头和尾架装夹工件

成形法加工的特点如下。

（1）设备简单，只用普通铣床即可，刀具成本低。

（2）由于铣刀每切一齿槽都要重复消耗一段切入、退刀和分度的辅助时间，因此生产率较低。

（3）加工出的齿轮精度较低，只能达到 11～9 级。这是因为在实际生产中，不可能每加工一种模数、一种齿数的齿轮就制造一把成形铣刀，而只能将模数相同且齿数不同的铣刀编号，每号铣刀有它规定的铣齿范围，而且每号铣刀的刀齿轮廓只与该号范围的最小齿数齿槽的理论轮廓相一致，对其他齿数的齿轮只能获得近似齿形。

根据同一模数而齿数在一定的范围内，可将铣刀分成 8 把一套和 15 把一套的两种规格。8 把一套的适用于铣削模数为 0.3～8 的齿轮；15 把一套的适用于铣削模数为 1～16 的齿轮，15 把一套的铣刀加工精度较高一些。铣刀号数小，加工的齿轮齿数少，反之刀号大，能加工的齿数就多。8 把一套的规格见表 6-2。15 把一套的规格见表 6-3。

表 6-2　模数齿轮铣刀刀号选择表（8 把一套）

铣刀号数	1	2	3	4	5	6	7	8
齿数范围	12～13	14～16	17～20	21～25	26～34	35～54	55～134	135 以上

表 6-3　模数齿轮铣刀刀号选择表（15 把一套）

铣刀号数	1	1.5	2	2.5	3	3.5	4	4.5
齿数范围	12	13	14	15～16	17～18	19～20	21～22	23～25
铣刀号数	5	5.5	6	6.5	7	7.5	8	
齿数范围	26～29	30～34	35～41	42～54	55～79	80～134	135 以上	

根据以上特点，成形法铣齿一般多用于修配或单件制造某些转速低、精度要求不高的齿轮。在大批量生产中，或生产精度要求较高的齿轮，应采用专门的齿轮加工机床加工。

齿轮铣刀的规格标示在其侧面上，表示项为：铣削模数、压力角、加工齿轮类型、铣刀号数、加工齿轮的齿数范围、制造日期和铣刀材料等。

6.3.6　齿轮加工

1.齿轮齿形的加工方法

成形法(或称形铣法):是用与被切齿轮形状完全相符的成形铣刀切出齿形的方法。

展成法(又称范成法):是利用齿轮刀具与被切齿轮的互相啮合运转而切出齿形的方法。插齿加工和滚齿加工就是利用展成法来加工齿形的。

插齿加工在插齿机上进行,滚齿加工在滚齿机上进行。

一种模数的插齿刀可以切出模数相同的各种齿数的齿轮,即不是直接按工件的齿数来选刀具,而是根据模数来选刀具。

2.插齿机加工的运动形式

完成插齿加工要具备以下 5 种运动。

(1)插齿刀上下往复直线运动。

(2)分齿运动:插齿刀和齿坯之间保持着一对齿轮传动的啮合关系的运动。

(3)径向进给运动:为了逐渐切至齿的全深,插齿刀必须有径向进给。

(4)圆周进给运动:圆周进给运动为插齿刀每往复一次在分度圆周上所转过的弧长的毫米数。

(5)让刀运动:为了避免回程时与工件表面摩擦,以免擦伤已加工表面和减少刀齿的磨损,要求工作台带着工件让开插齿刀,而在插齿时又要回到原来的位置。工作台的这个运动称让刀运动。

3.滚齿加工

为了分析滚齿过程齿形的形成,可近似地将滚刀看作是齿轮和齿条的啮合,即把滚刀看作齿条。在相互结合时齿条牙齿与被切齿齿轮渐开线齿形的相互位置变化情况,齿条牙齿的运动轨迹,正好形成齿轮的渐开线齿形。将齿条做成滚刀并像插刀一样上下运动,同时保证齿条刀具与被加工齿坯按齿轮齿条相啮合的关系运动,就能切出渐开线齿形。滚刀的刀齿排列在螺旋线上,在垂直于螺旋线的方向开出槽,并磨出刀刃,就形成一排一排的齿条。

在滚齿时,必须保证滚刀刀齿的运动方向与被加工齿轮的齿向一致。可是滚刀的刀齿是在螺旋线上,刀齿的方向与滚刀轴线并不垂直,这就要求把刀架扳一个角度。滚切直齿轮时,这个角度就是滚刀的螺旋升角 λ。滚切斜齿轮时。还要考虑齿轮的螺旋角。

滚齿机加工直齿轮时,有以下几个运动。

(1)主运动　滚刀的旋转运动。

(2)分齿运动　能够保证滚刀的转速和被切齿轮的转速之间的啮合关系,也就是滚刀转一转(相当于齿条轴向移动一个齿距),被切齿轮转过一个齿。

(3)垂直进给运动　即滚刀沿工件轴向的垂直进给,这是保证切出整个齿宽所必需的运动。

滚齿机还可以加工斜齿的外齿轮、蜗轮和链轮。

滚齿机部件包括:床身、立柱、电器箱、刀架、配重轮、工作台、工件、支承架。

4.铣斜齿轮与铣直齿轮时的不同点

(1)工件在纵向进给的同时,还有等速旋转运动,这两种运动的比例关系是通过丝杠和分度头之间的配换挂轮来控制的。

(2)不是直接按工件的齿数来选刀具,而是根据模数来选刀具。

（3）工作台需要转一定的角度，所转过的角度等于工件的角度：当铣右螺旋齿轮时，俯视工作台，工作台应按顺时针方向扳转；当铣左螺旋齿轮时，俯视工作台，工作台应按逆时针方向扳转。

6.4　铣削工艺实操案例

1.三面刃铣刀铣直角沟槽

现以图 6-22 所示工件为例，介绍在 X6132 万能卧式铣床上铣削直角沟槽的操作方法。

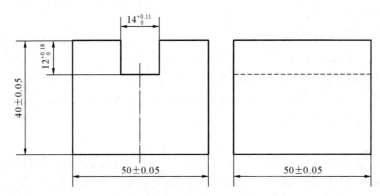

图 6-22　铣直角沟槽图例

1）铣刀的选择及安装

（1）选择铣刀　根据沟槽宽度要求，选用 $\phi80$ mm×14 mm 直齿三面刃铣刀，并用千分尺测量铣刀宽度在 14~14.05 mm 以内。

（2）安装铣刀　将铣刀安装在 $\phi27$ mm 长刀杆的中间位置后扳紧，为了防止铣刀安装后径向和端面圆跳动过大影响加工质量，可用百分表校正铣刀的径向和端面圆跳动在 0.05 mm 之内。校正时，将主轴转速调整到 750 r/min 左右，主轴换向开关转换到停止位置，使百分表测头与铣刀的周边齿刃接触（约 0.2 mm），转动表盘使指针对准"0"位，用手逆时针方向转动刀杆，观察每一齿刃的最高点，其读数差值即为径向圆跳动量。用同样方法校正端面圆跳动，若圆跳动过大，可松开刀杆螺母，检查刀杆及垫圈并擦净，重新安装后再进行校正。直至端面、径向圆跳动在 0.05 mm 以内。

（3）选择铣削用量。

调整主轴转速 $n=75$ r/min；每分钟进给量 $v_f=37.5$ mm/min。

2）工件的装夹及找正

（1）安装及校正虎钳。

工件采用平口虎钳装夹，将虎钳安放在工作台中间位置，用百分表校正固定钳口与横向工作台进给方向平行后压紧。

（2）装夹工件。

① 画线　装夹前先用高度尺在工件上划出 14 mm 对称槽宽线及 12 mm 槽深线，并打上样冲眼。

② 装夹工件　工件以 C 面为基准，靠在固定钳口上，垫适当高度的平行垫铁，使工件高出钳口约 14 mm，夹紧后用铜棒轻轻敲击工件，使之与平行垫铁贴紧。

3) 直角沟槽铣削步骤

（1）对刀。

① 按画线对刀　移动工作台，使铣刀处于铣削部位，目测铣刀两侧刃与槽宽线相切。开动机床，垂向缓缓上升，切出刀痕。停机后，下降垂向工作台，观看切痕是否与两线重合，若有偏差则调整横向工作台。

② 侧面对刀　在 B 面上贴一张薄纸，移动工作台，使工件处于铣刀端面刃齿位置，开动机床，缓缓移动横向工作台使铣刀刚好擦到薄纸。在横向刻度盘上做好记号，纵向退出工件，移动横向工作台，然后紧固横向工作台。

（2）调整铣削层深度。

对刀后在工件上平面贴一张薄纸，开动机床，摇动纵向、垂向手柄，使铣刀处于铣削位置，垂向工作台缓缓升高，擦去薄纸，纵向退出工件，垂向升高 12 mm。

上述工作完成后，开动机床，纵向机动进给铣出直角沟槽。

4) 检测

（1）测量槽宽。

用游标卡尺测量槽宽，应为 14～14.11 mm。

（2）测量槽深。

用游标深度尺测量槽深，应为 12～12.18 mm。

（3）测量对称度。

用千分尺测量沟槽两侧尺寸，两次读数差即为对称度差值。

2. 利用分度头铣削加工六方体

机械类专业学生在熟悉掌握铣削沟槽后，可继续实习铣削六方体的操作。

现以图 6-23 所示零件为例，介绍利用分度头在直径 30 mm 的棒材上铣削加工六方体的操作方法。使学生熟悉分度头的功能。

铣刀的选择与安装同上一实例，不再重复介绍。工件的安装采用分度头附件。

1) 工件的装夹

（1）安装。

工件采用分度头装夹，将分度头放在工作台中间位置，用百分表校正固定分度头底座与横向工作台进给方向平行后压紧。

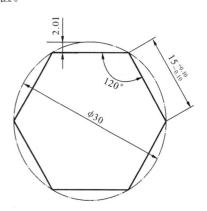

图 6-23　六方体零件图

（2）装夹坯料。

坯料选择直径为 30 mm 的圆柱形坯料。坯料由分度头上的三爪卡盘装卡固定。

2) 铣削步骤

（1）对刀。

移动工作台，使铣刀处于铣削部位，目测铣刀刃与棒材最上端表面相切。开动机床，垂向缓缓上升，切出刀痕。

（2）调整铣削层深度。

对刀后，开动机床，摇动垂向手柄，使铣刀处于铣削位置，垂向工作台缓缓升高，分两次进给，垂向升高 2.01 mm。铣削完毕后，下降垂向工作台退刀。

(3) 利用分度头旋转工件。

利用分度头,使工件旋转 60°,重复步骤(1)、(2)进行第二个面的铣削加工。

(4) 继续铣削加工零件其他面。

重复步骤(1)、(2)、(3)直至六方体的六个面全部加工出来。

3) 检测

(1) 测量边长。

用游标卡尺测量边长,应为 14.9～15.1 mm。

(2) 测量对称度。

用游标卡尺测量六方体两侧尺寸,两次读数差即为对称度差值。

6.5　铣床安全技术生产操作规程

(1) 工作前,必须穿好工作服(军训服),女生须戴好工作帽,发辫不得外露,在执行飞刀操作时,必须戴防护眼镜。

(2) 工作前认真查看机床有无异常,在规定部位加注润滑油和冷却液。

(3) 开始加工前先安装好刀具,再装夹好工件。装夹必须牢固可靠,严禁用开动机床的动力装夹刀杆、拉杆。

(4) 主轴变速必须停车,变速时先打开变速操作手柄,再选择转速,最后以适当快慢的速度将操作手柄复位。复位时速度过快,冲动开关难动作;太慢易达启动状态,容易损坏啮合中的齿轮。

(5) 开始铣削加工前,刀具必须离开工件,并应查看铣刀旋转方向与工件相对位置是顺铣还是逆铣,通常不采用顺铣,而采用逆铣。若有必要采用顺铣,则应事先调整工作台的丝杠螺母间隙到合适程度方可铣削加工,否则将引起"扎刀"或打刀现象。

(6) 在加工中,若采用自动进给,必须注意行程的极限位置;必须严密注意铣刀与工件夹具间的相对位置。以防发生过铣、撞铣夹具而损坏刀具和夹具。

(7) 加工中,严禁将多余的工件、夹具、刀具、量具等摆在工作台上。以防碰撞、跌落,发生人身、设备事故。

(8) 机床在运行中,操作者不得擅离岗位或委托他人看管。不准闲谈、打闹和开玩笑。

(9) 两人或多人共同操作一台机床时,必须严格分工,分段操作,严禁同时操作一台机床。

(10) 中途停车测量工件时,不得用手强行刹住因惯性转动着的铣刀主轴。

(11) 铣后的工件取出后,应及时去毛刺,防止拉伤手指或划伤堆放的其他工件。

(12) 发生事故时,应立即切断电源,保护现场,参与事故分析过程,承担事故应负的责任。

(13) 工作结束后应认真清扫机床、加油,并将工作台移向立柱附近。

(14) 打扫工作场地,将切屑倒入规定地点。

(15) 收拾好所用的工具、夹具、量具,摆放于工具箱中,工件交检。

复习思考题

1. X6132 型万能卧式铣床主要由哪几部分组成？各部分的主要作用是什么？

2. 铣削的主运动和进给运动各是什么？

3. 铣床的主要附件有哪几种？其主要作用是什么？

4. 铣床能加工哪些表面？各用什么刀具？

5. 铣床主要有哪几类？卧铣和立铣的主要区别是什么？

第7章　刨削加工

7.1　概　述

7.1.1　刨削加工简介

在牛头刨床上加工时,刨刀的纵向往复直线运动为主运动,零件随工作台做横向间歇进给运动,如图 7-1 所示。

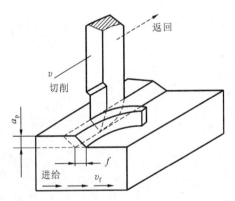

图 7-1　牛头刨床的刨削运动和切削用量

7.1.2　刨削加工的特点

(1) 生产率一般较低。刨削是不连续的切削过程,刀具切入、切出时切削力有突变,将引起冲击和振动,限制了刨削速度的提高。此外,单刃刨刀实际参加切削的长度有限,一个表面往往要经过多次行程才能加工出来,刨刀返回行程时不进行工作。由于以上原因,刨削生产率一般低于铣削,但对于狭长表面(如导轨面)的加工,以及在龙门刨床上进行多刀、多件加工,其生产率可能高于铣削。

(2) 刨削加工通用性好、适应性强。刨床结构较车床、铣床结构简单,调整和操作也方便;刨刀形状简单,和车刀相似,制造、刃磨和安装都较方便,刨削时一般不需加切削液。

7.1.3　刨削加工范围

刨削加工的尺寸精度一般为 IT9～IT8,表面粗糙度 Ra 值为 $6.3\ \mu m \sim 1.6\ \mu m$,用宽刀精刨时,$Ra$ 值可达 $1.6\ \mu m$。此外,刨削加工还可保证一定的相互位置精度,如面对面的平行度和垂直度等。刨削在单件、小批生产和修配工作中得到广泛应用。刨削主要用于加工各种平面(水平面、垂直面和斜面)、各种沟槽(直槽、T 形槽、燕尾槽等)和成形面等,如图 7-2 所示。

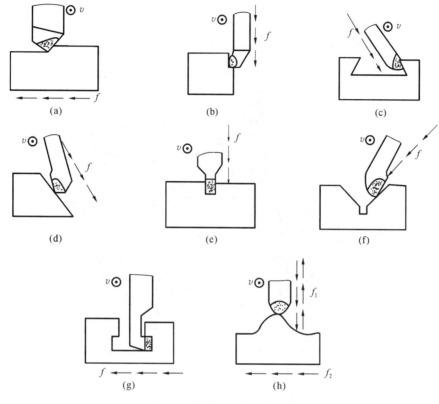

图 7-2 刨削加工的主要应用

(a) 平面刨刀刨平面   (b) 偏刀刨垂直面   (c) 角度偏刀刨燕尾槽   (d) 偏刀刨斜面
(e) 切刀切断   (f) 偏刀刨 V 形槽   (g) 弯切刀刨 T 形槽   (h) 成形刨刀刨成形面

7.1.4 刨床

刨床主要有牛头刨床和龙门刨床,常用的是牛头刨床。牛头刨床最大的刨削长度一般不超过 1000 mm,适合于加工中小型零件。龙门刨床由于其刚度好,而且有 2~4 个刀架可同时工作,因此,它主要用于加工大型零件或同时加工多个中、小型零件,其加工精度和生产率均比牛头刨床高。刨床上加工的典型零件如图 7-3 所示。

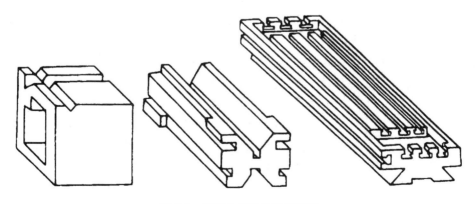

图 7-3 刨床上加工的典型零件

1.牛头刨床

1) 牛头刨床的组成

图 7-4 所示为 B6065 型牛头刨床的外形。型号 B6065 中,B 为机床类别代号,表示刨床,读作"刨";6 和 0 分别为机床组别和系别代号,表示牛头刨床;65 为主参数最大刨削长度的1/10,即最大刨削长度为 650 mm。

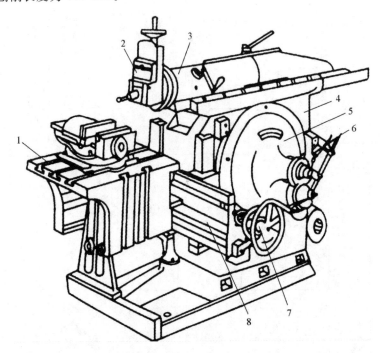

图 7-4　B6065 型牛头刨床外形图

1—工作台;2—刀架;3—滑枕;4—床身;5—摆杆机构;6—变速机构;7—进给机构;8—横梁

B6065 型牛头刨床主要由以下几部分组成。

(1) 床身　用以支承和连接刨床各部件。其顶面水平导轨供滑枕带动刀架进行往复直线运动,侧面的垂直导轨供横梁带动工作台升降。床身内部有主运动变速机构和摆杆机构。

(2) 滑枕　用以带动刀架沿床身水平导轨作往复直线运动。滑枕往复直线运动的快慢、行程的长度和位置,均可根据加工需要调整。

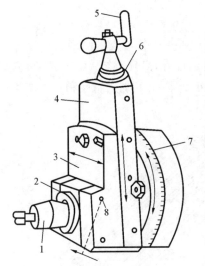

图 7-5　刀架

1—刀夹;2—抬刀板;3—刀座;

4—滑板;5—手柄;6—刻度环;

7—刻度转盘;8—销轴

(3) 刀架　用以夹持刨刀,其结构如图 7-5 所示。当转动刀架手柄 5 时,滑板 4 带着刨刀沿刻度转盘 7 上的导轨上、下移动,以调整背吃刀量或加工垂直面时做进给运动。松开刻度转盘 7 上的螺母,将刻度转盘扳转一定角度,可使刀架斜向进给,以加工斜面。刀座 3 装在滑板 4 上。抬刀板 2 可绕刀座上的销轴向上抬起,以使刨刀在返回行程时离开零件的已加工表面,从而减少刀具与零件的摩擦。

（4）工作台　用以安装零件，可随横梁做上下调整，也可沿横梁导轨做水平移动或间歇进给运动。

2）牛头刨床的传动系统

B6065 型牛头刨床的传动系统主要包括摆杆机构和棘轮机构。

（1）摆杆机构　其作用是将电动机传来的旋转运动转换成滑枕的往复直线运动，结构如图 7-6 所示。摆杆 7 上端与滑枕内的螺母 2 相连，下端与支架 5 相连。摆杆齿轮 3 上的偏心滑块 6 与摆杆 7 上的导槽相连。当摆杆齿轮 3 由小齿轮 4 带动旋转时，偏心滑块就在摆杆 7 的导槽内上下滑动，从而带动摆杆 7 绕支架 5 的中心左右摆动，于是滑枕便做往复直线运动。摆杆齿轮转动一周，滑枕带动刨刀往复运动一次。

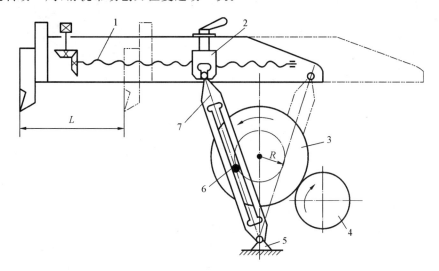

图 7-6　摆杆机构

1—丝杠；2—螺母；3—摆杆齿轮；4—小齿轮；5—支架；6—偏心滑块；7—摆杆

（2）棘轮机构　其作用是使工作台在滑枕完成回程与刨刀再次切入零件之前的瞬间，做间歇横向进给，横向进给机构如图 7-7（a）所示，棘轮机构的结构如图 7-7（b）所示。

齿轮 5 与摆杆齿轮为一体，摆杆齿轮逆时针方向旋转时，齿轮 5 带动齿轮 6 转动，使连杆 4 带动棘爪 3 逆时针方向摆动。棘爪 3 逆时针方向摆动时，其上的垂直面拨动棘轮 2 转过若干齿，使丝杠 8 转过相应的角度，从而实现工作台的横向进给。而当棘轮顺时针方向摆动时，由于棘爪后面为一斜面，只能从棘轮齿顶滑过，不能拨动棘轮，所以工作台静止不动，这样就实现了工作台的横向间歇进给。

3）牛头刨床的调整

（1）滑枕行程长度、起始位置、速度的调整。

刨削时，滑枕行程的长度一般应比零件刨削表面的长度长 30 mm～40 mm，滑枕的行程长度调整方法是通过改变摆杆齿轮上偏心滑块的偏心距离来完成的，其偏心距越大，摆杆摆动的角度就越大，滑枕的行程长度也就越长；反之，则越短。

松开滑枕内的锁紧手柄，转动丝杠，即可改变滑枕行程的起始点，使滑枕移到所需的位置。调整滑枕速度时，必须在停车之后进行，否则将打坏齿轮，可以通过变速机构来改变变速齿轮的位置，使牛头刨床获得不同的转速。

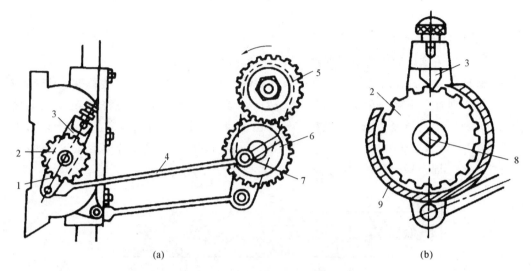

图 7-7　牛头刨床横向进给机构

(a) 横向进给机构　　(b) 棘轮机构

1—棘爪架;2—棘轮;3—棘爪;4—连杆;5、6—齿轮;7—偏心销;8—丝杠;9—棘轮罩

(2) 工作台横向进给量的大小、方向的调整。

工作台的进给运动既要满足间歇运动的要求,又要与滑枕的工作行程协调一致,即在刨刀返回行程将结束时,工作台连同零件一起横向移动一个进给量。牛头刨床的进给运动是由棘轮机构实现的。棘爪架空套在横梁丝杠轴上,棘轮用键与丝杠轴相连。工作台横向进给量的大小,可通过改变棘轮罩的位置,从而改变棘爪每次拨过棘轮的有效齿数来调整。棘爪拨过棘轮的齿数较多时,进给量大;反之则小。此外,还可通过改变偏心销 7 的偏心距来调整,偏心距小,棘爪架摆动的角度就小,棘爪拨过的棘轮齿数少,进给量就小;反之,进给量就大。若将棘爪提起后转动 180°,可使工作台反向进给。当把棘爪提起后转动 90°时,棘轮便与棘爪脱离接触,此时可手动进给。

2.龙门刨床

龙门刨床因有一个"龙门"式的框架而得名。与牛头刨床不同的是,在龙门刨床上加工时,零件随工作台的往复直线运动为主运动,进给运动是垂直刀架沿横梁做水平移动和侧刀架在立柱上的垂直移动。

龙门刨床适用于刨削大型零件,零件长度可达几米、十几米、甚至几十米。也可在工作台上同时装夹几个中、小型零件,用几把刀具同时加工,故生产率较高。龙门刨床特别适合加工各种水平面、垂直面及各种平面组合的导轨面、T 形槽等。龙门刨床的外形如图 7-8 所示。

龙门刨床的主要特点是,自动化程度高,各主要运动的操纵都集中在机床的悬挂按钮站和电器柜的操纵台上,操纵十分方便;工作台的工作行程和空回行程可在不停车的情况下实现无级变速;横梁可沿立柱上下移动,以适应不同高度零件的加工;所有刀架都有自动抬刀装置,并可单独或同时进行自动或手动进给,垂直刀架还可转动一定的角度,用来加工斜面。

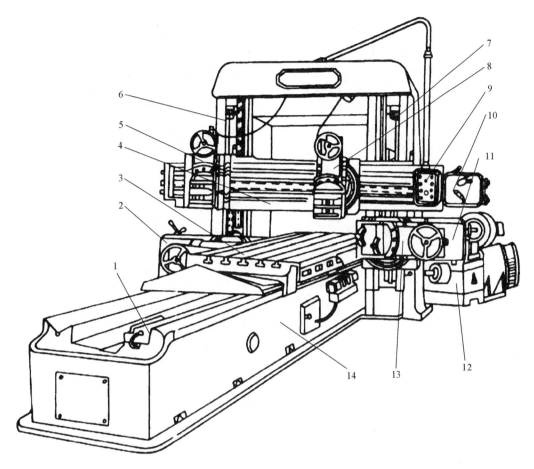

图 7-8　B2010A 型龙门刨床

1—液压安全器；2—左侧刀架进给箱；3—工作台；4—横梁；5—左垂直刀架；6—左立柱；7—右立柱；8—右垂直刀架；
9—悬挂按钮站；10—垂直刀架进给箱；11—右侧刀架进给箱；12—工作台减速箱；13—右侧刀架；14—床身

7.2　刨刀的装卡及工件安装

7.2.1　刨刀

(1) 刨刀的几何形状与车刀相似，但刀杆的截面积比车刀大 1.25～1.5 倍，以承受较大的冲击力。刨刀的前角 γ_o 比车刀稍小，刃倾角取较大的负值，以增加刀头的强度。刨刀的一个显著特点是刨刀的刀头往往做成弯头，如图 7-9 所示为弯、直头刨刀比较示意图。做成弯头的目的是为了当刀具碰到零件表面上的硬点时，刀头能绕点 O 向后上方弹起，使切削刃离开零件表面，不会啃入零件已加工表面或损坏切削刃，因此，弯头刨刀比直头刨刀应用更广泛。

(2) 刨刀的种类及其应用　刨刀的形状和种类依加工表面形状不同而有所不同。平面刨刀用以加工水平面；偏刀用于加工垂直面、台阶面和斜面；角度偏刀用以加工角度和燕尾槽；切刀用以切断或刨沟槽；内孔刀用以加工内孔表面（如内键槽）；弯切刀用以加工 T 形槽及侧面上的槽；成形刀用以加工成形面。

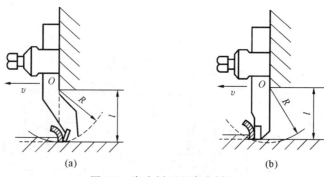

图 7-9　弯头刨刀和直头刨刀
(a) 弯头刨刀　(b) 直头刨刀

7.2.2　刨刀的安装

如图 7-10 所示,安装刨刀时,将转盘对准零线,以便准确控制背吃刀量,刀头不要伸出太长,以免产生振动和折断。直头刨刀伸出长度一般为刀杆厚度的 1.5～2 倍,弯头刨刀伸出长度可稍长些,以弯曲部分不碰刀座为宜。装刀或卸刀时,应使刀尖离开零件表面,以防损坏刀具或者擦伤零件表面,必须一只手扶住刨刀,另一只手使用扳手,用力方向自上而下,否则容易将抬刀板掀起,碰伤或夹伤手指。

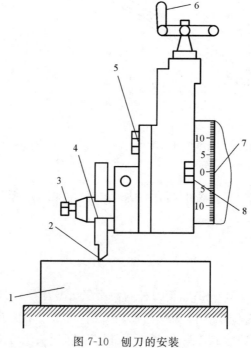

图 7-10　刨刀的安装
1—零件;2—刀头;3—刀夹螺钉;4—刀夹;5—刀座螺钉;6—刀架进给手柄;7—转盘;8—转盘螺钉

7.2.3　工件的安装

在刨床上零件的安装方法视零件的形状和尺寸而定。常用的有平口虎钳安装、工作台安装和专用夹具安装等,装夹零件的方法与铣削相同,可参照铣床中零件的安装及铣床附件所述内容。

7.3 刨削加工工艺介绍

刨削主要用于加工平面、沟槽和成形面。

7.3.1 刨平面

1. 刨水平面

刨水平面的顺序如下。

(1) 正确安装刀具和零件。

(2) 调整工作台的高度,使刀尖轻微接触零件表面。

(3) 调整滑枕的行程长度和起始位置。

(4) 根据零件材料、形状、尺寸等要求,合理选择切削用量。

(5) 试切,先用手动试切。进给 1 mm～1.5 mm 后停车,测量尺寸,根据测得结果调整背吃刀量,再自动进给进行刨削。当零件表面粗糙度 Ra 值低于 6.3 μm 时,应先粗刨,再精刨。精刨时,背吃刀量和进给量应小些,切削速度应适当高些。此外,在刨刀返回行程时,用手掀起刀座上的抬刀板,使刀具离开已加工表面,以保证零件表面质量。

(6) 检验。零件刨削完工后,停车检验,尺寸和加工精度合格后即可卸下。

2. 刨垂直面和斜面

刨垂直面的方法如图 7-11 所示。此时采用偏刀,并使刀具的伸出长度大于整个刨削面的高度。刀架转盘应对准零线,以使刨刀沿垂直方向移动。刀座必须偏转 10°～15°,以使刨刀在返回行程时离开零件表面,减少刀具的磨损,避免零件已加工表面被划伤。刨垂直面和斜面的加工方法一般在不能或不便于进行水平面刨削时才使用。

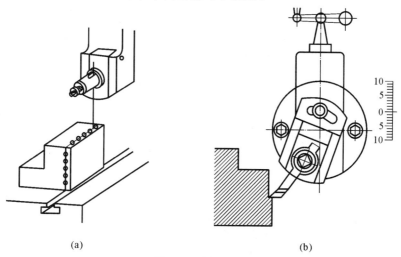

(a)   (b)

图 7-11 刨垂直面

(a) 按划线找正 (b) 调整刀架垂直进给

刨斜面与刨垂直面基本相同,只是刀架转盘必须按零件所需加工的斜面扳转一定角度,以使刨刀沿斜面方向移动。如图 7-12 所示,采用偏刀或样板刀,转动刀架手柄进行进给,可以刨削左侧或右侧斜面。

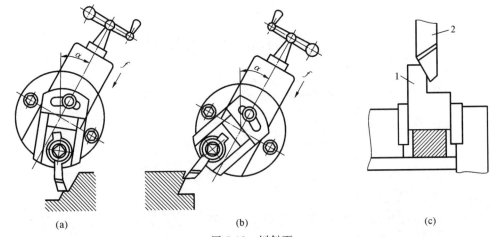

图 7-12　刨斜面

(a) 用偏刀刨左侧斜面　(b) 用偏刀刨右侧斜面　(c) 用样板刀刨斜面

1—零件;2—样板刀

7.3.2　刨沟槽

(1) 刨直槽时用切刀以垂直进给完成,如图 7-13 所示。

(2) 刨 V 形槽的方法如图 7-14 所示,先按刨平面的方法把 V 形槽粗刨出大致形状(见图(a));然后用切刀刨 V 形槽底的直角槽(见图(b));再按刨斜面的方法用偏刀刨 V 形槽的两斜面(见图(c));最后用样板刀精刨至图样要求的尺寸精度和表面粗糙度(见图(d))。

(3) 刨 T 形槽时,应先在零件端面和上平面画出加工线,如图 7-15 所示。

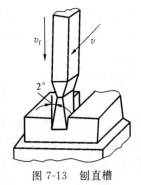

图 7-13　刨直槽

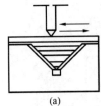 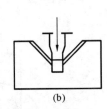 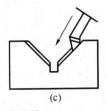 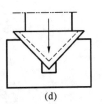

图 7-14　刨 V 形槽

(a) 刨平面　(b) 刨直角槽　(c) 刨斜面　(d) 样板刀精刨

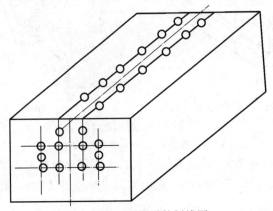

图 7-15　T 形槽零件划线图

（4）刨燕尾槽与刨 T 形槽相似，应先在零件端面和上平面画出加工线，如图 7-16 所示。但刨侧面时须用角度偏刀，如图 7-17 所示，刀架转盘要扳转一定角度。

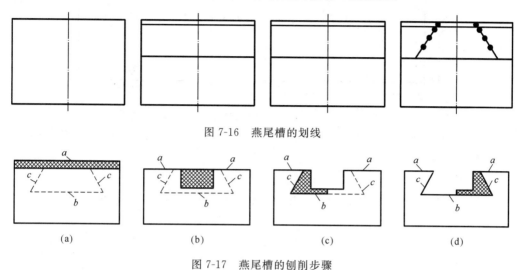

图 7-16　燕尾槽的划线

　　　(a)　　　　　　(b)　　　　　　(c)　　　　　　(d)

图 7-17　燕尾槽的刨削步骤

(a) 刨平面　(b) 刨直槽　(c) 刨左燕尾槽　(d) 刨右燕尾槽

7.3.3　刨成形面

在刨床上刨削成形面，通常是先在零件的侧面画线，然后根据画线分别移动刨刀做垂直进给和移动工作台做水平进给，从而加工出成形面。也可用成形刨刀加工，使刨刀刃口形状与零件表面一致，一次成形。

7.4　刨削工艺实操案例

1. 刨削平面

刨削平面是我们经常遇到而且又是最基本的一种刨削加工。刨削平面反映了刨削加工的普遍切削原理。由此，平面加工是刨削的基本，掌握平面加工也是刨工的基本功。

刨水平面采用平面刨刀，当工件表面要求较高时，在粗刨后还要进行精刨。粗刨时，采用普通平面刨刀；精刨时，采用较窄的精刨刀，刀尖圆弧半径为 3～5 mm，刨削深度一般为 0.2～2 mm，进给量为 0.33～0.66 mm/往复行程，切削速度为 17～50 m/min。粗刨时的刨削深度和进给量可取大值，切削速度宜取低值；精刨时的刨削深度和进给量可取小值，切削速度可适当取偏高值。

1）加工前的准备工作

加工前的准备工作包括看清图纸，根据图纸（见图 7-18），检查毛坯，准备工具、夹具、量具，修锉基准面，选择和安装刨刀，调整机床和选择切削用量等各种刨削前的准备工作。

2）工件的装夹

刨削工作中，由于切削抗力大，所以装夹问题比较突出，我们必须认真对待工件的装夹问题。工件的装夹方法有平口钳装夹法，工件安装在机床工作台法，工件安装在夹具上的方法等各种装夹方法。本例中采用平口钳装夹法。

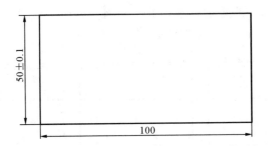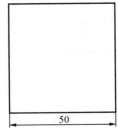

图 7-18　刨削平面零件

3) 刨平面的工作法

(1) 装夹工件。

(2) 装夹工具。

(3) 把工作台升降到适当的位置。用手动或机动移动滑枕,使刀具接近工件。

(4) 调整行程长度及行程位置。

(5) 移动刀架,把刨刀调整到选好的切削深度上。转动工作台,移动刀架进行对刀。

(6) 开动机床,手动走刀,使工件接近刨刀,开始试切。

(7) 手动走刀 0.5～1 mm,停车测量尺寸。刨削完毕后,先停车检查各部位尺寸及表面粗糙度、相对位置,合格后再卸下工件。

2. 刨削阶梯面

机械类专业学生在熟悉掌握刨削平面后,可继续进行刨削阶梯面的实际操作。

刨削加工如图 7-19 所示的阶梯面。

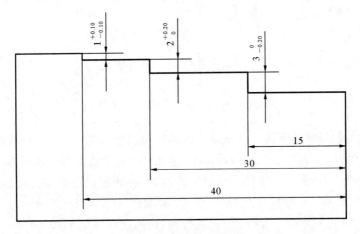

图 7-19　阶梯面零件图

1) 加工前的准备工作

根据图纸,检查毛坯,准备工具、夹具、量具,修锉基准面,选择和安装刨刀,调整机床和选择切削用量等各种刨削前的准备工作。

2) 工件的装夹

采用平口钳将工件装夹锁紧。

3) 刨阶梯面的操作

(1) 把工作台升降到适当的位置。用手动或机动移动滑枕,使刀具接近工件。

(2) 调整行程长度及行程位置。

（3）移动刀架，把刨刀调整到选好的切削深度上。转动工作台，移动刀架进行对刀。

（4）开动机床，手动走刀，使工件接近刨刀，开始试切。

（5）手动走刀 0.5～1 mm，停车测量尺寸。刨削第一个深度为 1 mm 的台阶面，完毕后，先停车检查各部位尺寸及表面粗糙度、相对位置。

（6）检查合格后，刨削第二个深度为 2 mm 的台阶面，刨削深度分两次进给完成，完毕后做相应的检查。

（7）检查合格后，刨削第三个深度为 3 mm 的台阶面，刨削深度分两次或三次进给完成，完毕后做相应的检查，合格后，再卸下工件。

7.5　刨床安全技术生产操作规程

（1）上岗前必须穿戴好本岗位要求的劳动防护用品。

（2）工件装夹要牢固，增加虎钳夹固力应用接长套筒，不得用榔头敲打扳手。

（3）刀具不得伸出过长，露出刀架的长度，应视工作物情况尽量缩短。刨刀要装牢固，防止工件因受力过大而冲出伤人。

（4）调整刀头行程要使刀头不碰撞工件，用手摇动全行程进行调试。溜板前后不准站人。

（5）机床调整好后，及时将手柄取下。

（6）刨削过程中，手、头不要伸到刀头前检查。刀头不停稳，不得测量工件。

（7）使用扳手时，开口要适当，用力不可过猛，防止滑倒或碰伤；扳手加套管使用时，两脚须前后站立，以防后仰发生事故。

（8）清扫机床铁屑只允许用毛刷、禁止用嘴吹或其他设备吹。

（9）装卸较大工件和夹具时应请人帮助，防止滑落伤人。

（10）作业结束后，清理好工作场地，关闭电源，清洁设备，按规定恢复机床各部件位置。

复习思考题

1.牛头刨床刨削平面时的主运动和进给运动各是什么？

2.牛头刨床主要由哪几部分组成？各有何作用？刨削前需如何调整？

3.牛头刨床刨削平面时的间歇进给运动是靠什么实现的？

4.滑枕往复直线运动的速度是如何变化的？为什么？

5.刨削的加工范围有哪些？

第8章 磨削加工

8.1 概　　述

8.1.1 磨削加工简介

磨削加工是机械制造中最常用的加工方法之一,它的应用范围很广,可以磨削难以切削的各种高硬超硬材料:可以磨削各种表面;可以用于荒加工(磨削钢坯、割浇冒口等)、粗加工、精加工和超精加工。磨削后工件磨削精度可达 IT6～IT4,表面粗糙度 Ra 值可以达到 $0.025~\mu m$～$0.8~\mu m$。磨削比较容易实现生产过程自动化,在工业发达国家,磨床已占机床总数的 25% 左右,个别行业可达到 40%～50%。

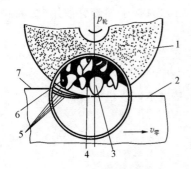

图 8-1　砂轮的组成

1—砂轮;2—已加工表面;3—磨粒;
4—结合剂;5—加工表面;6—空隙;
7—待加工表面

(1) 磨削属多刃、微刃切削　磨削用的砂轮是由许多细小坚硬的磨粒用黏结剂黏结在一起经焙烧而成的疏松多孔体,如图 8-1 所示。这些锋利的磨粒就像铣刀的切削刃,在砂轮高速旋转的条件下,切入零件表面,故磨削是一种多刃、微刃切削过程。

(2) 加工尺寸精度高,表面粗糙度值低　磨削的切削厚度极薄,每个磨粒的切削厚度可小到微米,故磨削的尺寸精度可达 IT6～IT4,表面粗糙度 Ra 值可达 $0.025~\mu m$～$0.8~\mu m$。高精度磨削时,尺寸精度可超过 IT5,表面粗糙度 Ra 值不大于 $0.012~\mu m$。

(3) 加工材料广泛　由于磨料硬度极高,故磨削不仅可加工一般金属材料,如碳钢、铸铁等,还可加工一般刀具难以加工的高硬度材料,如淬火钢、各种切削刀具材料及硬质合金等。

(4) 砂轮有自锐性　当作用在磨粒上的切削力超过磨粒的极限强度时,磨粒就会破碎,形成新的锋利棱角进行磨削;当此切削力超过黏结剂的黏结强度时,钝化的磨粒就会自行脱落,使砂轮表面露出一层新鲜锋利的磨粒,从而使磨削加工能够继续进行。砂轮的这种自行推陈出新、保持自身锋利的性能称为自锐性。砂轮的自锐性可使砂轮连续进行加工,这是其他刀具没有的特性。

(5) 磨削温度高　磨削过程中,由于切削速度很高,会产生大量切削热,温度也会超过 1000 ℃。同时,高温的磨屑在空气中发生氧化作用,产生火花。在如此高温下,将会使零件材料性能改变而影响质量。因此,为减少摩擦和迅速散热,降低磨削温度,及时冲走屑末,以保证零件表面质量,磨削时需使用大量切削液。

8.1.2　磨床

1.外圆磨床

常用的外圆磨床分为普通外圆磨床和万能外圆磨床。在普通外圆磨床上可磨削零件的外圆柱面和外圆锥面;在万能外圆磨床上由于砂轮架、头架和工作台上都装有转盘,能回转一定的角度,且增加了内圆磨具附件,所以万能外圆磨床除可磨削外圆柱面和外圆锥面外,还可磨削内圆柱面、内圆锥面及端平面,故万能外圆磨床较普通外圆磨床应用更广。

2.平面磨床

平面磨床主要用于磨削零件上的平面。平面磨床与其他磨床不同的是工作台上安装有电磁吸盘或其他夹具,用作装夹零件。图 8-2 所示为 M7120A 型平面磨床外形图,磨头 2 沿滑板 3 的水平导轨可做横向进给运动,这可由液压驱动或横向进给手轮 4 操纵。滑板 3 可沿立柱 6 的导轨垂直移动,以调整磨头 2 的高低位置及完成垂直进给运动,该运动也可操纵垂直进给手轮 9 实现。砂轮由装在磨头壳体内的电动机直接驱动旋转。

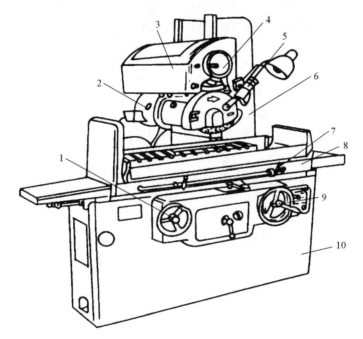

图 8-2　M7120A 型平面磨床外形图
1—驱动工作台手轮;2—磨头;3—滑板;4—横向进给手轮;5—砂轮修整器;6—立柱;
7—行程挡块;8—工作台;9—垂直进给手轮;10—床身

8.2　砂 轮 简 介

砂轮是由砂粒和黏结剂组成的多孔物体,是磨削的切削工具。磨粒、黏结剂和空隙是构成砂轮的三要素。

常用的砂轮有:氧化铝(Al_2O_3),用于磨削普通钢;碳化硅(SiC),用于磨削硬质材料的工件。

常用的砂轮形状有平形、单面凹形、薄形、筒形、碗形、碟形、双斜边形(见图 8-3)。

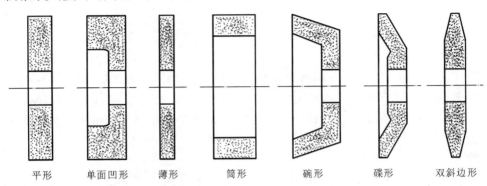

平形　　单面凹形　　薄形　　　筒形　　　碗形　　　碟形　　双斜边形

图 8-3　常见的砂轮形状

1. 砂轮的特性及其选择

表示砂轮的特性主要包括磨料、粒度、硬度、黏结剂、组织、形状和尺寸等。

磨料　它直接担负着切削工作,必须硬度高、耐热性好,还必须有锋利的棱边和一定的强度。常用磨料有刚玉类、碳化硅类和超硬磨料。常用的几种刚玉类、碳化硅类磨料的代号、特点及适用范围见表 8-1。其余几种为铬刚玉(PA)、微晶刚玉(MA)、单晶刚玉(SA)、人造金刚石(SD)、立方氮化硼(CBN)。

表 8-1　常用磨料特点及其用途

磨料名称	代号	特　　点	用　　途
棕刚玉	A	硬度高,韧度高,价格较低	适合于磨削各种碳钢、合金钢和可锻铸铁等
白刚玉	WA	比棕刚玉硬度高,韧度低,价格较高	适合于加工淬火钢、高速钢和高碳钢
黑色碳化硅	C	硬度高,性脆而锋利,导热性好	用于磨削铸铁、青铜等脆性材料及硬质合金刀具
绿色碳化硅	GC	硬度比黑色碳化硅更高,导热性好	主要用于加工硬质合金、宝石、陶瓷和玻璃等

粒度　它指磨粒颗粒的大小。以刚能通过的那一号筛网的网号来表示磨料的粒度,如 60♯ 微粉:磨粒的直径<40 μm。当 W20 磨粒尺寸在 $14\sim20$ μm 时,粗磨用粗粒度,精磨用细粒度;当工件材料软,塑性大,磨削面积大时,采用粗粒度,以免堵塞砂轮、烧伤工件。可用筛选法或显微镜测量法来区别。

硬度　它是指砂轮上的磨料在外力作用下脱落的难易程度。取决于黏结剂的结合能力及所占比例,与磨料硬度无关。磨粒易脱落,表明砂轮硬度低,反之则表明砂轮硬度高。硬度分7 大级(超软、软、中软、中、中硬、硬、超硬),16 小级。砂轮硬度选择原则:① 磨削硬材,选软砂轮;磨削软材,选硬砂轮;② 磨削导热性差的材料,不易散热,选软砂轮以免工件烧伤;③ 砂轮与工件接触面积大时,选较软的砂轮;④ 成形磨精磨时,选硬砂轮;粗磨时选较软的砂轮。大体上说,磨硬金属时,用软砂轮;磨软金属时,用硬砂轮。

常用黏结剂　常用黏结剂有陶瓷黏结剂(代号 V)、树脂黏结剂(代号 B)、橡胶黏结剂(代号 R)、金属黏结剂(代号 M)等。

陶瓷黏结剂(V)化学稳定性好、耐热、耐腐蚀、价廉,占 90%,但性脆,不宜制成薄片,不宜高速,线速度一般为 35 m/s。树脂黏结剂(B)强度高弹性好,耐冲击,适于高速磨或切槽切断等工作,但耐腐蚀、耐热性差(300 ℃),自锐性好。橡胶黏结剂(R)强度高弹性好,耐冲击,适于抛光轮、导轮及薄片砂轮,但耐腐蚀、耐热性差(200 ℃),自锐性好。金属黏结剂(M)强度高、韧度高,成形性好,但自锐性差,适于金刚石、立方氮化硼砂轮。

组织　它是指砂轮中磨料、结合剂、空隙三者体积的比例关系。组织号是由磨料所占的百分数来确定的,反映了砂轮中磨料、黏结剂和气孔三者体积的比例关系,即砂轮结构的疏密程度,组织分紧密、中等、疏松三类 13 级。紧密组织成形性好,加工质量高,适于成形磨、精密磨和强力磨削。中等组织适于一般磨削工作,如淬火钢、刀具刃磨等。疏松组织不易堵塞砂轮,适于粗磨、磨软材、磨平面、内圆等接触面积较大时,磨热敏性强的材料或薄件。

形状和尺寸　根据机床结构与磨削加工的需要,砂轮制成各种形状和尺寸。为方便选用,在砂轮的非工作表面上印有特性代号,如代号 PA60KV6P300×40×75,表示砂轮的磨料为铬刚玉(PA),粒度为 60♯,硬度为中软(K),黏结剂为陶瓷黏结剂(V),组织号为 6 号,形状为平形砂轮(P),尺寸外径为 300 mm,厚度为 40 mm,内径为 75 mm。

2.砂轮的安装与平衡

砂轮因在高速下工作,安装时应首先检查外观没有裂纹后,再用木锤轻敲,如果声音嘶哑,则禁止使用,否则砂轮破裂后会飞出伤人。砂轮的安装方法如图 8-4 所示。

为使砂轮工作平稳,一般直径大于 125 mm 的砂轮都要进行平衡试验,如图 8-5 所示。将砂轮装在心轴 2 上,再将心轴放在平衡架 6 的平衡轨道 5 的刃口上。若不平衡,较重部分总是转到下面。这可以通过移动法兰盘端面环槽内的平衡铁 4 进行调整。经反复平衡试验,直到砂轮可在刃口上任意位置都能静止为止,即说明砂轮各部分的质量分布均匀。这种方法称为静平衡试验方法。

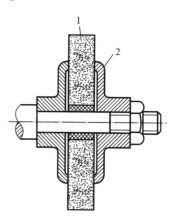

图 8-4　砂轮的安装
1—砂轮;2—弹性垫板

3.砂轮的修整

砂轮工作一定时间后,磨粒逐渐变钝,这时必须修整。修整时,将砂轮表面一层变钝的磨粒切去,使砂轮重新露出完整锋利的磨粒,以恢复砂轮的几何形状。砂轮常用金刚石笔进行修整,如图 8-6 所示。修整时要使用大量的冷却液,以免金刚石因温度急剧升高而破裂。砂轮修整除用于磨损砂轮外,还用于以下场合:① 砂轮被切屑堵塞;② 部分工材黏结在磨粒上;③ 砂轮廓形失真;④ 精密磨中的精细修整等。

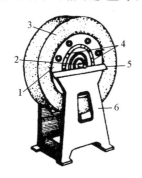

图 8-5　砂轮的平衡
1—砂轮套筒;2　心轴;3—砂轮;4　平衡铁;
5—平衡轨道;6—平衡架

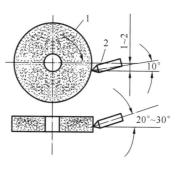

图 8-6　砂轮的修整
1—砂轮;2—金刚石笔

8.3　磨削加工工件的安装及磨床主要附件

1. 工件的安装

磨削外圆一般在普通外圆磨床或万能外圆磨床上进行。安装方式有顶尖安装、卡盘安装和心轴安装等。

1) 用前、后顶尖装夹工件

顶尖安装是外圆磨削最常用的安装方法。磨床前、后顶尖均使用不随工件转动的死顶尖,以减小因顶尖轻微跳动引起的定位误差,提高加工精度。磨削前要对轴的中心孔进行修研,以消除中心孔的变形和氧化皮,提高加工精度。修研中心孔时一般用油石顶尖,在车床、钻床上进行或本机床上进行,将中心孔研亮即可。这种装夹方法的特点是装夹迅速方便,加工精度高。

2) 用三爪卡盘或四爪卡盘装夹工件

三爪卡盘适用于装夹没有中心孔的工件,而四爪卡盘特别适用于夹持表面不规则的工件。

3) 利用心轴装夹工件

心轴装夹适用于磨削套类零件的外圆,常用心轴有以下几种:小锥度心轴;台肩心轴;可胀心轴。

2. 磨床附件

1) 斜度修整器

修整时,把机床工件台面左右固定,并把斜度修整器放在砂轮中间的位置,将修整器的侧面平行地靠在机床台面的铜条上。修整时,用左手的大拇指按在修整器一侧,前后移动用力要均匀,砂轮慢慢往下降。

2) 圆弧修整器

当砂轮上是凸圆弧时,$a-R$;砂轮上是凹圆弧时,$a+R$;圆弧修整器的中心距离为 a。所用的块规用表来确定金刚钻的头部高度,高度位置即圆弧大小用千分表来量。首先把圆弧修整器放在机床台面上,然后金刚钻的头对准千分表头中心(用十字相乘法),最后把千分表头对在块规上,针头对在零位上,再把金刚钻头打到零位即可。

3) 万能旋转磨削仪

① 将 B 面用酒精擦干净,放在工作台上。

② 用打表将 A 面打平,平行于台面左右轨道。

③ 将工件放于 3 处,用 U 形夹子 4 把工件夹紧。

④ 先松动 1 处和 2 处螺丝,将工件大致敲到旋转盘中心,再用千分表打圆,打时可将螺丝稍微拧紧一点,打圆后再拧紧螺丝 1、2。

⑤ 如工件需旋转角度,可按刻度盘 7 来旋转,再用销子 5 固定。

⑥ 在打圆时,顺时针旋转手柄 8,工件尺量放在砂轮中心,同时应防止砂轮不够高而撞在工件上。

⑦ 销子 9 可控制工件旋转角度范围。

4) 投影仪

将工件所要测量的面正对圆盘,平行地将工件放在工作台上,摇动工作台前后,将投影仪调至最清楚,移动工作台,将所要测量的边与投影盘上的 X 轴与 Y 轴对齐,数显归零,再摇到

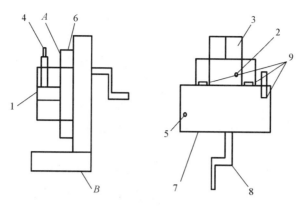

图 8-7　万能旋转磨削仪

1、2—螺丝;3—V形槽;4—U形夹子;5—销子;6—旋转盘;7—刻度盘;8—手柄;9—销子

另一边对齐,数显所显示数字就是两边之间的尺寸。如果边上有斜度,旋转投影盘与斜度相同,对至交点,测量尺寸。如果工件是圆或圆弧形的,在投影盘上贴张圆弧盘。圆弧盘的两根中心线要与投影盘上 X 轴和 Y 轴完全重合即可测量圆弧。

8.4　磨削加工工艺介绍

由于磨削的加工精度高,表面粗糙度值小,能磨高硬脆的材料,因此应用十分广泛。现仅就内外圆柱面、内外圆锥面及平面的磨削工艺进行讨论。

1. 外圆磨削

外圆磨削是一种基本的磨削方法,它适于轴类及外圆锥零件的外表面磨削。在外圆磨床上磨削外圆常用的方法有纵磨法、横磨法和综合磨法 3 种。

1) 纵磨法

如图 8-8 所示,磨削时,砂轮高速旋转起切削作用(主运动),零件转动(圆周进给)并与工作台一起做往复直线运动(纵向进给),当每一纵向行程或往复行程终了时,砂轮做周期性横向进给(被吃刀量)。每次背吃刀量很小,磨削余量是在多次往复行程中磨去的。当零件加工到接近最终尺寸时,采用无横向进给的几次光磨行程,直至火花消失为止,以提高零件的加工精度。纵向磨削的特点是具有较大适应性,一个砂轮可磨削长度不同的直径不等的各种零件,且加工质量好,但磨削效率较低。目前生产中,特别是单件、小批生产以及精磨时广泛采用这种方法,尤其适用于细长轴的磨削。

2) 横磨法

如图 8-9 所示,横磨削时,采用砂轮的宽度大于零件表面的长度,零件无纵向进给运动,而砂轮以很慢的速度连续地或断续地向零件做横向进给,直至余量被全部磨掉为止。横磨的特点是生产率高,但精度及表面质量较低。该法适于磨削长度较短、刚度较好的零件。当零件磨到所需的尺寸后,如果需要靠磨台肩端面,则将砂轮退出 0.005～0.01 mm,手摇工作台纵向移动手轮,使零件的台肩端面贴靠砂轮,磨平即可。

3) 综合磨法

综合磨法是先用横磨分段粗磨,相邻两段间有 5～15 mm 重叠量(见图 8-10),然后将留下的 0.01～0.03 mm 余量用纵磨法磨去。当加工表面的长度为砂轮宽度的 2 倍以上时,可采用

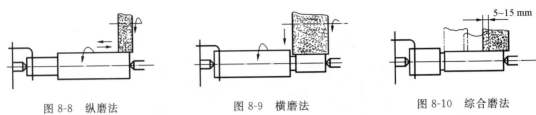

图 8-8　纵磨法　　　　　　　图 8-9　横磨法　　　　　　图 8-10　综合磨法

综合磨法。综合磨法能集纵磨、横磨法的优点于一身,既能提高生产效率,又能提高磨削质量。

2.内圆磨削

　　内圆磨削方法与外圆磨削相似,只是砂轮的旋转方向与磨削外圆时相反(见图 8-11),操作方法以纵磨法应用最广,且生产率较低,磨削质量较低。原因是由于受零件孔径限制,砂轮直径较小,砂轮圆周速度较低,所以生产率较低。又由于冷却排屑条件不好,砂轮轴伸出长度较长,使得表面质量不易提高。但由于磨孔具有万能性,不需成套刀具,故在单件、小批生产中应用较多,特别是淬火零件,磨孔仍是精加工孔的主要方法。砂轮在零件孔中的接触位置有两种:一种是与零件孔的后面接触,如图 8-12(a)所示。这时冷却液和磨屑向下飞溅,不影响操作人员的视线和安全;另一种是与零件孔的前面接触,如图 8-12(b)所示,情况正好与上述相反。通常,在内圆磨床上采用后面接触,而在万能外圆磨床上磨孔,应采用前面接触方式,这样可采用自动横向进给。若采用后面接触的方式,则只能手动横向进给。

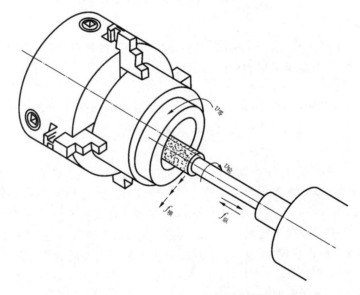

图 8-11　四爪单动卡盘安装零件

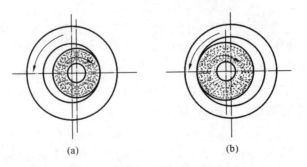

(a)　　　　　　　　　　　　　(b)

图 8-12　砂轮与零件的接触形式

3.平面磨削

平面磨削常用的方法有周磨(在卧轴矩形工作台平面磨床上以砂轮圆周表面磨削零件)和端磨(在立轴圆形工作台平面磨床上以砂轮端面磨削零件)两种,见表 8-2。

表 8-2　周磨和端磨的比较

分　　类	砂轮与零件的接触面积	排屑及冷却条件	零件发热变形	加工质量	效率	适用场合
周磨	小	好	小	较高	低	精磨
端磨	大	差	大	低	高	粗磨

4.圆锥面磨削

圆锥面磨削通常有转动工作台法和转动头架法两种。

1）转动工作台法

磨削外圆锥表面如图 8-13 所示,磨削内圆锥面如图 8-14 所示。转动工作台法大多用于锥度较小、锥面较长的零件。

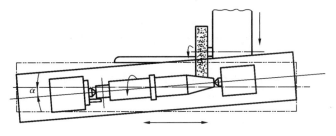

图 8-13　转动工作台磨外圆锥面

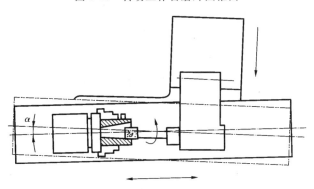

图 8-14　转动工作台磨内圆锥面

2）转动零件头架法

转动零件头架法常用于锥度较大、锥面较短的内外圆锥面,如图 8-15 所示为磨削内圆锥面。

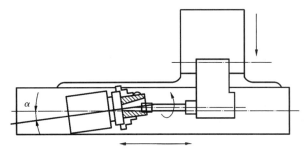

图 8-15　转动头架磨内圆锥面

8.5 磨削工艺实操案例

1. 磨平行面工件

1) 加工步骤

(1) 用锉刀、磨石或砂纸等,除去工件基准面上的毛刺或热处理后的氧化层。

(2) 以工件基准面在电磁吸盘台面上定位。批量加工时,可先将毛坯尺寸粗略测量一下,按尺寸大小分类,并按序排列在台面上,然后通磁吸住工件。

(3) 启动液压泵,移动工作台挡铁,调整工作台行程距离,使砂轮越出工件 20~30 mm,如图 8-16 所示。

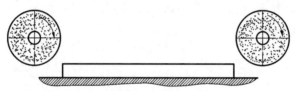

图 8-16　工作台形成距离的调整示意图

(4) 降低砂轮架高度,使砂轮接近工件表面,然后启动砂轮,作垂直进给;先从工件尺寸较大处进刀,用横向磨削法磨出上平面或磨去磨削余量的一半。

(5) 以磨过的平面为基准面,磨削另一平面至图样要求。

磨削时,可根据技术要求,划分粗精磨加工。粗磨时,横向进给量可选择 $(0.1\sim0.4)B/$ 双行程(B 为砂轮宽度),垂直进给量可选择 $0.015\sim0.03$ mm;精磨时,横向进给量可选择 $(0.05\sim0.1)B/$ 双行程,垂直进给量可选择 $0.005\sim0.01$ mm。

2) 注意事项

(1) 装夹工件时,应将工件定位面清洗干净,磁性台面也应保持清洁,以免混入杂物,影响工件的平行度和划伤工件表面。

(2) 面积较大的薄片工件,磨削时要注意防止弯曲变形。砂轮要保持锋利,切削液要充分,背吃刀量要小,工作台纵向速度可调整得快一些。在磨削过程中,工件要多次翻身,以减小工件的平面度误差。

(3) 在磨削平行面时,砂轮横向进给应选择断续进给,不能选择连续进给;砂轮在工件边缘越出砂轮宽度的 1/2 距离时应立即换向,不能在砂轮全部越出工件平面后换向,以免产生塌角。

2. 平行面工件的质量检验

1) 平面度的检验方法

(1) 光隙法　采用样板平尺测量。样板平尺有多种,常用的是刀口尺。测量时将平口刃口朝下,垂直放在被测平面上,对着光源,观察刃口与平面之间缝隙的透光情况,以判断平面的平面度误差。

(2) 着色法　在工件的平面上涂一层很薄的显示剂,将工件放到测量平板上,使涂显示剂的平面与平板接触;然后双手扶住工件,在平板上平稳的移动。移动数次后,取下工件观察平面上摩擦痕迹的分布情况,以确定平面度误差。

2) 平行度的检验方法

(1) 用千分尺测量:根据工件的厚度,选用合适规格的千分尺测量工件上相隔一定距离的厚度,若干点厚度的最大差值即为工件的平行度误差。测量点越多,测量值越精确。

（2）用杠杆式百分表或千分表在平板上测量工件的平行度:将工件和杠杆式表架放在测量平板上,调整标杆,使杠杆的表头接触工件平面;然后移动表架,使百分表的表头在工件平面上均匀地通过,则百分表的读数变动量就是工件的平行度误差。测量小型工件时,也可采用表架不动,工件移动的方法。

3）注意事项

（1）用着色法检验平面度时,工件与平板要保持清洁,显示剂不能混入杂质,涂层要薄而均匀,黏度适中,以保证测量精度。

（2）在平板上测量工件的平行度时,要保持工件基准平面的清洁,不能有硬点或毛刺;测量平板的精度要高,表面不能有划痕或硬点。测量时,工件要轻轻地放到平板上。杠杆式表架的底座测量面要光洁,与平板接触良好,如有不平处应用磨石修整。

8.6　磨床安全技术生产操作规程

（1）上岗前必须穿戴好本岗位要求的劳动防护用品。

（2）砂轮运转线速度,不得超过制造厂的技术规定。

（3）安装砂轮前,必须对砂轮进行检查,发现砂轮质量、硬度、强度、粒度和外观有裂纹等缺陷时不能使用。

（4）工作时操作者应站在砂轮侧面,砂轮正面不准站人。进给时要选择合理的磨削量,缓慢进给,以防砂轮破裂伤人。

（5）干磨工件不准中途加冷却液;湿式磨削冷却液停止时应立即停止磨削。工作完毕将砂轮空转几分钟,将砂轮上的冷却液甩掉。

（6）用金刚石修砂轮时,要用固定架将金刚石衔住,不准用手拿着修。

（7）根据工件长度,调整好行程长度,并固定机床行程挡铁。

（8）顶磨工件时,卡箍要紧固;顶磨大、长工件时（如轮轴）必须使用托架;使用合金顶尖时,应经常检查有无裂纹。

（9）磨削较小而薄的工件时,必须装在磁力平台上,工件的周围要安装钢制的限动块,以保证磨削安全。

（10）加工工件应符合机床技术规格,不得加工超长、超重的工件。

（11）作业结束后,清理好工作场地,关闭电源,清洁设备,按规定恢复机床各部件的位置。

复习思考题

1.磨削加工的特点是什么?

2.万能外圆磨床由哪几部分组成? 各有何作用?

3.磨削时需要大量切削液的目的是什么?

4.常见的磨削方式有哪几种?

5.表示砂轮特性的内容有哪些?

第9章 钳 工

通过本章的学习,了解钳工的发展和应用;熟悉钳工工作的特点、钳工操作的工具设备和钳工的基本操作工艺;掌握划线、锯割、锉削、钻孔、攻螺纹、套扣等钳工基本操作工艺;了解刮削的工艺过程。

9.1 概 述

我国劳动人民早在三千多年前就开始利用金属,通过铸造或锻造制作各种兵器,货币、劳动工具及日常生活用品。由于生产的发展实践经验的积累,文化科学知识的不断进步,到了 14 世纪和 15 世纪时,钳工工艺就从铸造和锻造工艺中分离出来,形成一门独立的工种——钳工。

钳工开始用手工工具制造较简单的金属制品,现在已发展到制造较复杂的机械零件和装配成套的机器设备等。因此,在现代工业生产中,钳工同其他工种一样,占有重要的地位。如修理机器,钳工的工作量占总修理量的 50%～70%。由于现代化机器、设备及仪器对钳工工艺水平的要求也越来越高,为此要不断地创造新工艺、新方法来丰富和发展钳工工艺。

钳工包括有各项基本操作:划线、锉削、锯割、钻孔、攻螺纹、套扣、錾削、刮削、研磨、装配等。

9.1.1 钳工的加工特点

生产中钳工是利用各种手工工具以及一些简单设备来完成,目前常用在采用机械设备加工方法不太适宜或还不能完成的工作场合。

钳工的概念:钳工是手持工具对金属进行加工的方法。钳工工作主要以手工方法,利用各种工具和常用设备对金属进行加工。

钳工的加工特点:① 以手工为主;② 方便灵活、技术性强;③ 工作强度大、效率低。

9.1.2 钳工工种的分类

随着机械制造业的发展,钳工的工作范围日益扩大,促使钳工专业分工更细,因此钳工分成了普通钳工、修理钳工、模具钳工,等等。普通钳工主要从事机器或部件的装配和调整工作以及一些零件的加工工作。修理钳工主要从事各种机器设备的维修工作。模具钳工主要从事模具、工具、量具及样板的制作。

9.1.3 钳工必须具备的基本操作技能

钳工的工作范围很广,而且专业化的分工也比较明确,但是无论哪种钳工,要完成好本职工作,都必须熟练地掌握下述各项基本操作,并能很好的应用。

（1）划线操作。

（2）錾削操作。

（3）锯割操作。

（4）锉削操作。

（5）钻孔、扩孔、锪孔和铰孔操作。

（6）攻螺纹和套扣的技术。

（7）刮削和研磨操作。

（8）矫正和弯曲操作。

（9）装配和修理操作。

（10）掌握必需的测量技能和简单的热处理技术：钳工在零件加工和装配过程中，经常利用平板，游标卡尺、千分尺、百分表，水平仪等对零件或装配件进行测量检查，这些都是钳工必须掌握的测量技能。

9.1.4 钳工常用设备

（1）钳台（工作台）：它是钳工专用的工作台，是用来安装台虎钳，放置工具和工件的，如图 9-1 所示。

（2）台虎钳：台虎钳装在钳桌上。用来夹持工件。其规格是用钳口宽度表示，常用的有 100 mm、125 mm 和 150 mm 等。台虎钳有固定式和回转式两种。图 9-2 所示为回转式台虎钳。

（3）砂轮机：砂轮机主要用来刃磨钳工用的各种刀具或磨制其他工具。

（4）钻床：常用的钻床有台式钻床、立式钻床和摇臂钻床等三种。

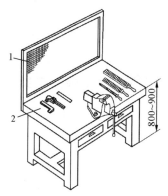

图 9-1　钳台
1—防护网；2—工作台面

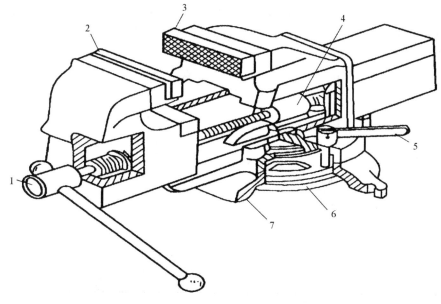

图 9-2　回转式台虎钳
1—丝杠；2—活动钳口；3—固定钳口；4—螺母；5—夹紧手柄；6—夹紧盘；7—转盘座

9.2　划　　线

　　根据图样的尺寸要求,用划线工具在毛坯或半成品工件上划出加工界线或待加工部位的操作称为划线,如图 9-3 所示。

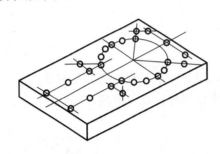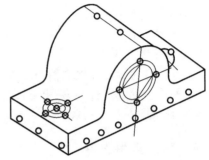

图 9-3　划线

9.2.1　划线工具

　　划线工具:按用途有以下几类:基准工具,测量工具,绘画工具,夹持工具。

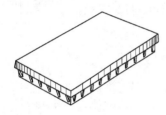

图 9-4　划线平板

　　(1)基准工具:划线平台是划线的主要基准工具,安放时要平稳牢固,上平面要保持水平。平面各处要均匀使用,以免局部磨凹。不准碰撞,不准在其表面敲击,要经常保持清洁。长期不用时,应涂油防锈,并加盖保护罩。图 9-4 所示为划线平板。

　　(2)测量工具:普通高度尺又称量高尺,由钢尺和底座组成,配合划线盘量取高度尺寸。高度游标卡尺(见图 9-5),能直接表示出高度尺寸,其读数精度一般为 0.02 mm,可作为精密划线工具。直角尺(见图 9-6),可以检测两个相邻平面之间的垂直度。

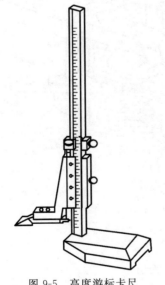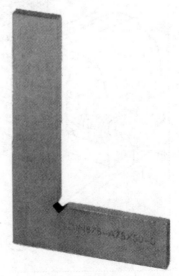

图 9-5　高度游标卡尺　　　　　　　　　图 9-6　直角尺

（3）绘画工具：① 划针；② 划针盘；③ 划规；④ 样冲。

① 划针：是在工件表面划线用的工具，常用 $\phi 3\sim 6$ mm 的工具钢或弹簧钢丝制成，尖端磨成 $15°\sim 20°$ 的尖角，并经淬火。有的划针在尖端部位焊有硬质合金，更锐利，耐磨性更好。划线时，划针要依靠钢尺或角尺等导向工具而移动，并向外侧倾斜 $15°\sim 20°$，向划线方向倾斜 $45°\sim 75°$（见图 9-7）。要做到尽可能一次完成，使线条清晰、准确。

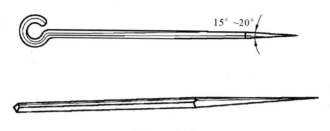

图 9-7　划针

② 划针盘：主要用于立体划线和校正工件位置（见图 9-8（a））。用划针盘划线时，要注意划针应装夹牢固，伸出长度要短，以免产生抖动。底座要保持与划线平板紧贴，不要摇晃和跳动。

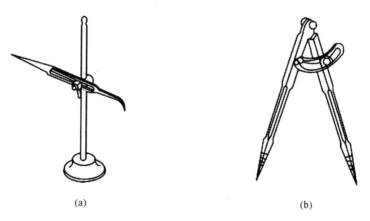

（a）　　　　　　　　　　　　　　　　（b）

图 9-8　划针盘和划规
(a) 划针盘　(b) 划规

③ 划规：是画圆或弧线、等分线及量取尺寸等用的工具（见图 9-8（b））。它的用法与制图中圆规相同。

④ 样冲：是在划好的线上冲眼用的工具。冲眼是为了强化显示用划针划出的加工界线，也是使划出的线条具有永久性的位置标记；再者，就是为划圆弧作定心脚点用。样冲用工具钢制成，尖端处磨成 $45°\sim 60°$ 角并经淬火硬化。

冲眼时要注意以下几点。

a. 冲眼位置要准确，冲心不偏离线条。

b. 冲眼间的距离要以划线的形状和长短而定，直线可稀，曲线稍密，转折交叉点处需冲点。

c. 冲眼大小要根据工件材料、表面情况而定，薄的可浅些，粗糙的应深些，软的应轻些，精加工表面禁止冲眼。

d. 圆中心处的冲眼，最好要打得大些，以便在钻孔时钻头容易对中。

（4）夹持工具：① 方箱；② 千斤顶；③ V 形铁。

① 方箱：是用铸铁制成的空心立方体，它的六面都经过精加工，相邻各面互相垂直。方箱用于夹持、支承尺寸较小而加工面较多的工件。通过翻转方箱，便可在工件的表面上划出互相垂直的线条。

② 千斤顶：是在平板上作支承工件划线用的，其高度可以调整，用于不规则或较大工作的划线找正，通常三个为一组。

③ V 形铁：用于支承圆柱形工件，使工件轴心线与平台平面（划线基面）平行。一般两块为一组。

9.2.2　划线基准

基准是用来确定生产对象上各几何要素间的尺寸大小和位置关系所依据的一些点、线、面。

在设计图样上采用的基准为设计基准。在工件划线时所选用的基准称为划线基准。在选用划线基准时，应尽可能使划线基准与设计基准一致，这样，可避免相应的尺寸换算，减少加工过程中的基准不重合误差。平面划线时，通常要选择两个相互垂直的划线基准，而立体划线时，通常要确定三个相互垂直的划线基准。

当工件上有已加工面（平面或孔）时，应该以已加工面作为划线基准。若毛坯上没有已加工面，首次划线应选择最主要的（或大的）不加工面为划线基准（称为粗基准），但该基准只能使用一次，在下一次划线时，必须用已加工面作划线基准。

9.2.3　划线操作

划线方法分平面划线和立体划线两种。平面划线是在工件的一个平面上划线；立体划线是平面划线的复合，是在工件的几个表面上划线，即在长、宽、高三个方向划线。

平面划线与平面作图方法类似，用划针、划规、直角尺、钢尺等在工件表面上划出几何图形的线条。

平面划线步骤如下。

（1）分析图样，查明要划哪些线，选定划线基准。

（2）划基准线和加工时在机床上安装找正用的辅助线。

（3）划其他直线。

（4）划圆、边接圆弧、斜线等。

（5）检查核对尺寸。

（6）打样冲眼。

立体划线是平面划线的复合运用，它和平面划线有许多相同之处，不同的是在两个以上的面划线，如划线基准一经确定，其后的划线步骤大致相同。

立体划线步骤如下。

（1）研究图样，确定划线基准，检查毛坯是否合格。

（2）清理毛坯上的疤痕，在划线部位涂色。

（3）支承工件，找正，并划出基准线，然后再划水平线。

（4）翻转工件，找正，划出互相垂直的线。

（5）检查划出的线是否正确、最后打上样冲眼。

9.3 锯 削

9.3.1 手锯构造

1. 手锯

定义:手锯是由锯弓和锯条两部分组成的。

锯弓:是用来张紧锯条的,有固定式和可调式两种(见图 9-9)。

(a)   (b)

图 9-9 手锯

(a) 固定式锯弓 (b) 可调式锯弓

① 固定式:弓架是整体的,只能装一种长度规格的锯条。

② 可调式:锯弓的弓架分成前后两段,由于前段套在后段内可以伸缩,因此,可以安装不同长度的锯条,所以这种可调式锯弓在生产中使用广泛较受欢迎。

2. 锯条

锯条一般用碳素工具钢或合金钢制成,并经过淬火硬化,具有较高的硬度。它是安装在锯弓上直接进行锯割工作的。根据锯条的用途和种类可具体分为以下几种。

① 按长度分 锯条的长度是以两端安装孔的中心距来表示,长度一般为 150~400 mm、宽度一般为 10~25 mm、厚度一般为 0.6~1.25 mm。

钳工常用的锯条一般都是长度为 300 mm、宽度为 12 mm、厚度为 0.65 mm。

② 按锯齿形状分 交叉形、波浪形两种。

③ 按锯齿粗细分 锯齿的粗细是按锯条上每 25 mm 长度内齿数的多少决定的。粗齿锯条:14~16 齿($t=1.6$ mm),中齿锯条:22~24 齿($t=1.2$ mm),细齿锯条:32 齿($t=0.8$ mm)。粗齿锯条适用于锯软金属,如铜、铝、镁、锡、尼龙、塑料等。中齿锯条一般适用于中等硬性钢,或硬性轻合金,如黄铜、厚壁管子。细齿锯条用于锯板料及薄壁管子。

3. 锯路

锯条上的许多锯齿在制造时按一定的规则左右错开,排列成一定的形状称为锯路。锯路有波浪形、交叉形。

锯路的作用是使工件上的锯缝宽度大于锯条背的厚度,这样一来锯割时锯条既不会被卡住,又能减少锯条与锯缝的摩擦阻力。工作就比较顺利,锯条也不至于过热而加快磨损。

9.3.2 锯削操作

1. 锯条的安装

手锯是在向前推进时进行切削的,所用锯条安装时要保证锯齿的方向正确,锯齿尖部方向冲前。如果装反了,则锯齿前角为负值,切削很困难,不能正常的锯割,如图 9-10 所示。

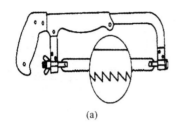 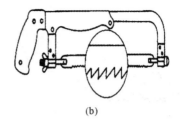

图 9-10　手锯锯条的安装

(a) 正确　(b) 错误

锯条的松紧也要控制适当,太紧时锯条受力太大,在锯割中稍有阻止而产生弯折时,就很容易崩断。太松则锯割时锯条容易扭曲,也很可能折断,而且锯出的锯缝容易发生歪斜。装好的锯条应尽量使它与锯弓保持在同一中心平面内,这样一来所锯出的锯缝才能又正又直。

2. 工件的夹持

工件伸出钳口不应过长,锯缝靠近虎钳的距离一般为 5～10 mm;夹持在台虎钳左侧;工件要夹紧,避免抖动和松动,防止工件变形和夹坏已加工表面。

3. 锯割姿势和方法

锯割姿势与锉削姿势相似。两手握锯弓的姿势:锯割时推力和压力均由右手控制,左手起扶正锯弓作用。锯削时,锯弓作往返直线运动,左手施压,右手推进,用力要均匀。返回时,锯条轻轻滑过加工面,速度不宜太快,锯削开始和终了时,压力和速度均应减少。图 9-11 为手锯的握法。

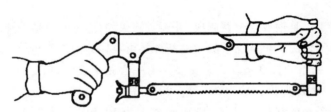

图 9-11　手锯的握法

1) 起锯方法

起锯是锯割工作的开始,起锯质量的好坏,直接影响锯割的质量,起锯的方法有两种:近起锯,远起锯。一般情况下采用远起锯比较好,因为此时锯齿是逐步切入材料,锯齿不易被卡住,起锯也比较方便。如果用近起锯,则掌握不好时锯齿由于突然切入较深的材料,锯齿容易被工件棱边卡住,甚至崩断。

无论用远起锯或近起锯,起锯角度要小(一般不大于 15°)。如果起锯角太大,则起锯不易平稳,尤其是近起锯时锯齿更易被工件棱边卡住。但起锯角也不宜太小,如接近平锯时,由于锯齿与工件同时接触的齿数较多,不易切入材料,经多次起锯后就容易发生偏离,使工件表面锯出许多锯痕,影响表面质量。图 9-12 所示为起锯的方法。

2) 锯割速度和锯条的往返长度

锯割速度不宜过快或过慢。过快锯条容易磨损,反而降低切削效率。速度太慢,效率不高,并容易折断锯条。锯割速度一般应掌握在每分钟 20～40 次为宜。锯割时,锯条的往返行程应不小于锯条全长的 2/3。若只集中于局部长度使用,则锯条的使用寿命将相应缩短。

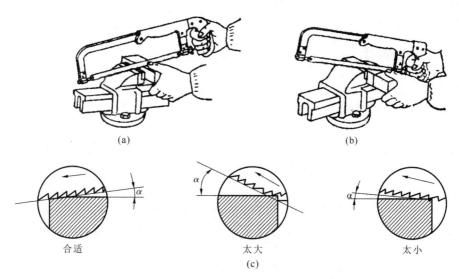

图 9-12 起锯方法

（a）远起锯 （b）近起锯 （c）起锯角太大或太小

9.4 锉 削

用锉刀对工件表面进行切削，使它达到零件图所要求的形状、尺寸和表面粗糙度，这种加工方法称为锉削。锉削加工简便，工作范围广，多用于錾削、锯割之后。

锉削可对工件上的平面、曲面、内外圆弧、沟槽以及其他复杂表面进行加工。

锉削最高加工精度可达到 IT7～IT8 级，表面粗糙度 Ra 值可达 $0.8~\mu m$，可用于成形样板、模具型腔以及部件、机器装配时的工件修整，是钳工的主要操作方法之一。

9.4.1 锉削工具

锉刀是锉削的主要工具，常用碳素工具钢 T12～T13 制成，并经热处理淬硬至 62～67 HRC。

锉刀由锉刀面、锉刀边、锉刀舌、锉刀尾、木柄等部分组成，图 9-13 所示为锉刀结构。

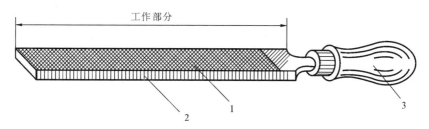

图 9-13 锉刀结构

1—锉刀面；2—锉刀边；3—锉刀柄

锉刀按用途可分为普通锉、特种锉和整形锉（什锦锉）三类。

合理选用锉刀，对保证加工质量提高工作效率和延长锉刀寿命有很大的影响。

一般选择原则是:根据工件材料的性质,加工余量的大小,加工精度和工件表面粗糙度要求的高低选择锉刀。

9.4.2 锉削操作

1.锉削握法及姿势

(1)锉刀的握法:正确握持锉刀有助于提高锉削质量,根据锉刀大小和形状的不同,采用相应的握法。

① 大锉刀的握法(见图 9-14(a)):右手心抵着锉刀木柄的端头,大拇指放在锉刀木柄的上面,其余四指弯在下面,配合大拇指捏住锉刀木柄;左手则根据锉刀大小和用力轻重,有多种姿势。

② 中锉刀的握法(见图 9-14(b)):右手握法与大锉刀相同,左手用大拇指捏住锉刀前端。

③ 小锉刀的握法(见图 9-14(b)):右手食指伸直,拇指放在锉刀木柄上面,食指靠在锉刀的边,左手几个手指压在锉刀中部。

④ 更小锉刀(什锦锉)的握法(见图 9-14(b)):一般只用右手拿着锉刀,食指放在锉刀的左侧。

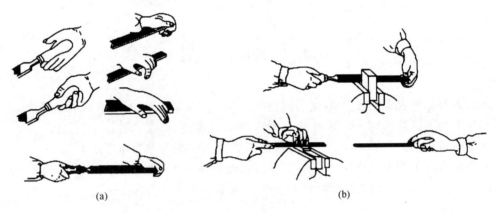

(a)　　　　　　　　　　　　(b)

图 9-14　锉刀的握法

(a) 大锉刀的握法　(b) 中、小锉刀的握法

(2)锉销的姿势:正确的锉削姿势,能够减轻疲劳,提高锉削质量和效率。人站立的位置与锯削时的基本相同,只是左腿弯曲,右腿伸直,身体向前倾斜,重心落在左腿上。

锉削时,两脚站稳不动,靠左膝有屈伸使身体做往复运动,手臂和身体的运动要互相配合,并要使锉刀的长度充分利用。开始锉削时身体要向前倾斜10°左右,左肘弯曲,右肘向后。锉刀推出三分之一行程时,身体向前倾斜约15°,这时左腿稍弯曲,左肘稍直,右臂向前推。锉刀推到三分之二行程时身体逐渐倾斜到18°左右。左腿继续弯曲,左肘渐直,右臂向前使锉刀继续推进,直到推尽,身体随着锉刀的反作用退回到15°位置。行程结束把锉刀略为抬起,使身体与手回复到开始时的姿势,如此反复。

(3)锉削力的运用:锉削时锉刀的平直运动是锉削的关键。锉削的力量有水平推力和垂直压力两种。推力主要由右手控制,其大小必须大于切削阻力才能锉去切屑,压力是由两手控制的,其作用是锉齿深入金属表面。由于锉刀两端伸出工件的长度随时都在变化,因此两手压力大小也必须随之变化,使两手压力对工件中心的力矩相等,这是保证锉刀平直运动的关键。方法是:随着锉刀推进,左手压力应由大而逐渐减小,右手的压力则由小而逐渐增大,到中间时两手压力相等。这是锉削平面时掌握的技术要领,使锉刀在工作的任意位置时,锉刀两端压力对工件中心的力矩保持平衡。否则,锉刀就不平衡,工件中间将会产生凸面或鼓形面。

锉削时,对锉刀总压力不能太大,因为锉齿存屑空间有限,压力太大只能使锉刀磨损加快。但压力也不能过小,过小使锉刀打滑,达不到切削目的。一般是以在向前推进时手上有一种韧性感觉为适宜。

(4)锉削速度一般为每分钟 30～60 次。太快,操作者容易疲劳,且锉齿易磨钝;太慢,切削效率低。

(5)装夹工件:工件必须牢固地夹在虎钳口的中部,并略高于钳口。夹持已加工表面时,应在钳口与工件间垫以铜片或铝片。

2.锉削的方法

(1)平面锉削是基本的锉削,常用的方法有三种(见图 9-15)。

① 顺向锉法　锉刀沿着工件表面横向或纵向移动,锉削平面可得到正直的锉痕,比较整齐美观。适用于工件锉光、锉平或锉顺锉纹。

② 交叉锉法　以交叉的两方向顺序对工件进行锉削。由于锉痕是交叉的,容易判断锉削表面的不平程度,因而也容易把表面锉平。交叉锉法去屑较快,适用于平面的粗锉。

③ 推锉法　两手对称地握住锉刀,用两大拇指推锉刀进行锉削。这种方法适用于较窄表面且已经锉平、加工余量很小的情况下,来修正尺寸和减小表面粗糙度。

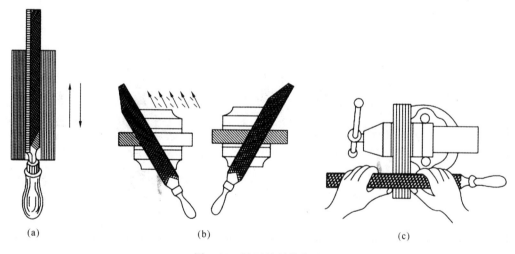

图 9-15　平面锉削的方法

(a)顺向锉法　(b)交叉锉法　(c)推锉法

(2)圆弧面(曲面)的锉削方法。

① 外圆弧面锉削　锉刀要同时完成两个运动:锉刀的前推运动和绕圆弧面中心的转动。前推是完成锉削,转动是保证锉出圆弧面形状。常用的外圆弧面锉削方法有两种:滚锉法,是使锉刀顺着圆弧面锉削,此法用于精锉外圆弧面;横锉法,是使锉刀横着圆弧面锉削,此法用于粗锉外圆弧面或不能用滚锉法的情况下。

② 内圆弧面锉削　锉刀要同时完成三个运动:锉刀的前推运动、锉刀的左右移动和锉刀自身转动。否则,锉不好内圆弧面。

③ 通孔的锉削　根据通孔的形状、工件材料、加工余量、加工精度来选择所需的锉刀,或根据孔形状选择相应锉刀:长方形或方形孔选平板锉,三角形孔选三角锉,圆形孔选圆锉。

9.5 钻 孔

9.5.1 钻床种类

机器零件上分布着很多大小不同的孔,其中那些数量多、直径小、精度不很高的孔都是在钻床上加工出来的。钻床上可以完成的工作很多,如钻孔、扩孔、铰孔、锪端面、攻丝等。钻床的种类很多,常用的钻床有台式钻床、立式钻床、摇臂钻床。

1)台式钻床(简称台钻)

台钻型号:Z515。台钻规格有 6 mm,12 mm,15 mm。

台钻是一种小型钻床,一般安放在台桌上使用,其钻孔直径一般为 1 mm~15 mm。由于加工孔径较小,台钻的主轴转速较高,最高转速接近 10000 r/min。有五种变速形式,用皮带传动,台钻主轴进给是手动的。台钻小巧灵活,使用方便,主要用于加工小型零件上的各种小孔,在钳工和装配中用得最多。图 9-16 所示为台式钻床。

2)立式钻床(简称立钻)

立钻主轴变速箱与车床变数箱相似,主轴转速为 1500 r/min,钻小孔时转速需要高些,钻大孔时转速应低些。主轴的向下进给既可手动也可自动。立式钻床适用于加工中小型工件(对一些较大的工件移动起来就比较麻烦),图 9-17 所示为立式钻床。

图 9-16 Z515 台式钻床

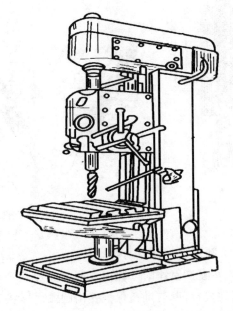

图 9-17 立式钻床

3)摇臂钻床

摇臂钻床主要组成部分:机座、工作台、立柱、摇臂架、主轴变速箱、进给变速箱、主轴工作电动机、摇臂升降电动机。摇臂钻床钻孔最大直径为 50 mm。最大跨距即主轴中心线与立柱母线的距离为 1600 mm。主轴转速 2000~2500 r/min。它有一个能绕立柱旋转的摇臂架,能回转一周,上下能够升降,能调整刀具的位置,适用于大件或批量生产。加工范围:钻孔,扩孔,铰孔,锪孔,攻螺纹。图 9-18 所示为摇臂钻床。

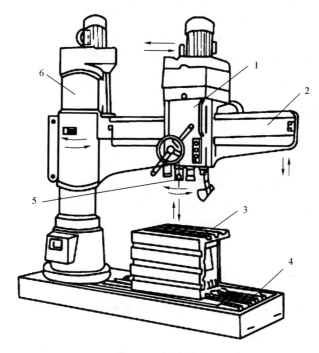

图 9-18 摇臂钻床

1—主轴变速箱;2—摇臂;3—工作台;4—底座;5—主轴;6—立柱

9.5.2 孔加工刀具

麻花钻是孔加工最常用的钻头(刀具)。

麻花钻头主要组成部分:工作部分、钻颈部分、钻柄部分。

各部分的作用如下。

工作部分:切削部分,导向部分(担负切削工作、排除切削、输入冷却润滑液等)。

钻颈部分:标注钻头的材质和规格。

钻柄部分:与机床主轴连接起传递作用。

螺旋槽:向孔外排屑和输送冷却液。

麻花钻头种类如下。

(1) 直柄:直柄钻头一般规格在 $\phi13$ mm 以内,直柄钻头所能传递的扭矩较小。

(2) 锥柄:锥柄钻头一般规格为直径较大的钻头,锥柄钻头可以传递较大的扭矩。

麻花钻工作部分一般用高速钢(W18Cr4V)淬硬至硬度 62～68 HRC,钻柄部分一般用 45 钢淬硬至 30～45 HRC,麻花钻头热硬性一般为 550～600 ℃。

9.5.3 钻孔操作

用钻头在实体材料上加工孔的操作方法,称为钻孔。

钳工钻孔多在钻床上进行,有时也利用手电钻钻孔。在钻床上钻孔时,工件固定不动,钻头做旋转(主运动),并做轴向移动(进给运动),钻孔时由于钻头结构存在着一些缺点(主要是刚度差),因而影响了加工质量。钻孔加工精度(公差等级)一般为 IT12 左右,表面粗糙度 Ra

值约为 12.5 μm。钻孔可作为粗加工。在一个工件上钻孔的钻孔方法:第一步应划线、打样冲眼;第二步试钻一个孔径约为 1/4 的浅坑,来判断是否对中,偏得较多要纠正,纠正的方法就是想办法增大应该钻掉一方的切削,当对中后方可钻孔;第三步钻孔,钻孔时进给力不要太大,要时常抬起钻头排屑,同时加冷却润滑液,钻孔要透时,要减少进给防止切削突然增大,折断钻头。

9.5.4 扩孔操作

用扩孔钻头对工件已有的孔进行扩大加工称扩孔。它可以校正孔的轴线偏差,并使其获得正确的几何形状与较好的表面光洁度。扩孔的精度(公差等级)一般为 IT10,表面粗糙度 Ra 值为 6.3 μm,扩孔可作为孔加工的最后工序,也可作为铰孔前的准备工序。扩孔加工余量为 0.5～4 mm。扩孔的形状与麻花钻头相似,不同的是扩孔钻有三个至四个切削刃,且没有横刃。扩孔钻的钻心大,刚度较高,由于齿数多、刚度高、切削平稳,故扩孔时导向性能好,加工质量较高。

9.5.5 铰孔操作

用铰刀对孔进行最后精加工,称铰孔。铰孔的公差等级一般为 IT7～IT6,表面粗糙度 Ra 值一般为 1.6～0.8 μm。铰孔时加工余量很小,粗铰为 0.15～0.5 mm,精铰为 0.05～0.25 mm。钳工铰孔少部分在钻床上用机铰刀进行,多数用手工铰制。

9.6 攻螺纹与套扣

9.6.1 攻螺纹操作

(1) 丝锥 加工内螺纹的一种刀具。丝锥一般是由碳素工具钢或高速钢制成的,并经过淬火硬化。丝锥是由切削部分、校准部分(定径部分)和柄部等组成的。

(2) 丝锥的种类 丝锥分为手用丝锥和机用丝锥两种。

手用丝锥 一般用两支组或三支组组成一套。可分为头锥、二锥、三锥。图 9-19(a)所示为手用丝锥头锥。两支组丝锥切削部分的斜角不同,头锥的斜角小,有六个不完整的齿便于起削。二锥的斜角大,有两个不完整的齿便于与头锥交替使用,进行逐次切削,以减小切削力。两支组丝锥的斜角:头锥为 7°,二锥为 20°。三支组丝锥的斜角:头锥为 4°～5°,二锥为 10°～15°,三锥为 18°～23°。使用头锥可完成切削工作总量的 60%,二锥完成切削工作总量的 30%,三锥完成切削工作总量的 10%。

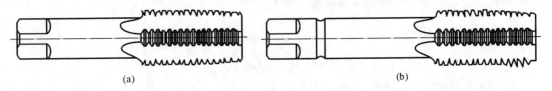

(a)   (b)

图 9-19 丝锥

(a)手用丝锥 (b)机用丝锥

通常情况下,M6～M24 的丝锥一套有两支,M6 以下、M24 以上的丝锥一套有三支,这是因为丝锥越小强度越低,容易折断。大的丝锥切削负荷大,故做成三支一组的,从而减少了每次的切削量。

机用丝锥 除手用丝锥外,还有机用丝锥,它是装夹在机床上,以机械动力来攻螺纹。为了装夹、装卸方便,机用丝锥的柄部较长,切削部分也比手用丝锥长。机用丝锥一般适用于攻通孔螺纹,不便于浅孔攻螺纹。图 9-19(b)所示为机用丝锥。

(3)攻螺纹的工具。

搬杠:用来夹持和板动丝锥的工具,较为适合初学者,易于掌握平衡。

扳手:钳工日常工作使用的一种工具,有多种规格。

(4)螺纹底孔直径的确定。

攻螺纹前首先要在工件上钻孔,此孔称为底孔。攻螺纹时,丝锥除对金属切削外,还对金属材料产生挤压,使金属扩张,材料的塑料越大、扩张量也就越大。如螺纹底孔直径与螺纹内径一致,材料扩张时会卡住丝锥。这样一来丝锥就容易折断。但底孔直径过大,就会使攻出的螺纹由于牙形高度不够而成废品。所以底孔直径的大小,要根据金属材料的塑性大小来决定。在钻螺纹底孔时可以查表或用经验公式计算来确定。

经验公式计算确定底孔直径的方法:

对钢件及韧性材料

$$D = d - t(\text{mm})$$

对铸铁及脆性材料

$$D = d - (1.1 \sim 1.2)t(\text{mm})$$

式中: D——底孔直径;

d——螺纹外径;

t——螺距。

不通孔攻螺纹时:由于丝锥切削刃部分攻不出完整的螺纹,所以钻孔深度应超过所需要的螺纹孔深度,钻孔深度是螺纹孔深度加上丝锥起削刃的长度,起削刃长度大约等于螺纹外径的 0.7 倍。

(5)攻螺纹的方法及过程。

攻螺纹前,正确选择钻头钻孔。在攻螺纹工件的孔口处倒 90°角,便于起削。必须按头锥、二锥或三锥的顺序依次攻削。攻螺纹中双手用力均匀,保证丝锥垂直,避免丝锥歪斜,以防折断丝锥。攻螺纹时,顺时针方向旋转,每转 1/2～1 圈时应反转 1/4 圈,以便断屑。

9.6.2 套扣操作

用板牙加工外螺纹的一种操作方法称套扣。板牙是切削外螺纹的一种刀具,是用碳素工具钢或高速钢制成的,并经过淬火硬化,具有较高的硬度。板牙主要由切削部分、校准部分、夹持部分等组成。

板牙架是装夹板牙的工具,它可分为圆板牙架、可调式板牙架和管子板牙架三种。使用板牙架(圆板牙架)时,将板牙装入架内,板牙上的锥槽与架上的紧固螺钉要对准,然后紧固。

(1)套扣圆杆直径的确定。

套扣和攻螺纹时一样,由于材料也要受到挤压,切削阻力增大,板牙容易损坏,还要影响螺纹的质量,因此圆杆直径应小于螺纹公称尺寸,可查表或计算确定。计算公式为

$$D = d - 0.13t$$

式中：　D——圆杆直径；

　　　　t——螺距；

　　　　d——螺纹外径。

（2）套扣的方法。

在确定套扣圆杆直径后,将套螺纹圆杆顶端倒角 30°,这样便于起削与找正。工件装夹要垂直牢固。起削时,双手用力要均匀,以保持板牙与圆杆的垂直。套扣和攻螺纹一样,顺时针方向旋转板牙架,并经常反转断屑。为延长板牙寿命和提高螺纹的粗糙度,可加入冷却润滑液。

9.7　刮　　削

刮削是一种精密的加工操作(见图 9-20)。在机械加工中,有些零件虽然经过车铣刨等加工,但是工件表面上还遗留有较粗糙的痕迹,特别像车床的床面、刀架滑座、轴承等用于滑动支承的机械零件,如果接触面的精度和光洁度不高,不但影响机器的精度,而且促使滑动面加快磨损。为了消除床面、轴承上滑动接触的工作表面那些粗糙的痕迹,还有轻微的弯曲、毛刺飞边、凹陷或凸起,提高工作面的平直度,以保证机器的精度和使用的寿命,需要经过刮削加工。

图 9-20　刮削

刮削的时候,刮刀的负前角起着推挤的作用,它不单在切削,而且还起着压光的效果。因此,刮削的表面组织比机械加工的表面严密,而且可以获得较高的表面光洁度,当两个经过刮削的工作面贴在一起,滑动时便有无数接触点,且触点分布比较均匀,所以滑动阻力小,对于两滑动面的相互磨损也就减少了。

9.7.1　刮削工具

刮刀是进行刮削的主要工具,制作刮刀的材料要求硬度高、坚实、不起砂口、不易磨耗,通常采用 T10～T12 碳素工具钢,W18Cr4V、W8Cr4V2 碳素工具钢或轴承钢制作,并经淬火处理(硬度一般为 60～65 HRC)后磨削而成。

刮刀的种类比较多,按照其用途可分为平面用刮刀(铲刀)和曲面用刮刀。

（1）平面用刮刀（铲刀）：刮刀的切削刃口呈直线（也有呈微小弧线），适合刮削平整的工件表面。通常使用的平面刮刀，按构造的不同，又可分为普通刮刀和弯头刮刀两种。

① 普通刮刀（直头铲刀）：这种刮刀最常见，各部分尺寸根据工件大小和要求的精度来决定。

② 弯头刮刀：这种刮刀的刀头薄，一面有刃，在刮削时具有弹性，可以防止刮削时工件表面出现振纹。

（2）曲面用刮刀：多用于刮削曲面和轴承等，通常有三角刮刀和匙形刮刀。三角刮刀的三个刃口形成一个等边三角形，其角度为 60°，三个面上有纵槽，方便于刮刀的刃磨。

9.7.2 刮削操作

1. 刮削方法及姿势

1）手刮法

（1）右手如握锉刀柄的姿势，左手四指向下卷曲握住刮刀近头部 50 mm 处，刮刀与被刮表面成 20°～30°，同时，左脚前跨一步，上身随着往前倾斜，这样可增加左手压力，也易看清刮刀前面点的情况。

（2）刮削时，右手随着上身前倾，使刮刀向前推进，左手下压，落刀要轻，同时当推到所需位置时，左手迅速抬起，完成一个手刮动作，练习时以直刮为主。

（3）手刮法动作灵活，适应性强，对刮刀长度要求不严格，姿势可合理掌握，但手易疲劳，不适合加工余量较大的工件。

2）挺刮法

（1）姿势。将刮刀柄放在小腹左下侧，双手并拢在刮刀前面距刀刃约 80 mm 处（左手在前，右手在后），刮削时，刮刀对准研点左手下压，利用腿部和臀部力量，使刮刀向前推挤，在推动的瞬间，同时用双手将刮刀提起，完成一次刮点。

（2）挺刮法每刀切削量大，适合大余量的刮削，工作效率高，但腰部易疲劳。

2. 平面刮削法

一般要经过粗刮、细刮、精刮和刮花。

1）粗刮

粗刮是用粗刮刀在刮削面上均匀地铲去一层较厚的金属。粗刮可采用连续推铲的方法，刀迹要连成一片。粗刮能很快的去除刀痕、锈斑或过度的余量。当粗刮到每个 25 mm×25 mm 的方框内有 2～3 个研点时，可转入细刮。

2）细刮

细刮是用细刮刀在刮削面上刮去稀疏的大块研点（俗称破点）。细刮时，采用短刮法，刀痕宽而短，刀迹长度均为刀刃宽度，随着研点的增多，刀迹逐步缩短。每刮一遍时，需按同一方向刮削（一般与平面的边成一定角度）；刮第二遍时，要交叉刮削，以消除原方向刀痕。在整个刮削面上研点达到 12～15 点/（25 mm×25 mm）时，细刮结束。

3）精刮

精刮是用精刮刀更仔细地刮削研点（俗称摘点）。精刮时，采用点刮法（刀迹长度约为 5 mm），注意压力要轻，提刀要快，在每个研点上只刮一刀，不得重复刮削，并始终交叉的刮削。当研点增加到 20 点/（25 mm×25 mm）时，精刮结束。

4）刮花

刮花是在刮削面或机器外观表面上用刮刀刮出装饰性花纹。刮花的目的是使刮削面美观,并使滑动件之间有良好的润滑条件。

3.内曲面刮削姿势

1)第一种姿势

右手握刀柄,左手掌心向下,四指横握刀身,拇指抵着刀身。刮削时,左右手同时做圆弧运动,且须使用刮刀做后拉或前推的运动,刀迹与曲面轴线成45°夹角,且交叉进行。

2)第二种姿势

将刮刀柄搁在右手臂上,双手握住刀身。刮削时,动作和刮刀运动轨迹与第一种姿势相同。

4.外曲面刮削姿势

两手捏住平面刮刀的刀身,用右手掌握方向,左手加压或提起,刮刀柄搁在右手小臂上。刮削时,刮刀面与轴承端面倾斜约30°,也应交叉刮削。

5.曲面刮削的要点

(1)刮削非钢铁金属(如铜合金)时,显示剂可选用蓝油,精刮时可用蓝色或黑色油墨代替,使显点色泽分明。

(2)研点时,应沿曲面做往复转动。精刮时,转动弧长应小于25 mm,切记沿轴线方向做直线研点。

(3)曲面刮削粗刮时,前角大些;精刮时,前角小些,但蛇头刮刀的刮削与平面刮削一样,是用负前角进行切削。

(4)内孔刮削精度的检查方法是以25 mm×25 mm面积内的接触点数而定的,一般总是中间点可以少些,而前、后端则要求多些。

9.8　钳工综合工艺举例

金工实习两周班,钳工部分——凹凸配合件(见图9-21、图9-22)。

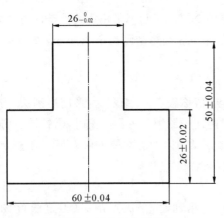

图9-21　凹凸配合件凸件

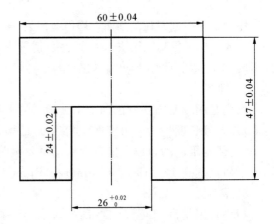

图9-22　凹凸配合件凹件

操作步骤:

① 按照图样要求,将材料锯到可加工的大小;

② 将板料按照要求锯割成两段;

③ 选择基准,加工凸面基准面;

④ 加工凸件其他面;

⑤ 完成凸件;

⑥ 选择凹件基准面并加工;

⑦ 加工凹件其他面;

⑧ 加工凹件上凹槽;

⑨ 加工凹件完成,并与凸件配合,修正凹件;

⑩ 完成工件,使之达到精度要求。

金工实习四周班,钳工部分——锤头(见图 9-23)。

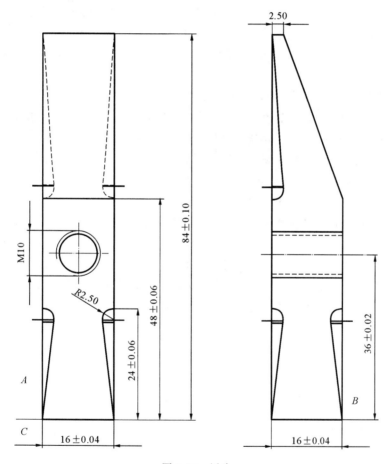

图 9-23　锤头

操作步骤:

① 按照图样要求,将 18 mm×18 mm 的方钢锯成 90～100 mm 长度大小;

② 选择基准面,加工基准面 A;

③ 加工基准面 B(要求与 A 面垂直);

④ 加工另外两个侧面,使整个材料尺寸达到 16 mm×16 mm(要求四个侧面相互垂直);

⑤ 确定端面基准面 C 并加工,使之与侧面垂直;

⑥ 加工另一端面,要求得到 16 mm×16 mm×84 mm 的方钢;

⑦ 加工斜面;

⑧ 倒圆角;

⑨ 定圆心,钻孔,攻螺纹;

⑩ 修正,打磨,完成锤头工件。

9.9　钳工安全操作规程及注意事项

(1) 工作前先检查工作场地及工具是否安全,若有不安全之处及损坏现象,应及时清理和修理,并安放妥当。

(2) 使用的锉刀必须带锉刀柄,操作中除锉圆面外,锉刀不得上下摆动,应重推出,轻拉回,保持水平运动,锉刀不得沾油,存放时不得互相叠放。

(3) 使用电钻前,应检查是否漏电(如有漏电现象应交电工处理),并将工件放稳,人要站稳,手要握紧,两手用力要均衡并掌握好方向,保持钻杆与被钻工件面垂直。

(4) 使用虎钳,应根据工件精度要求加放钳口铜,不允许在钳口上猛力敲打工件,扳紧虎钳时,用力应适当,不要用加力杆,虎钳使用完毕,须将虎钳打扫干净,并将钳口松开。

(5) 使用卡钳测量时,卡钳一定要与被测工件的表面垂直或平行。

(6) 游标卡尺、千分尺等精密量具,测量时均应轻而平稳,不可在毛坯等粗糙表面上测量,不许测量正在发热的工件,以免卡脚损坏。

(7) 攻螺纹与铰孔时,丝锥与铰刀中心均要与孔中心一致,用力要均匀,并按先后顺序进行。攻、套螺纹时,应注意反转,必要时,根据材料性质加润滑油,以免损坏板牙和丝锥,铰孔时不准反转,以免刀刃崩坏。

(8) 刮研时,工件应放置平稳,工件与标准面相互接触时应轻而平稳,并且不使棱角接触与碰击,以免损坏表面。刮削工件边缘时,刮刀方向应与边缘成一定的角度进行。

(9) 工作完毕后,收放好工具、量具,并擦洗设备、清理工作台及工作场所,精密量具应仔细擦净存放在盒子里。

复习思考题

1.划线工具有哪些？划线工具有几类？

2.平面锉削时常用的方法有哪几种？各种方法适用于哪种场合？锉削外圆弧面有哪两种操作方法？

3.什么叫攻螺纹？什么叫套扣？试简述丝锥和板牙的构造。

4.攻螺纹前的底孔直径如何确定？套扣前的圆杆直径如何确定？

第 10 章　数控机床

本章使学生了解数控机床的基本知识,包括数控机床的组成、数控机床的原理、数控机床的分类和数控机床的特点;重点掌握数控编程的方法,主要是数控车床和数控铣床的编程方法;了解电火花成形机床和数控电火花线切割机床的相关知识;熟练掌握数控车床和数控铣床的仿真操作。

10.1　概　　述

10.1.1　数控机床的定义

数控是数字控制(numerical control)的简称,即 NC。数控技术即 NC 技术,是指用数字化信号进行自动控制的技术。计算机数控(computerized numerical control,CNC)是指用计算机实现部分或全部的数控功能。数字控制机床是一种装有程序控制系统的自动化机床,该控制系统能够逻辑地处理具有控制编码或其他符号指令规定的程序,并将其译码,从而使机床运动并加工零件。

数控机床就是采用数控技术的机床,是以数字指令方式控制机床各部件的相对运动和动作,数控机床具有自动换刀、自动变速和其他辅助操作的自动化功能。数控机床于 1948 年开始研制,1952 年帕森斯公司和麻省理工学院合作研制了第一台三坐标数控铣床,这就是世界上第一台数控机床,它综合应用了计算机、自动控制、伺服驱动、精密检测与新型机械结构等多方面的技术成果,可用于复杂曲面加工,这是机械制造行业中的一次技术革命。

10.1.2　数控机床的组成

数控机床是机电一体化的典型产品,是集机床、计算机、电机拖动、自动控制、检测等技术为一体的自动化设备。数控机床的基本组成包括控制介质、数控装置、伺服系统、反馈装置及机床本体,如图 10-1 所示。

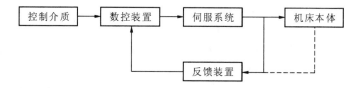

图 10-1　数控机床的组成框图

(1)控制介质是指将零件加工信息传送到数控装置中的信息载体。

(2) 数控装置是数控机床实现自动加工的控制核心。其功能是接受输入装置输入的数控程序中的加工信息,经过数控装置的系统软件或逻辑电路进行译码、运算和逻辑处理后,发出相应的脉冲送给伺服系统。

(3) 伺服系统是接收数控装置的指令并且驱动机床执行机构运动的驱动部件,是数控装置和机床本体之间的电传动联系环节,由伺服驱动电动机和伺服驱动装置组成。驱动装置是数控机床的动力来源,按照数控指令驱动机床运动。

(4) 反馈装置是闭环和半闭环数控装置的检测环节,该装置可以包括在伺服系统中,它由检测元件和相应的电路组成,其作用是检测数控机床坐标轴的实际移动速度和位移,并将信息反馈到数控装置或伺服系统中,构成闭环控制系统。检测装置的安装、检测信号反馈的位置取决于数控系统的结构形式。无测量反馈装置的系统称为开环系统。

(5) 机床本体包括床身、主轴、进给机构等机械部件,以及自动换刀装置、润滑装置、冷却装置、限位保护装置等部分。

10.1.3 数控机床的工作原理

数控机床加工零件时,首先必须将工件的几何数据和工艺数据等加工信息按规定的代码和格式编制成零件的数控加工程序,这是数控机床的工作指令。将加工程序用适当的方法输入到数控装置,数控装置对输入的加工程序进行数据处理,输出各种信息和指令,控制机床主运动的变速、启停、进给的方向、速度和位移量,以及其他如刀具选择交换、工件的夹紧松开、冷却润滑的开关等动作,使刀具与工件及其他辅助装置严格地按照加工程序规定的顺序、轨迹和参数进行工作。数控机床的运行处于不断地计算、输出、反馈等控制过程中,以保证刀具和工件之间相对位置的准确性,从而加工出符合要求的零件。数控机床加工工件的过程如图 10-2 所示。

图 10-2 数控机床的加工过程

10.1.4 数控机床的特点

数控机床对零件的加工过程是严格按照加工程序所规定的参数及指令执行的,它是一种高效能自动或半自动机床,与普通机床相比具有以下明显特点。

(1) 可用于复杂异形零件的加工 数控机床的刀具运动轨迹是由加工程序决定的,通常只要能编制出程序即可加工出形状复杂的零件,因此在航天、造船、模具等加工业中得到广泛应用。

(2) 加工精度高、质量稳定可靠 数控机床是按预先编好的加工程序自动进行工作,排除了人为误差,提高了同批次零件加工尺寸的一致性。

(3) 具有良好的加工柔性 加工对象改变时一般只需要更改数控程序即可,体现出很好的适应性,可大大节省生产准备时间。

(4) 加工生产效率高 数控机床具有良好的刚度,可进行强力切削及快速空行程进给,减少切削时间;数控机床有较高的重复定位精度,大大地缩短了生产准备周期,节省了测量和检测时间。

（5）自动化程度高、改善劳动条件　数控机床调整好后,除了手工装夹毛坯外,全部加工过程都是自动完成,简化了人工操作,减轻了操作者的劳动强度,改善了劳动条件。

（6）有利于现代化管理　利用数控机床进行加工,可以准确计算出零件的加工工时,并能有效简化检验、工件夹具和半成品的管理工作,易于实现生产的现代化管理。

（7）投资大,使用费用高。

（8）生产准备工作复杂　由于整个加工过程采用程序控制,数控加工的前期准备工作较为复杂,包含工艺确定、程序编制等。

（9）维修困难　数控机床是典型的机电一体化产品,技术含量高,对维修人员的技术要求很高。

10.2　数控机床的分类

10.2.1　数控机床的分类

1.按运动控制的特点分类

1）点位控制数控机床

点位控制数控机床又称为点到点控制,点位控制的数控机床是指只控制机床的移动部件从一点到另一点的准确定位,在移动和定位过程中不进行任何加工。点位控制的数控机床主要用于平面内的孔系,主要有数控钻床、数控坐标镗床、数控冲床、数控点焊机等。

2）直线控制数控机床

直线控制数控机床又称为平行控制,其特点是除了控制点与点之间的准确定位外,还要控制两相关点之间的移动速度和轨迹,主要有数控车床、数控铣床、数控磨床等。

3）轮廓控制数控机床

轮廓控制数控机床又称为连续轨迹控制,这类数控机床能够对 2 个或 2 个以上坐标轴同时进行控制,不仅能够控制机床移动部件的起点与终点坐标,而且能够控制整个加工过程中每一点的速度与位移量,这类数控机床主要有 2 坐标轴及 2 坐标轴以上的数控铣床、可加工曲面的数控车床、加工中心、数控线切割机床等。

2.按伺服系统的类型分类

1）开环控制数控机床

这类数控机床采用开环进给伺服系统,其数控装置发出的指令信号是单向的,没有检测反馈装置对运动部件的实际位移量进行检测,不能进行运动误差的校正。

2）闭环控制数控机床

闭环控制数控机床是指在机床的运动部件上装有位移和速度检测装置。

3）半闭环控制数控机床

半闭环控制方式主要是将位置反馈给角位移检测元件,通过检测丝杠转角间接地测量工作台位移量,然后反馈给数控装置。

3.按加工工艺方法分类

1）金属切削类数控机床

它包括数控车床、数控铣床、数控钻床、数控磨床、数控齿轮加工机床等。

2)特种加工类数控机床

它包括数控电火花线切割机床、数控电火花成形机床、数控等离子弧切割机床、数控火焰切割机床及数控激光加工机床等。

3)板材加工类数控机床

它包括数控压力机、数控剪板机和数控折弯机。

10.2.2　实习所用数控机床的介绍

1.数控车床

1)数控车床主要加工对象

数控车床的用途与普通车床一样,主要用来加工回转体零件的内外圆柱面、圆锥面、螺纹表面及成形表面,对于盘类零件可以进行钻、扩、铰和镗孔加工。

(1)表面形状复杂的回转体零件。

数控车床具有直线和圆弧插补功能,可以车削由任意直线和曲线组成的形状复杂的回转体零件。

(2)精度要求高的回转体零件。

由于数控车床刚度好、加工精度高、对刀准确,还可以精确地实现自动补偿,所以数控车床能加工尺寸精度要求高的零件。

(3)表面粗糙度要求高的回转体零件。

数控车床具有恒线速切削功能,在材质、加工余量和刀具已确定的条件下,表面粗糙度取决于进给量和切削速度。

2)数控车床的组成

(1)数控车床主要由操作面板、主轴箱、主轴卡盘、刀架、机床防护门、导轨、尾座、床身组成。

(2)实习所用数控车床的性能及工艺范围。

实习所用机床为云南机床厂生产型号为 CY-K360 的数控车床,如图 10-3 所示。

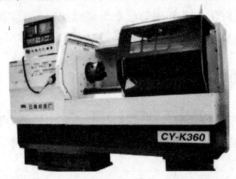

图 10-3　实习所用数控车床

床身:床身采用平式床身、分离床脚的结构,使机床具有散热性好,排屑性好等特点。

主传动系统:主轴系统独立一体,前支承配置短圆柱滚子轴承及角接触球轴承,后支承采用短圆柱滚子轴承。

进给系统:纵向(Z 向)、横向(X 向)的移动由伺服电动机通过弹性联轴器带动滚珠丝杠副实现。其中滚珠丝杠导程配套为 X 向:$t=4$,Z 向:$t=6$。

刀架:本机一般选用电动四工位(立式)和六工位(卧式)刀架。

数控系统:国产 DASEN9 数控系统。

润滑系统:机床配有自动润滑系统,能有效减少热变形的影响,保证了加工精度。

加工范围:能自动完成内外圆表面、圆锥面、圆弧面、端面、多种螺纹(公英制螺纹、锥螺纹、端面螺纹)、钻、铰、镗孔等车削加工。

2.数控铣床

1) 数控铣床加工范围

数控铣床是一种用途广泛的机床,有立式、卧式及龙门铣三种类型,主要可以进行平面轮廓、空间曲面类零件、挖槽和孔系的加工。

2) 数控铣床的组成

数控铣床主要由控制面板、主轴箱、主轴铣头、工作台和床身组成,如图 10-4 所示。

3) 机床性能及工艺范围

实习所使用的机床为云南机床厂生产的型号为 CY-KX850 的数控铣床,如图 10-5 所示。

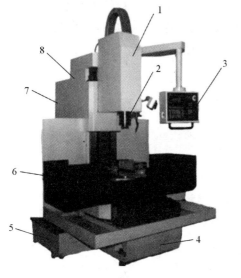

图 10-4　数控铣床的结构

1—主轴箱;2—主轴;3—控制面板;4—床身;
5—冷却液箱;6—工作台;7—电气柜;8—立柱

图 10-5　实习所用数控铣床

CY-KX850 数控铣床应用计算机辅助设计(CAD)软件,完成机床最优化结构设计。机床各导轨通过精心设计,运动载荷性能好,轨道面采用耐磨的环氧树脂,经手工精细研刮,导轨接触面摩擦力极小,大大降低了机床的爬行现象,导轨面经过超音频淬火,并进行高精密磨削加工,使得机床具有极好的精度保持性,且导轨、主轴锥孔及工作台面的淬火等方面拥有专有技术,大大保证了机床精度的稳定性和可靠性,主轴轴承采用进口预压高精度斜角滚珠轴承,给予主轴最大刚性和最高精度,X、Y、Z 三轴电动机采用大扭矩交流伺服电动机,高精度预拉伸滚珠丝杠直接传动,适用于工件高精度强力切削。采用高性能、高可靠性的 32 位高速微处理器。FANUC Oi 系统作为标准配置,智慧型警示显示,自诊断等功能,方便使用及维护,其关键零件出厂精度均由精密三坐标测量机和英国雷尼绍(RENISHAW)双频激光干涉仪及球杆仪严格检测,对其进行全面检验,确保机床的几何精度和工作精度。该机床适用于各种零件的平面、沟槽、复杂型面的精密铣削加工,并可完成钻孔、攻螺纹等,但不适用于淬硬材料或其他超硬材料加工。

　　3.数控电火花成形机床

　　1）工作原理

　　电火花加工是在一定的液体介质中,利用脉冲放电对导电材料的电蚀现象来蚀除材料,从而使零件的尺寸、形状和表面质量达到预定技术要求的一种加工方法,又称放电加工或电蚀加工。

　　电火花加工的原理如图10-6所示。工件与工具电极分别与脉冲电源的两输出端相连接。自动进给调节装置(此处为液压油缸和活塞)使工具和工件间经常保持很小的放电间隙,当脉冲电压加到两极之间,便在当时条件下相对某一间隙最小处或绝缘强度最弱处击穿介质,在该局部产生火花放电,瞬时高温使工具和工件表面局部熔化,甚至汽化蒸发而电蚀掉一小部分金属,各自形成一个小凹坑,图10-7(a)表示单个脉冲放电后的电蚀坑。图10-7(b)表示多次脉冲放电后的电极表面。脉冲放电结束后,经过脉冲间隔时间,使工作液恢复绝缘后,第二个脉冲电压又加到两极上,就会在当时极间距离相对最近或绝缘强度最弱处击穿放电,并电蚀出一个小凹坑。整个加工表面将由无数小凹坑所组成。这种放电循环每秒钟重复数千次到数万次,使工件表面形成许许多多非常小的凹坑,称为电蚀现象。随着工具电极不断进给,工具电极的轮廓尺寸就被精确地"复印"在工件上,达到成形加工的目的。

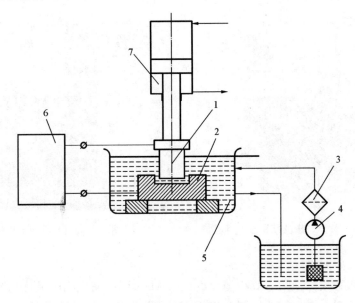

图10-6　电火花加工的原理

1—工具电极;2—工件;3—过滤器;4—工作液泵;5—工作液;6—脉冲电源;7—自动进给调节装置

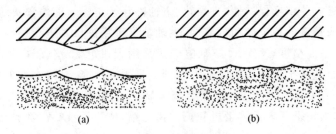

(a)　　　　　　　　　　(b)

图10-7　电蚀过程

2）电火花成形机床的组成

（1）数控装置：用于输入、编辑加工用数控指令。

（2）控制装置：用于控制机械装置按所需轨迹运动。

（3）机械装置：用于完成对工件的加工。

（4）脉冲电源：用于提供加工所需的脉冲电源，保证加工尺寸精度和表面粗糙度。

（5）工作液供给装置：用于提供加工所需工作液，保证极间绝缘、冷却电极和工件、排除电蚀产物。

3）工作液性能

（1）具有一定的绝缘性。

（2）具有较好的洗涤性能，利于排屑，切削速度高，表面光洁，割缝中无油垢。

（3）具有较好的冷却性能。

（4）对环境无污染，对人体无危害。

4）机床性能及工艺范围

实习所使用的机床为江苏三星机械制造有限公司生产型号为 D7140 的精密电火花成形机床，如图 10-8 所示。

图 10-8　实习所用数控电火花成形机床

D7140 型精密电火花成形机床是一种精密型腔成形加工机床，可利用导电材料（如铜、石墨、钢）为工具电极，对工件（一般应为导电材料）进行加工，主要适用于精密冲模、型腔模（如塑料模、胶木模、压铸模等）、小孔、异形孔、窄槽等的加工，是机械加工车间、模具车间理想的加工设备。

4. 数控电火花线切割机床

1）工作原理

电火花数控线切割加工是通过线状工具电极与工件间规定的相对运动，切割出所需工件。自由正离子和电子在场中积累，很快形成一个被电离的导电通道。在这个阶段，两极间形成电流。导致粒子间发生无数次碰撞，形成一个等离子区，并很快升高到 8000～12000 ℃ 的高温，两导体表面的一些材料瞬间熔化，同时，由于电极和电介液的汽化，形成一个气泡，并且它的压力规则上升直到非常高，然后电流中断，温度突然降低，引起气泡内向爆炸，产生的动力把溶化的物质抛出弹坑，然后被腐蚀的材料在电介液中重新凝结成小的球体，并被电介液排走。通过 NC 控制的监测和管控，伺服机构执行，使这种放电现象均匀一致，从而达到加工物被加工，使之成为合乎要求之尺寸大小及形状精度的产品。

2）机床性能及工艺范围

实习所用机床为江苏三星机械制造有限公司生产型号为 DK7740BZ 电火花数控线切割

机床,如图 10-9 所示。主要用于加工各种类型的精密、复杂、异形、超硬(淬火钢、硬质合金等)的中小型金属零件,如各种类型的模具、样板等。机床采用数字控制,具有高自动、高适应之优点,可广泛用于仪器、仪表、汽车、拖拉机、摩托车、家用电器、日用工业等行业的工具车间、试制车间。

图 10-9　实习所用数控电火线切割机床

3) 主要技术参数

工作台面尺寸/mm　　　　　　　720×640
工作台纵横向行程/mm　　　　　500×400
工作台最大承载质量/kg　　　　 320
最大切割厚度/mm　　　　　　　400
加工精度/mm　　　　　　　　　0.01
加工表面粗糙度/μm　　　　　　$Ra \leqslant 1.5$
最大切割速度/(mm²/min)　　　　80
工作台手轮操纵/(mm/格)　　　　0.02

10.3　数控编程基础

10.3.1　数控编程的基本知识

1. 数控编程的步骤

数控编程的具体步骤如图 10-10 所示。

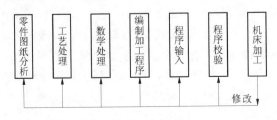

图 10-10　数控编程过程

（1）分析零件图。

首先要分析零件的材料、形状、尺寸、精度、批量、毛坯形状和热处理要求等，以便确定该零件是否适合在数控机床上加工，或适合在哪种数控机床上加工。同时要明确加工的内容和要求。

（2）工艺处理。

在分析零件图的基础上，进行工艺分析，确定零件的加工方法（如采用的工夹具、装夹定位方法等）、加工路线（如对刀点、换刀点、进给路线）及切削用量（如主轴转速、进给速度和背吃刀量等）等工艺参数。数控加工工艺分析与处理是数控编程的前提和依据，而数控编程就是将数控加工工艺内容程序化。制定数控加工工艺时，要合理地选择加工方案，确定加工顺序、加工路线、装夹方式、刀具及切削参数等；同时还要考虑所用数控机床的指令功能，充分发挥机床的效能；尽量缩短加工路线，正确地选择对刀点、换刀点，减少换刀次数，并使数值计算方便；合理选取起刀点、切入点和切入方式，保证切入过程平稳；避免刀具与非加工面的干涉，保证加工过程安全可靠等。

（3）数学处理，计算出几何要素的坐标值。

根据零件的几何尺寸、加工路线，计算刀具中心运动轨迹，以获得刀位数据。具有直线插补和圆弧插补的数控系统，对于加工由圆弧与直线组成的较简单的平面零件只需计算出相临几何要素的交点或切点的坐标值，得出各几何元素的起点、终点、圆弧的圆心坐标值。

（4）编写零件加工程序。

根据加工路线、切削用量、刀具号码、刀具补偿量、机床辅助动作及刀具运动轨迹，按照数控系统使用的指令代码和程序段的格式编写零件加工的程序单。

（5）将零件加工程序输入数控装置。

数控机床的零件加工程序，可以通过键盘、穿孔纸带、磁带、软盘等手段或介质传输到数控装置中去。

（6）对零件加工程序进行校验。

将编写好的加工程序输入数控装置，就可控制数控机床的加工工作。一般在正式加工之前，要对程序进行检验。通常可采用机床空运转的方式，来检查机床动作和运动轨迹的正确性，以检验程序。在具有图形模拟显示功能的数控机床上，可通过显示走刀轨迹或模拟刀具对工件的切削过程，对程序进行检查。对于形状复杂和要求高的零件，也可采用铝件、塑料或石蜡等易切材料进行试切来检验程序。

（7）正确操作机床，完成工件加工。

2.数控编程的方法

1）手工编程

手工编程主要由人工来完成数控机床程序编制各个阶段的工作。一般被加工零件形状不复杂和程序较短时，可以采用手工编程的方法。

2）自动编程

自动编程是指在编程过程中，除了分析零件图纸和制定工艺方案由人工进行外，用计算机及相应编程软件（如 CAD/CAM 软件）编制数控加工程序的过程。采用计算机自动编程时，数学处理、编写程序、检验程序等工作是由计算机自动完成的，由于计算机可自动绘制出刀具中心运动轨迹，使编程人员可及时检查程序是否正确，需要时可及时修改，以获得正确的程序。又由于计算机自动编程代替程序编制人员完成了烦琐的数值计算，可提高编程效率几十倍乃至上百倍,因此解决了手工编程无法解决的许多复杂零件的编程难题。

3. 数控机床坐标系

1) 机床坐标系

机床坐标系是机床上固有的坐标系,是机床运动部件的坐标系。机床原点是指在机床上设置的一个固定点,即机床坐标系的原点,它在机床装配、调试时就已确定下来,是数控机床进行加工运动的基准参考点。坐标原点位置由生产厂家设定。数控机床采用 ISO 统一标准右手直角笛卡儿坐标系。机床坐标轴的命名方法如图 10-11 所示,三个坐标轴互相垂直,其中三个手指所指的方向分别为 X 轴、Y 轴和 Z 轴的正方向。用 A、B、C 分别表示绕 X、Y、Z 轴的旋转运动,其转动的正方向用右手螺旋定则确定。

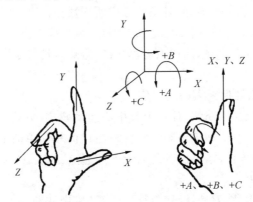

图 10-11　右手直角坐标系

确定机床坐标轴时,一般是先确定 Z 轴,再确定 X 轴和 Y 轴。

(1) Z 轴。

一般是选取产生切削力的轴线作为 Z 轴,同时规定刀具远离工件的方向作为 Z 轴的正方向($+Z$)。

(2) X 轴。

X 轴一般是水平的,它与工件安装面相平行。对于工件旋转的机床,X 轴的方向是在工件的径向上并且垂直于 Z 轴,并规定刀具远离工件回转中心线的方向为其正方向($+X$)。

(3) Y 轴。

Y 轴垂直于 X、Z 轴所成的平面。Y 轴的正方向($+Y$)根据 X 和 Z 轴的正方向按右手直角笛卡儿定则来确定。

2) 工件坐标系

工件坐标系是供编程使用而建立的。工件坐标系是用于确定工件几何图形上各几何要素(点、直线、圆弧等)的位置而建立的坐标系,规定工件坐标系是“刀具相对工件而运动”的刀具坐标系,工件坐标系的原点也称工件零点或编程零点,是指零件被装夹好后,相应的工件原点在机床坐标系中的位置,其位置由编程者设定。

4. 数控机床的两种坐标编程

数控编程通常都是按照图形线段或圆弧的端点坐标来进行的。

(1) 当所有坐标点的坐标值均是从某一固定的坐标原点计量的,这样的编程方式称称为绝对坐标编程。

绝对坐标系:刀具或机床运动位置的坐标值是相对于机床参考点给出的,称为绝对坐标,机床参考点坐标系称为绝对坐标系,用 X、Y、Z 来表示。

（2）当运动轨迹的终点坐标是相对于线段的起点来计量的,这样的编程方式称为相对坐标编程。

相对坐标系:刀具或机床运动位置的坐标值是相对于前一位置坐标点给出的,称为相对坐标,可以理解为轨迹终点坐标是以其起点坐标计量的,用 U、V、W 来表示。

5. 数控加工程序的结构

一个完整的数控加工程序由程序开始部分（程序号）、若干个程序段、程序结束部分组成。

下面是一个完整的数控加工程序,该程序由程序号 O0001 开始,以 M02 结束。

程序	说明
O0001	程序号
N10 M03 S800 T0101 ;	程序段 1
N20 G01 X-60 Z10 F0.2 ;	程序段 2
N30 G02 X40 R50 ;	程序段 3
N40 G00 X100 Z100 ;	程序段 4
N50 M05 ;	程序段 5
N60 M02 ;	程序结束

1) 程序号

为了区分每个程序,对每个程序要进行编号,程序号由程序号地址和程序的编号组成,程序号必须放到程序的开头。

例如

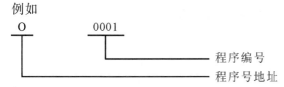

2) 程序段的格式和组成

例如

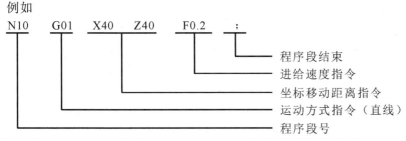

其中:N 是程序地址号,用于指定程序段号;G 是指令动作方式的准备功能地址,G01 为直线插补指令;X、Z 是坐标轴地址;F 是进给速度指令,其后的数字表示进给速度的大小,例如 F0.2 表示进给速度为 0.2 mm/r。

3) "字"

一个"字"的组成如下所示。

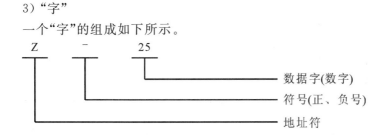

10.3.2　数控编程的指令

1. 准备功能指令——G 指令

G 指令大多数由地址符 G 和后续的两位数字组成,从 G00~G99 有 100 种。G 指令通常可以分为模态指令和非模态指令两种,模态指令又称续效指令,一旦被定义后,该指令一直有效,只有当同组的其他指令出现后该指令才失效,而非模态指令是指只在本程序段有效的指令。

(1) G90/G91 指令。

G90 指令表示程序中的编程尺寸是在某个坐标系下按其绝对坐标给定的;G91 指令表示程序中的编程尺寸是相对于本段的起点,即编程尺寸是本程序段各轴的移动增量,故 G91 又称增量坐标指令。

(2) 工件坐标系设定指令(G92)。

功能:通过确定对刀点距工件坐标系原点的距离,即刀具在工件坐标系的坐标值(绝对值),而设定了工件坐标系。

格式:G92 X_Y_Z_;

其中:X、Y、Z 的值为刀尖在工件坐标系中的绝对坐标值。

(3) 选择机床坐标系指令(G53)。

功能:通过重新设置参考点坐标值的方法,选择机床坐标系,取消工件坐标系。

格式:G53 X_Y_Z_;

其中:X、Y、Z 的值为绝对坐标值,增量值无效,该指令为非模态指令。

(4) 选择工件坐标系指令(G54~G59)。

功能:选择工件坐标系 1~工件坐标系 6。

格式:G90 G55 G00 X60.0 Y30.0;

上面程序段的意义是:刀具在工件坐标系 2(G55) 内,快速定位到绝对坐标为(60.0,30.0)的一点。这类指令是模态指令。

(5) 坐标平面指定指令(G17、G18、G19)。

G17、G18、G19 分别表示规定的操作在 XY、ZX、YZ 坐标平面内。程序段中的尺寸指令必须按平面指令的规定书写。若数控装置只有一个平面的加工能力可不必书写尺寸指令。这类指令为续效指令,缺省值为 G17。

(6) 快速点定位指令(G00)。

功能:刀具以数控装置预先调定的快速移动速度,从刀具当前点移到目标指定点。

格式:G00 X_Y_Z_;

其中:X、Y、Z 的值为刀具终点的坐标值,该指令为模态指令。

(7) 直线插补指令(G01)。

功能:刀具以指定的进给速度,从刀具当前点沿直线移到目标点。

格式:G01 X_Y_Z_F_;

其中:X、Y、Z 的值为直线插补的终点坐标值,F 为刀具进给速度,该指令为模态指令。

(8) 圆弧插补指令(G02/G03)。

功能:G02 为按指定进给速度的顺时针方向圆弧插补;G03 为按指定进给速度的逆时针方向圆弧插补。

格式:G02/G03 X_ Y_ Z_ R_(或 I_ J_ K_)F_;

其中:X、Y、Z 的值是指圆弧插补的终点坐标值;I、J、K 是指圆弧起点到圆心的增量坐标,与 G90、G91 指令无关;R 为指定圆弧半径,当圆弧的圆心角≤180°时,R 值为正,当圆弧的圆心角>180°时,R 值为负。

(9) 刀具半径补偿指令(G40、G41、G42)。

功能:在零件轮廓铣削加工时,由于刀具半径尺寸影响,刀具的中心轨迹与零件轮廓往往不一致。为了避免计算刀具中心轨迹,直接按零件图样上的轮廓尺寸编程,数控装置提供了刀具半径补偿功能。

格式:G00/G01 G41/G42 Dxx X_ Y_ Z_ F_;

　　　G00/G01 G40 X_ Y_ Z_;

其中:G41 为左刀补指令,即沿加工方向看刀具在左边;G42 为右刀补指令,即沿加工方向看刀具在右边,如图 10-12 所示。

G40:取消刀补指令。

D:偏置值寄存器选用指令。

××:刀具补偿偏置值寄存器号。

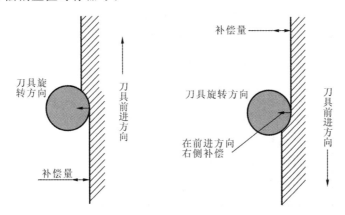

图 10-12　左刀补与右刀补

(10) 刀具长度补偿指令(G43、G44、G49)。

功能:使用刀具长度补偿指令,在编程时就不必考虑刀具的实际长度及各把刀具不同的长度尺寸。加工时,用 MDI 方式输入刀具的长度尺寸,即可正确加工。当由于刀具磨损、更换刀具等原因引起刀具长度尺寸变化时,只要修正刀具长度补偿量,而不必调整程序或刀具。

格式:G43/G44 X_ Y_ Z_ H××;

G43 为正补偿,即将 Z 坐标尺寸与 H 代码中长度补偿的量相加,按其结果进行 Z 轴运动;G44 为负补偿,即将 Z 坐标尺寸字与 H 中长度补偿的量相减,按其结果进行 Z 轴运动;G49 为撤销补偿。

2.辅助功能指令——M 指令

辅助功能指令又称 M 指令,它用于指定主轴的旋转方向、启动、停止、冷却液的开关、工件或刀具的夹紧或松开等功能。M 指令大多数由地址符 M 和后续的两位数字组成,从 M00～M99 有 100 种。

(1) 程序停止指令(M00)。

主轴停转,进给停止,切削液关,程序停止。

(2) 计划(选择)停止指令(M01)。

该指令的作用与 M00 指令相似,但它必须是在预先按下操作面板上的"选择停止"按钮并执行到 M01 指令的情况下,才会停止执行程序。

(3) 程序结束指令(M02、M30)。

当全部程序结束后,用 M02 指令可使主轴、进给及切削液全部停止,并使机床复位,M02 指令的功能比 M00 指令的功能多一项复位。M30 与 M02 基本相同,但 M30 能自动返回程序起始位置,为加工下一个工件做好准备。

(4) 与主轴有关的指令(M03、M04、M05)。

M03 为主轴正转指令;M04 为主轴反转指令;M05 为主轴停止指令。

(5) 换刀指令(M06)。

M06 是手动或自动换刀指令。

(6) 与切削液有关的指令(M07、M08、M09)。

M07 为 2 号切削液(雾状)开或切屑收集器开指令。

M08 为 1 号切削液(液状)开或切屑收集器开指令。

M09 为切削液关指令。

(7) 与主轴、切削液有关的复合指令(M13、M14)。

M13 为主轴正转、切削液开指令;M14 为主轴反转、切削液开指令。

(8) 运动部件的夹紧及松开指令(M10、M11)。

M10 为运动部件的夹紧指令;M11 为运动部件的松开指令。

(9) 主轴定向停止指令(M19)。

M19 使主轴准确地停止在预定的角度位置上。这个指令主要用于点位控制的数控机床和自动换刀的数控机床,如数控坐标镗床、加工中心等。

(10) 与子程序有关的指令(M98、M99)。

M98 为调用子程序指令;M99 为子程序结束并返回到主程序的指令。

3. 进给功能指令

进给功能指令又称 F 指令,表示刀具相对于工件的运动速度,单位为 mm/min 或 mm/r。用直接指定法时,F 后面的数字就是进给速度的大小,如 F300 即表示进给速度为 300 mm/min。这种表示方法较为直观,目前大多数机床均采用这种方法。F 指令为模态指令。程序中含有 G98 指令时,F 代表每分钟进给量,程序中含有 G99 指令时,F 代表每转进给量,G99 指令为默认值。

4. 主轴转速功能指令

主轴转速功能指令又称 S 功能或 S 指令,用来指定主轴转速或线速度。该指令用字母 S 和其后的若干个数字表示,有恒转速(单位:r/min)和恒线速度(单位:m/min)两种指令方式。S 指令只是设定主轴转速的大小,并不会使主轴回转,必须有 M03(主轴正转)或 M04(主轴反转)指令时,主轴才开始旋转。

5. 刀具功能指令

刀具功能指令又称 T 功能或 T 指令,在自动换刀的数控机床中,该指令用于选择所需的刀具,同时还可用来指定刀具补偿号。一般加工中心程序中 T 指令的数字直接表示选择的刀具号码,如 T08 表示 8 号刀;有些数控机床程序中的 T 指令后的数字既包含所选择刀具号,也包含刀具补偿号,如 T0505 表示选择 5 号刀,调用 5 号刀具补偿参数进行长度和半径补偿。

10.4 数控车床编程

10.4.1 数控车床编程基础

1. 直径编程和半径编程

数控车床的编程有直径、半径两种方法,所谓直径编程指 X 轴上有关尺寸为直径值,半径编程时为半径值。我们实习所用的数控车床采用的是直径编程。

2. 数控车床坐标系

标准中规定:数控车床的主轴线方向为 Z 轴,其正方向为刀具远离工件的方向; X 轴的方向是在工件的径向上并且垂直于 Z 轴,其正方向为刀具远离工件回转中心线的方向,如图 10-13 所示。

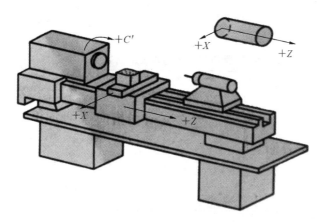

图 10-13 数控车床坐标系

3. 数控车床工件坐标系的建立

工件坐标系的坐标原点一般选在工件的左端面或右端面与工件回转中心线的交点处。数控车床工件坐标系的建立如图 10-14 所示。

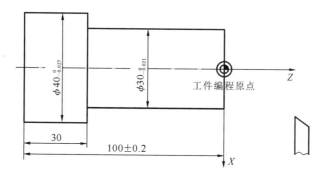

图 10-14 数控车床工件坐标系

坐标原点:工件右端面与工件回转中心线的交点。

X 轴:垂直于工件回转中心线,正方向为刀具远离工件回转中心线的方向。

Y 轴:沿工件回转中心线,正方向为刀具远离工件的方向。

4.数控车床常用循环指令

1)车削单一固定循环指令(G77、G78、G79 或 G90、G92、G94)

(1)外径、内径车削循环指令(G77 或 G90)。

格式:圆柱面切削循环 G77/G90 X(U)_Z(W)_F_ ;

　　　圆锥面切削循环 G77/G90 X(U)_Z(W)_R_ F_ ;

其中:　X、Z——切削终点的绝对坐标;

　　　　U、W——切削终点的相对坐标;

　　　　F——刀具进给速度;

　　　　R——车圆锥时车削起点与终点的半径差值。该值有正负号:若起点半径小于终点半径,R 值取负;反之,R 值取正。

(2)螺纹切削循环指令(G78 或 G92)。

格式:G78/G92 X(U)_Z(W)_ F_ ;

其中:　X、Z——切削终点的绝对坐标;

　　　　U、W——切削终点的相对坐标;

　　　　F——螺距。

表 10-1　常用螺纹切削的进给次数与背吃刀量　　　　　　(单位:mm)

螺距		1	1.5	2	2.5	3	3.5	4
牙深		0.649	0.974	1.299	1.624	1.949	2.273	2.598
切削次数和背吃刀量	1 次	0.7	0.8	0.9	1	1.2	1.5	1.5
	2 次	0.4	0.6	0.6	0.7	0.7	0.7	0.8
	3 次	0.2	0.4	0.6	0.6	0.6	0.6	0.6
	4 次		0.16	0.4	0.4	0.4	0.6	0.6
	5 次			0.1	0.4	0.4	0.4	0.4
	6 次				0.15	0.4	0.4	0.4
	7 次					0.2	0.2	0.4
	8 次						0.15	0.3
	9 次							0.2

(3)端面切削循环指令(G79 或 G94)。

格式:G79/G94 X(U)_Z(W)_ F_ ;

其中:　X、Z——切削终点的绝对坐标;

　　　　U、W——切削终点的相对坐标;

　　　　F——刀具进给速度。

2)车削复合固定循环指令(G70、G71)

(1)外径粗车循环指令(G71)。

格式:G71 U(Δd)_R(e)_;

　　　G71 P(ns)_Q(nf)_U(Δu)_W(Δw)_F(f)_S(s)_T(t)_;

其中:　Δd——每刀的背吃刀量,半径值,一般 45 钢取 1~2 mm,铝件 1.5~3 mm;

　　　　e——退刀量,半径值。一般取 0.5~1 mm;

　　　　ns——指定精加工路线的第一个程序段的段号;

nf——指定精加工路线的最后一个程序段的段号；

Δu——X 方向上的精加工余量,直径值,一般取 0.5 mm,加工内径轮廓时为负值；

Δw——Z 方向上的精加工余量,一般取 0.5～1 mm。

（2）精车循环指令（G70）。

格式：G70 P(ns)_Q(nf)_;

其中：　ns——指定精加工路线的第一个程序段的段号；

nf——指定精加工路线的最后一个程序段的段号。

10.4.2　数控车床编程实例

【例 10-1】　阶梯轴零件 1 如图 10-15 所示,试编写数控加工程序。

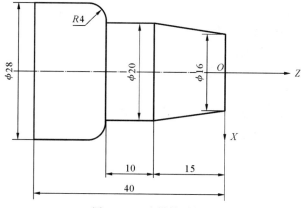

图 10-15　阶梯轴零件 1

1. 零件分析

该工件为阶梯轴零件,其成品最大直径为 $\phi28$ mm,由于直径较小,毛坯可以采用 $\phi30$ mm 的圆柱棒料,加工后切断即可,这样可以节省装夹料头,并保证各加工表面间具有较高的相互位置精度。装夹时注意控制毛坯外伸量,提高装夹刚度。

2. 工艺分析

从右端至左端轴向走刀车外圆轮廓,加工后切断。每次加工背吃刀量为 2 mm,刀具进给量为 0.2 mm/r。

加工工序如下。

（1）车端面。将毛坯找正,夹紧,用外圆端面车刀平右端面,并用试切法对刀。

（2）依次车 $\phi28$ mm 的外圆→$\phi24$ mm 的外圆→$\phi20$ mm 的外圆→半径为 4 的圆角→圆锥。

（3）切断,保证总长尺寸要求。

3. 参考程序

工件坐标系原点：工件右端面回转中心。

刀具　T0101：外圆车刀；T0202：切槽刀（刀宽 5 mm）。

O0001

N10 G99 G90；（每转进给方式,绝对坐标编程）

N20 M03 S600 T0101；（主轴正转,$n=600$ r/min,用 T01 外圆车刀,并调用 1 号刀补）

N30 G92 X100 Z100；（刀尖在工件坐标系中的起始位置）

N40 G00 X32 Z0；（快速点定位到车端面进刀点-上刀）

N50 G01 X-0.2 F0.2;(车端面)

N60 G00 X28 Z2;(快速点定位上刀)

N70 G01 Z-40;(车直径 28 mm 的外圆)

N80 G00 X32 Z2;(退刀)

N90 X24;(快速点定位上刀)

N100 G01 Z-25;(车直径 24 mm 的外圆)

N110 G00 X32 Z2;(退刀)

N120 X20;(快速点定位上刀)

N130 G01 Z-25;(车直径 20 mm 的外圆)

N140 G03 X28 Z-29 R4 F0.2;(车半径为 4 mm 的圆角)

N150 G00 X32 Z2;(退刀)

N160 X14 Z7.5;(快速点定位上刀)

N170 G01 X20 Z-15;(车圆锥)

N180 G00 X100 Z100;(快速返回到换刀点)

N190 T0202;(换切槽刀)

N200 G00 X32 Z-45;(快速定位到切断起始位置)

N210 G01 X-1 F0.1;(切断)

N220 G00 X32;(退刀)

N230 X100 Z100;(快速返回到换刀点)

N240 M05;(主轴停转)

N250 M30;(程序结束并返回程序头)

【例 10-2】 阶梯轴零件 2 如图 10-16 所示,试编写数控加工程序。

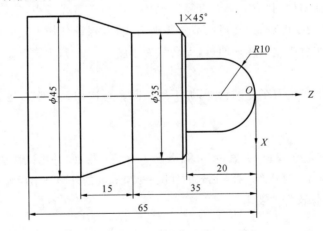

图 10-16 阶梯轴零件 2

1.零件分析

该工件最大直径为 φ45 mm,毛坯可以采用 φ30 mm 的圆柱棒料,加工后切断即可,这样可以节省装夹料头,并保证各加工表面间具有较高的相互位置精度。装夹时注意控制毛坯外伸量,提高装夹刚度。

2.工艺分析

从右端至左端轴向走刀车外圆轮廓,加工后切断。粗加工每次加工背吃刀量为 1.2 mm,

粗加工进给量为 0.3 mm/r,精加工进给量为 0.1 mm/r,精加工余量为 0.5 mm。

加工工序如下。

(1) 车端面。将毛坯找正,夹紧,用外圆端面车刀平右端面,并用试切法对刀。

(2) 从右端至左端粗加工外圆轮廓,留 0.5 mm 精加工余量。

(3) 精加工外圆轮廓至图样要求尺寸。

(4) 切断,保证总长尺寸要求。

3. 参考程序

工件坐标系原点:工件右端面回转中心。

刀具 T0101:外圆车刀;T0202:切槽刀(刀宽 5 mm)。

O0001

N10 G99 G90;(每转进给方式,绝对坐标编程)

N20 M03 S600 T0101;(主轴正转,$n=600$ r/min,用 T01 外圆车刀,并调用 1 号刀补)

N30 G92 X100 Z100;(刀尖在工件坐标系中的起始位置)

N40 G00 X32 Z0;(快速点定位到车端面进刀点-上刀)

N50 G01 X-0.2 F0.2;(车端面)

N60 C00 X52 Z2;(快速点定位)

N70 G71 U1.2 R0.5;(用 G71 循环指令进行粗加工)

N80 G71 P90 Q190 U0.2 W0.05 F0.3;(用 G71 循环指令进行粗加工)

N90 G00 X0;(精车路线 N90～N190)

N100 G01 Z0 F0.1;

N110 G03 X20 Z-10 R10;

N120 G01 Z-20;

N130 X31;

N140 X35 W-2;

N150 Z-35;

N160 X45 W-15;

N170 Z-65;

N180 X50;

N190 G00 X52;(精车路线 N90～N190)

N200 S1000 M03;

N210 G70 P90 Q190;(用 G70 循环指令进行精加工)

N220 G00 X100 Z100;(退刀至换刀点)

N230 T0202;(换 T02 号外切槽刀,并调用 2 号刀补)

N240 G00 X55 Z-70;(快速定位到切断起始位置)

N380 G01 X-1 F0.1;(切断)

N390 G00 X52;(退刀)

N400 G00 X100 Z100;(快速返回到换刀点)

N410 M05;(主轴停转)

N420 M30;(程序结束并返回程序头)

【例 10-3】 阶梯轴零件 3 如图 10-17 所示,试编写数控加工程序。

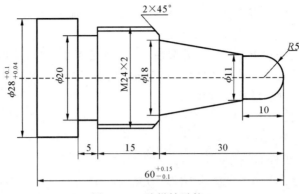

图 10-17 阶梯轴零件 3

1. 零件分析

该工件为阶梯轴零件,其成品最大直径为 φ28 mm,由于直径较小,毛坯可以采用 φ30 mm 的圆柱棒料,加工后切断即可,这样可以节省装夹料头,并保证各加工表面间具有较高的相互位置精度。装夹时注意控制毛坯外伸量,提高装夹刚度。

2. 工艺分析

从右端至左端轴向走刀车外圆轮廓,切螺纹退刀槽,车螺纹,加工后切断。粗加工每次加工背吃刀量为 1.5 mm,粗加工进给量为 0.2 mm/r,精加工进给量为 0.1 mm/r,精加工余量为 0.5 mm。

加工工序如下。

(1) 车端面。将毛坯找正,夹紧,用外圆端面车刀平右端面,并用试切法对刀。

(2) 从右端至左端粗加工外圆轮廓,留 0.5 mm 精加工余量。

(3) 精加工外圆轮廓至图样要求尺寸。

(4) 切螺纹退刀槽。

(5) 加工螺纹至图样要求。

(6) 切断,保证总长尺寸要求。

3. 参考程序

工件坐标系原点:工件右端面回转中心。

刀具 T0101:外圆车刀(粗车);T0202:外圆车刀(精车);T0303:切槽刀(刀宽 5 mm);T0404:外螺纹车刀。

O0001

N10 G99;(每转进给方式编程)

N20 M03 S600 T0101;(主轴正转,$n=600$r/min,用 T01 外圆车刀,并调用 1 号刀补)

N30 G92 X100 Z100;(刀尖在工件坐标系中的起始位置)

N40 G00 X32 Z2;(快速点定位)

N50 G71 U1.5 R1;(外径粗加工循环)

N60 G71 P70 Q170 U0.5 W0.2 F0.2;(外径粗加工循环)

N70 G00 X0;(精车路线 N70～N170)

N80 G01 Z0 F0.05;

N90 G03 X10 W-5 R5;

N100 G01 Z-10;

N110 X11；

N120 X18 Z-30；

N130 X19.8；

N140 X23.8 W-2；

N150 Z-49；

N160 X28；

N170 Z-62；（精车路线 N70～N170）

N180 X32；（退刀）

N190 G00 X100 Z100；（退刀至换刀点）

N200 T0202；（换 T02 号精车刀，并调用 2 号刀补）

N210 G70 P70 Q170；（用 G70 循环指令进行精加工）

N220 G00 X100 Z100；（退刀至换刀点）

N230 T0303；（换 T03 号外切槽刀，并调用 3 号刀补）

N240 G00 X35 Z-50；（快速点定位）

N250 G01 X20 F0.1；（切槽）

N260 G00 X32；（退刀）

N270 X100 Z100；（退刀至换刀点）

N280 T0404；（换 T04 号外螺纹车刀，并调用 4 号刀补）

N290 G00 X25.8 Z-27；（快速点定位到螺纹循环起点）

N300 G92 X23.1 Z-47 F2；（第一刀车进 0.9 mm）

N310 X22.5；（第 2 刀车进 0.6 mm）

N320 X21.9；（第 3 刀车进 0.6 mm）

N330 X21.5；（第 4 刀车进 0.4 mm）

N340 X21.4；（第 5 刀车进 0.1 mm）

N350 G00 X100 Z100；（退刀至换刀点）

N360 T0303；（换 T03 号外切槽刀，并调用 3 号刀补）

N370 G00 X35 Z-65；（快速定位到切断起始位置）

N380 G01 X-1 F0.1；（切断）

N390 G00 X32；（退刀）

N400 G00 X100 Z100；（快速返回到换刀点）

N410 M05；（主轴停转）

N420 M30；（程序结束并返回程序头）

10.5　数控铣床编程

10.5.1　数控铣床的主要加工对象及特点

数控铣床的加工对象与加工中心相比，数控铣床除了缺少自动换刀功能及刀库外，其他方面均与加工中心类同，也可以对工件进行钻、扩、铰、锪和镗孔加工与攻螺纹等，但它主要还是被用来对工件进行铣削加工,这里所说的主要加工对象及分类也是从铣削加工的角度来考虑的。

1. 数控铣床的主要加工对象

1）平面类零件

加工面平行、垂直于水平面或其加工面与水平面的夹角为定角的零件称为平面类零件。目前,在数控铣床上加工的绝大多数零件属于平面类零件。平面类零件的特点是,各个加工单元面是平面,或可以展开成为平面。平面类零件是数控铣削加工对象中最简单的一类,一般只需用 3 坐标轴数控铣床的两坐标轴联动就可以把它们加工出来。

2）变斜角类零件

加工面与水平面的夹角呈连续变化的零件称为变斜角类零件,这类零件多数为飞机零件,如飞机上的整体梁、框、缘条与肋等,此外还有检验夹具与装配型架等。变斜角类零件的变斜角加工面不能展开为平面,但在加工中,加工面与铣刀圆周接触的瞬间为一条直线。最好采用 4 坐标轴和 5 坐标轴数控铣床摆角加工,在没有上述机床时,也可用 3 坐标轴数控铣床上进行 2.5 坐标轴近似加工。

3）曲面类(立体类)零件

加工面为空间曲面的零件称为曲面类零件。零件的特点其一是加工面不能展开为平面;其二是加工面与铣刀始终为点接触。此类零件一般采用 3 坐标轴数控铣床。

2. 数控铣床加工的特点

数控铣削加工除了具有普通铣床加工的特点外,还有如下特点。

(1) 零件加工的适应性强、灵活性好,能加工轮廓形状特别复杂或难以控制尺寸的零件,如模具类零件、壳体类零件等。

(2) 能加工普通机床无法加工或很难加工的零件,如用数学模型描述的复杂曲线零件以及三维空间曲面类零件。

(3) 能加工一次装夹定位后,需进行多道工序加工的零件。

(4) 加工精度高、加工质量稳定可靠。

(5) 生产自动化程序高,可以减轻操作者的劳动强度,有利于生产管理自动化。

(6) 生产效率高。

从切削原理上讲,无论端铣或是周铣都属于断续切削方式,而不像车削那样连续切削,因此对刀具的要求较高,具有良好的抗冲击性、韧度和耐磨性。在干式切削状况下,还要求有良好的红硬性。

10.5.2　数控铣削加工工艺的主要内容

数控铣床加工工艺主要包括如下内容。

(1) 选择适合在数控铣床上加工的零件,确定工序内容。

(2) 分析被加工零件的图样,明确加工内容及技术要求。

(3) 确定零件的加工方案。

(4) 制定数控铣削加工工艺路线。如划分工序、安排加工顺序,处理与非数控加工工序的衔接等。

(5) 数控铣削加工工序的设计。如选取零件的定位基准、夹具方案的确定、工步划分、刀具选择和确定切削用量等。

（6）数控铣削加工程序的调整。如选取对刀点和换刀点、确定刀具补偿及确定加工路线等。

（7）编写程序、校验及加工。

（8）填写工艺文件。

10.5.3　数控铣床编程基础

1. 数控铣床坐标系

按照右手笛卡儿定则：右手大拇指的指向为 X 轴的正方向，食指指向为 Y 轴的正方向，中指指向为 Z 轴的正方向。

当我们面对铣床的主轴进行观察时，X 轴的正方向为工作台向左运动；Y 轴的正方向为工作台向前运动；Z 轴的正方向为主轴箱向上运动。

2. 数控铣床工件坐标系原点的选择原则

（1）选在工件图样的尺寸基准上，可直接用图样标注的尺寸作为编程点的坐标值，以减少计算工作量。

（2）能使工件方便地装夹，测量和检验，尽量选在尺寸精度、表面粗糙度要求比较高的工件表面上，这样可提高工件的加工精度和同一零件的一致性。

（3）对于有对称的几何形状的零件，工件零点最好选在对称中心上。

10.5.4　数控铣床编程实例

【例 10-4】　如图 10-18 所示，$OXYZ$ 为机床坐标系，$O'X'Y'Z'$ 为工件坐标系，图中的相对位置表示工件在机床上安装后，工件坐标系与机床坐标系的相对位置。

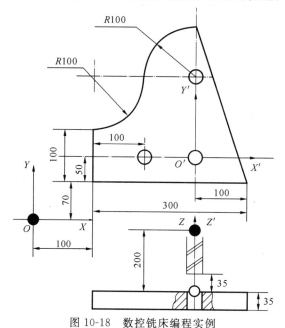

图 10-18　数控铣床编程实例

编程参数

编程单位：mm

刀具半径（D01）：8 mm

主轴转速：400 r/min

进给速度:250 mm/min

安全高度:35 mm

数控铣床加工程序

O0001

N10 G92 X0 Y0 Z35.0;

N20 G90 G17 G00 G42 D01 X-250.0 Y-50.0 S400 M03 M08;

N30 Z-40.0;

N40 G01 X100.0 F250;

N50 X0 Y250.0;

N60 G03 X-100.0 Y150.0 J-100.0;

N70 G02 X-200.0 Y50.0 I-100.0;

N80 G01 Y-70.0;

N90 G00 G40 Z35.0 M05 M09;

N100 X0 Y0;

N110 M30;

【**例 10-5**】 编写图 10-19 所示零件的加工程序。加工使用刀具直径为 10 mm 的平底刀。

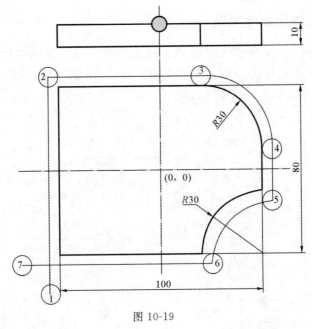

图 10-19

编程参数

编程单位:mm

刀具半径(D01):5 mm

主轴转速:600 r/min

进给速度:300 mm/min

安全高度:20 mm

O0002

N10 G00 G54 G90 X-55.0 Y-55.0 S600 M03;

N20 Z20.0；

N30 G01 Z-10.0 F100；

N40 X-55.0 Y45.0 F300；

N50 X20.0 Y45.0；

N60 G02 X55.0 Y10.0 R35.0；

N70 G01 X55.0 Y-15.0；

N80 Y-15.0 X50.0；

N90 G03 X25.0 Y-40.0 R25.0；

N100 G01 X25.0 Y-45.0；

N110 X-65.0 Y-45.0；

N120 G00 Z20.0；

N130 X0 Y0；

N140 M30；

10.6　电火花成形机床

10.6.1　概述

1. 电火花加工的特点

（1）可加工任何高强度、高韧度、高硬度、高脆性以及高纯度的导电材料，如：不锈钢、钛合金、工业纯铁、淬火钢、硬质合金、导电陶瓷、立方氮化硼、人造聚晶金刚石等。

（2）加工时无明显切削力，适用于低刚度工件和细微结构的加工。

（3）脉冲参数可根据需要进行调节，可在一台机床上进行粗加工、半精加工和精加工。

（4）在一般情况下，生产效率低于切削加工。

（5）放电过程中工具电极损耗，影响成形精度。

2. 电火花加工的应用范围

（1）电火花型腔加工：三维型腔、型面加工、电火花雕刻。主要用于加工各类热锻模、压铸膜、挤压模、塑料模、胶木模型腔，如图 10-20 所示。

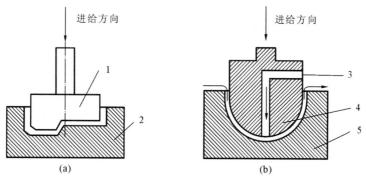

图 10-20　电火花型腔加工

（a）普通工具电极　（b）工具电极开有冲油孔

1、4—工具电极；2、5—工件；3—工作液

(2) 电火花穿孔加工:主要用于加工型孔(圆孔、方孔、多边形孔、异形孔)、曲线孔(弯孔、螺旋孔)、小孔、微孔,如图 10-21 所示。

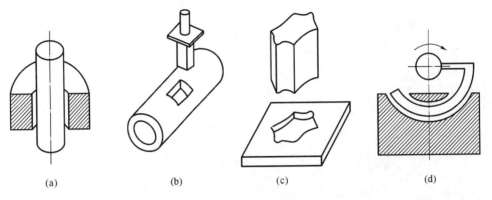

图 10-21　电火花穿孔加工

(a) 圆孔　(b) 方槽　(c) 异形孔　(d) 弯孔

10.6.2　电火花加工方法

电火花加工主要由三部分组成:电火花加工的准备工作、电火花加工、电火花加工检验工作。其中电火花加工可以加工通孔和盲孔,前者习惯称为电火花穿孔加工,后者习惯上称为电火花成形加工。电火花加工的准备工作有电极准备、电极装夹、工件准备、工件装夹、电极工件的校正定位等。

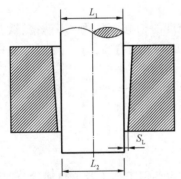

图 10-22　凹模的电火花加工

电火花穿孔加工一般应用于冲裁模具加工、粉末冶金模具加工、拉丝模具加工、螺纹加工等。本节以加工冲裁模具的凹模为例说明电火花穿孔加工的方法。

凹模的尺寸精度主要靠工具电极来保证,因此,对工具电极的精度和表面粗糙度都应有一定的要求。如凹模的尺寸为 L_2,工具电极相应的尺寸为 L_1(见图 10-22),单边火花间隙值为 S_L,则

$$L_2 = L_1 + 2S_L$$

其中,火花间隙值 S_L 主要取决于脉冲参数与机床的精度。只要加工规则选择恰当,加工稳定,火花间隙值 S_L 的波动范围会很小。因此,只要工具电极的尺寸精确,用它加工出的凹模的尺寸也是比较精确的。

用电火花穿孔加工凹模有较多的工艺方法,在实际中应根据加工对象、技术要求等因素灵活地选择。穿孔加工的具体方法简介如下。

1) 间接法

间接法是指在模具电火花加工中,凸模与加工凹模用的电极分开制造,首先根据凹模尺寸设计电极,然后制造电极,进行凹模加工,再根据间隙要求来配制凸模。图 10-23 所示为间接法加工凹模的过程。

间接法的优点如下。

(1) 可以自由选择电极材料,电加工性能好。

(2) 因为凸模是根据凹模另外进行配制,所以凸模和凹模的配合间隙与放电间隙无关。

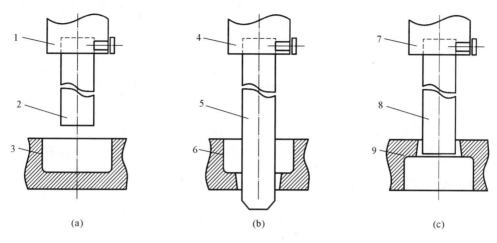

图 10-23 间接法
（a）加工前 （b）加工后 （c）配制凸模
1、4、7—主轴头；2、5—工具电极；3、6、9—工件(凹模)；8—凸模(另制)

间接法的缺点是：电极与凸模分开制造，配合间隙难以保证均匀。

2）直接法

直接法适合于加工冲模，是指将凸模长度适当增加，先作为电极加工凹模，然后将端部损耗的部分去除直接成为凸模(具体过程见图 10-24)。直接法加工的凹模与凸模的配合间隙靠调节脉冲参数、控制火花放电间隙来保证。

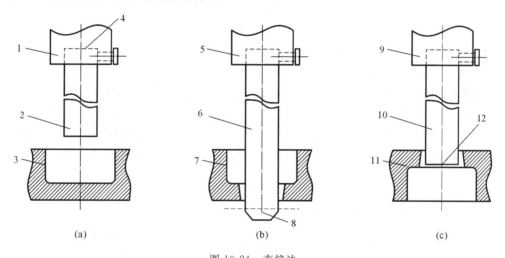

图 10-24 直接法
（a）加工前 （b）加工后 （c)切除损耗部分
1、5、9—主轴头；2、6、10—工具电极(冲头)；3、7、11—工件(凹模)；4、12—凸模刃口；8—切除部分

直接法的优点如下。

（1）可以获得均匀的配合间隙、模具质量高。

（2）无须另外制作电极。

（3）无须修配工作，生产率较高。

直接法的缺点如下。

（1）电极材料不能自由选择，工具电极和工件都是磁性材料，易产生磁性，电蚀下来的金属屑可能被吸附在电极放电间隙的磁场中而形成不稳定的二次放电，使加工过程很不稳定，故电火花加工性能较差。

(2) 电极和冲头连在一起,尺寸较长,磨削时较困难。

10.7　数控电火花线切割机床

10.7.1　概述

线切割加工的步骤如图 10-25 所示。

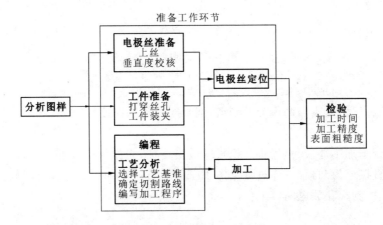

图 10-25　线切割加工的步骤

目前生产的线切割加工机床都有计算机自动编程功能,即可以将线切割加工的轨迹图形自动生成机床能够识别的程序。

线切割程序与其他数控机床的程序相比,有如下特点。

(1) 线切割程序普遍较短,很容易读懂。

(2) 国内线切割程序常用格式有 3B(个别扩充为 4B 或 5B)格式和 ISO 格式。其中慢走丝机床普遍采用 ISO 格式,快走丝机床大部分采用 3B 格式,其发展趋势是采用 ISO 格式(如北京阿奇公司生产的快走丝线切割机床)。

10.7.2　线切割 3B 程序指令格式

线切割加工轨迹图形是由直线和圆弧组成的,它们的 3B 程序指令格式如表 10-2 所示。

表 10-2　3B 程序指令格式

B	X	B	Y	B	J	G	Z
分隔符	X 坐标值	分隔符	Y 坐标值	分隔符	计数长度	计数方向	加工指令

注:B 为分隔符,它的作用是将 X、Y、J 数码区分开来;X、Y 为增量(相对)坐标值;J 为加工线段的计数长度;G 为加工线段计数方向;Z 为加工指令。

1.直线的 3B 代码编程

1)x,y 值的确定

(1) 以直线的起点为原点,建立正常的直角坐标系,x,y 表示直线终点的坐标绝对值,单位为 μm。

(2) 在直线 3B 代码中, x,y 值主要是确定该直线的斜率,所以可将直线终点坐标的绝对值除以它们的最大公约数作为 x,y 的值,以简化数值。

(3) 若直线与 X 或 Y 轴重合,为区别一般直线, x,y 均可写作 0,也可以不写。

2) G 的确定

G 用来确定加工时的计数方向,分 G_x 和 G_y。直线编程的计数方向的选取方法是:以要加工的直线的起点为原点,建立直角坐标系,取该直线终点坐标绝对值大的坐标轴为计数方向。具体确定方法:若终点坐标为 (x_e,y_e),令 $x=|x_e|,y=|y_e|$,若 $y<x$,则 $G=G_x$(见图 10-26(a));若 $y>x$,则 $G=G_y$(见图 10-26(b));若 $y=x$,则在一、三象限取 $G=G_y$,在二、四象限取 $G=G_x$。

由上可见,计数方向的确定以 45°线为界,取与终点处走向较平行的轴作为计数方向,具体可见图 10-26(c)。

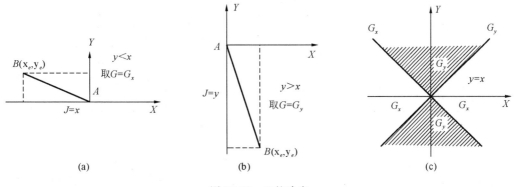

图 10-26　G 的确定

3) J 的确定

J 为计数长度,以 μm 为单位。以前编程应写满六位数,不足六位前面补零,现在的机床基本上可以不用补零。

J 的取值方法为:由计数方向 G 确定投影方向,若 $G=G_x$,则将直线向 X 轴投影得到长度的绝对值即为 J 的值;若 $G=G_y$,则将直线向 Y 轴投影得到长度的绝对值即为 J 的值。

4) Z 的确定

加工指令 Z 按照直线走向和终点的坐标不同可分为 L_1、L_2、L_3、L_4,其中与 $+X$ 轴重合的直线算作 L_1,与 $-X$ 轴重合的直线算作 L_3,与 $+Y$ 轴重合的直线算作 L_2,与 $-Y$ 轴重合的直线算作 L_4,具体可参考图 10-27。

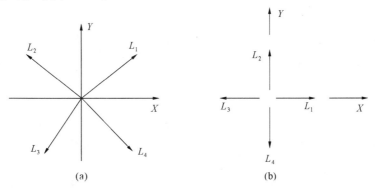

图 10-27　Z 的确定

【例 10-6】　如图 10-28(a)所示的轨迹形状,请读者试着写出其 x,y 值(注:在本章图形所标注的尺寸中若无说明,单位都为 mm)。

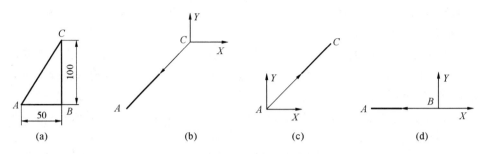

图 10-28　直线轨迹

【解】　图 10-28(b)、(c)、(d)中线段的 3B 代码如表 10-3 所示。

表 10-3　3B 代码

直线	B	X	B	Y	B	J	G	Z
CA	B	1	B	1	B	100000	G_y	L_3
AC	B	1	B	1	B	100000	G_y	L_1
BA	B	0	B	0	B	100000	G_x	L_3

2.圆弧的 3B 代码编程

1) x,y 值的确定

以圆弧的圆心为原点,建立正常的直角坐标系,x,y 表示圆弧起点坐标的绝对值,单位为 μm。如在图 10-29(a)中,$x=30000,y=40000$;在图 10-29(b)中,$x=40000,y=30000$。

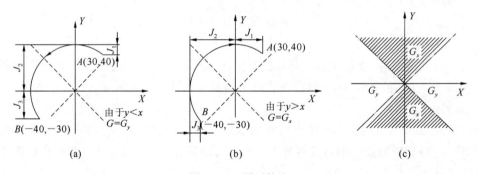

图 10-29　圆弧轨迹

2) G 的确定

G 用来确定加工时的计数方向,分 G_x 和 G_y。圆弧编程的计数方向的选取方法是:以某圆心为原点建立直角坐标系,取终点坐标绝对值小的轴为计数方向。具体确定方法为:若圆弧终点坐标为 (x_e,y_e),令 $x=|x_e|,y=|y_e|$,若 $y<x$,则 $G=G_y$(见图 10-29(a));若 $y>x$,则 $G=G_x$(见图 10-29(b));若 $y=x$,则 G_x、G_y 均可。

由上可见,圆弧计数方向由圆弧终点的坐标绝对值大小决定,其确定方法与直线刚好相反,即取与圆弧终点处走向较平行的轴作为计数方向,具体可见图 10-29(c)。

3) J 的确定

圆弧编程中 J 的取值方法为:由计数方向 G 确定投影方向,若 $G=G_x$,则将圆弧向 X 轴投

影；若 $G=G_y$，则将圆弧向 Y 轴投影。J 值为各个象限圆弧投影长度绝对值的和。如在图 10-29(a)、(b)中，J_1、J_2、J_3 大小分别如图中所示，$J=|J_1|+|J_2|+|J_3|$。

　　4）Z 的确定

　　Z 的确定按照第一步进入的象限可分为 R1、R2、R3、R4；按切割的走向可分为顺圆 S 和逆圆 N，于是共有 8 种指令：SR1、SR2、SR3、SR4、NR1、NR2、NR3、NR4，具体可参考图 10-30。

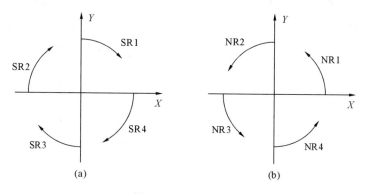

图 10-30　Z 的确定

【例 10-7】　请写出图 10-31 所示轨迹的 3B 程序。

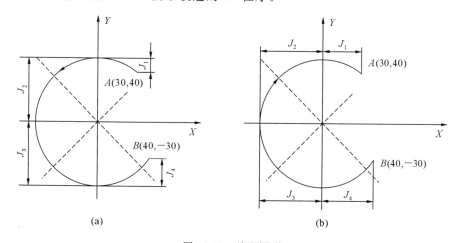

图 10-31　编程图形

【解】　对图 10-31(a)，起点为 A，终点为 B，

$$J = J_1+J_2+J_3+J_4 = 10000+50000+50000+20000 = 130000$$

故其 3B 程序为

　　　　　　　　B30000 B40000 B130000 GY NR1

　　对图 10-31(b)，起点为 B，终点为 A，

$$J = J_1+J_2+J_3+J_4 = 40000+50000+50000+30000 = 170000$$

故其 3B 程序为

　　　　　　　　40000 B30000 B170000 GX SR4

10.7.3　线切割 ISO 指令程序编制

　　线切割代码主要有 G 指令（即准备功能指令）、M 指令和 T 指令（即辅助功能指令），具体见表 10-4。

表 10-4　常用的线切割加工指令

代　码	功　　　能	代　码	功　　　能
G00	快速移动,定位指令	G84	自动取电极垂直
G01	直线插补	G90	绝对坐标指令
G02	顺时针圆弧插补指令	G91	增量坐标指令
G03	逆时针圆弧插补指令	G92	制定坐标原点
G04	暂停指令	M00	暂停指令
G17	XOY 平面选择	M02	程序结束指令
G18	XOZ 平面选择	M05	忽略接触感知
G19	YOZ 平面选择	M98	子程序调用
G20	英制	M99	子程序结束
G21	公制	T82	加工液保持 OFF
G40	取消电极丝补偿	T83	加工液保持 ON
G41	电极丝半径左补	T84	打开喷液指令
G42	电极丝半径右补	T85	关闭喷液指令
G50	取消锥度补偿	T86	送电极丝(阿奇公司)
G51	锥度左倾斜(沿电极丝行进方向,向左倾斜)	T87	停止送丝(阿奇公司)

对于以上指令,部分与数控铣床、车床的指令相同,下面通过实例来学习线切割加工中常用的 ISO 指令。

【例 10-8】 如图 10-32(a)所示,$ABCD$ 为矩形工件,矩形件中有一直径为 30 mm 的圆孔,现由于某种需要欲将该孔扩大到 35 mm。已知 AB、BC 边为设计、加工基准,电极丝直径为 0.18 mm,请写出相应操作过程及加工程序。

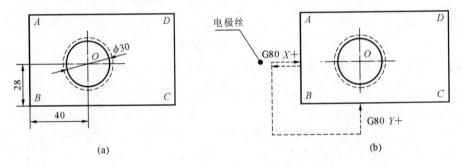

图 10-32　零件加工示意图

(a) 零件图　(b) 电极丝找正轨迹图

【解】 上面任务主要分两部分完成,首先将电极丝定位于圆孔的中心,然后写出加工程序。

电极丝定位于圆孔的中心有以下两种方法。

方法一 首先电极丝碰 AB 边,X 值清零,再碰 BC 边,Y 值清零,然后解开电极丝到坐标值(40.09,28.09),具体过程如下。

（1）清理孔内部毛刺，将待加工零件装夹在线切割机床工作台上，利用千分表找正，尽可能使零件的设计基准 AB、AC 基面分别与机床工作台的进给方向 X、Y 轴保持平行。

（2）用手控盒或操作面板等方法将电极丝移到 AB 边的左边，大致保证电极丝与圆孔中心的 Y 坐标相近（尽量消除工件 $ABCD$ 装夹不佳带来的影响，理想情况下工件的 AB 边应与工作台的 Y 轴完全平行，而实际很难做到）。

（3）用 MDI 方式执行指令。

G80 X+；

G92 X0；

M05 G00 X－2；

（4）用手控盒或操作面板等方法将电极丝移到 BC 边的下边，大致保证电极丝与圆孔中心的 X 坐标相近。

（5）用 MDI 方式执行指令。

G80 Y+；

G92 Y0；

T90；//仅适用慢走丝，目的是自动剪丝；对快走丝机床，则需手动解开电极丝

G00 X40.09 Y28.09；

（6）为保证定位准确，往往需要确认。具体方法是：在找到的圆孔中心位置用 MDI 或别的方法执行指令 G55 G92 X0 Y0；然后再在 G54 坐标系（G54 坐标系为机床默认的工作坐标系）中按前面（1）～（4）所示的步骤重新找圆孔中心位置，并观察该位置在 G55 坐标系下的坐标值。

若 G55 坐标系的坐标值与（0，0）相近或刚好是（0，0），则说明找正较准确，否则需要重新找正，直到最后两次中心孔在 G55 坐标系中的坐标相近或相同时为止。

方法二 将电极丝在孔内穿好，然后按操作面板上的找中心按钮即可自动找到圆孔的中心，具体过程如下。

（1）清理孔内部毛刺，将待加工零件装夹在线切割机床工作台上。

（2）将电极丝穿入圆孔中。

（3）按下自动找中心按钮找中心，记下该位置坐标值。

（4）再次按下自动找中心按钮找中心，对比当前的坐标和上一步骤得到的坐标值；若数字重合或相差很小，则认为找中心成功。

（5）若机床在找到中心后自动将坐标值清零，则需要同第一种方法一样进行如下操作：在第一次自动找到圆孔中心时用 MDI 或别的方法执行指令 G55 G92 X0 Y0；然后再按用自动找中心按钮重新找中心，再观察重新找到的圆孔中心位置在 G55 坐标系下的坐标值。若 G55 坐标系的坐标值与（0，0）相近或刚好是（0，0），则说明找正较准确，否则需要重新找正，直到最后两次找正的位置在 G55 坐标系中的坐标值相近或相同时为止。

10.8 数控加工仿真操作

数控加工仿真系统是基于虚拟现实的仿真软件。实习所使用的软件由上海宇龙软件工程有限公司研制开发。本系统可以实现对数控铣和数控车加工全过程的仿真，其中包括毛坯定

义与夹具,刀具定义与选用,零件基准测量和设置,数控程序输入、编辑和调试,加工仿真以及各种错误加检测功能。

10.8.1　数控车床的加工仿真

1. 机床台面操作

1) 运行数控加工仿真系统

依次点击"开始"→"程序"→"数控加工仿真系统"→"数控加工仿真系统"或双击桌面"数控加工仿真系统"快捷图标,系统将弹出如图 10-33 所示的用户登录界面。

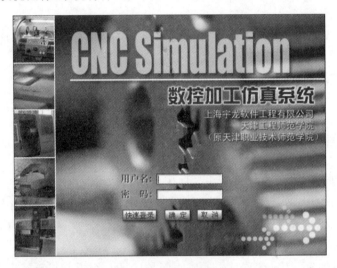

图 10-33　用户登录界面

此时,可以通过点击"快速登录"按钮进入数控加工仿真系统的操作界面或通过输入用户名和密码,再点击"确定"按钮,进入数控加工仿真系统。

2) 选择机床类型

依次点击菜单栏中的"机床/选择机床...",或者通过点击工具条上的小图标"⬚"进入选择机床对话框(见图 10-34),在"选择机床"对话框中,分别选择控制系统类型和机床类型,选择完毕后,按"确定"按钮则可以进入相应的机床操作界面。

图 10-34　选择机床界面

3）工件的使用

（1）定义毛坯。

依次点击菜单栏中的"零件/定义毛坯"或在工具条上选择""，系统将弹出如图 10-35 所示的对话框。

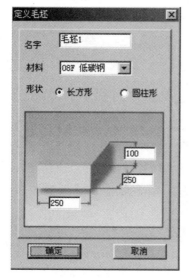
定义长方形毛坯

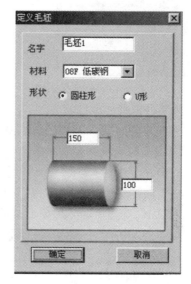
定义圆柱形毛坯

图 10-35　定义毛坯

在定义毛坯对话框中分别输入以下信息。

名字：在毛坯名字输入框内输入毛坯名，也可使用缺省值。

毛坯形状：铣床、加工中心有两种形状的毛坯供选择：长方形毛坯和圆柱形毛坯。可以在"形状"下拉列表中选择毛坯形状。

车床仅提供圆柱形毛坯。

毛坯材料：毛坯材料列表框中提供了多种供加工的毛坯材料，可根据需要在"材料"下拉列表中选择毛坯材料。

毛坯尺寸输入：在此处输入毛坯尺寸，单位：mm。

保存退出：按"确定"按钮，退出本操作，所设置的毛坯信息将被保存。

取消退出：按"取消"按钮，退出本操作，所设置的毛坯信息将不被保存。

（2）导出零件模型。

导出零件模型相当于在计算机中保存零件模型，利用这个功能，可以把经过部分加工的零件作为成形毛坯存放在计算机中，如图 10-36 所示，此毛坯已经过部分加工，称为零件模型。可通过导出零件模型功能予以保存。

依次点击菜单栏中的"文件/导出零件模型"，如图 10-37 所示，系统将弹出"另存为"对话框，在对话框中输入文件名，按"保存"按钮，此零件模型即被保存。所保存的文件类型为"＊.PRT"。

图 10-36　零件模型

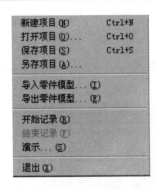
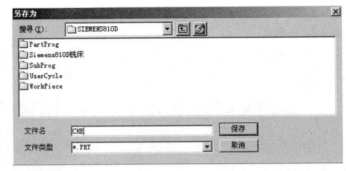

图 10-37 　"另存为"对话框

（3）导入零件模型。

机床在加工零件时,除了可以使用原始的毛坯,还可以对经过部分加工的毛坯进行再加工。经过部分加工的毛坯称为零件模型,可以通过导入零件模型的功能调用零件模型。

依次点击菜单栏中的"文件/导入零件模型",在弹出的"是否保存当前修改的项目"的对话框中选择"否",系统将弹出"打开"对话框,在此对话框中选择并且打开所需的后缀名为"PRT"的零件文件,则选中的零件模型被放置在工作台面上,如图 10-38 所示。

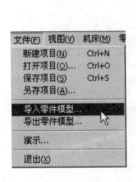
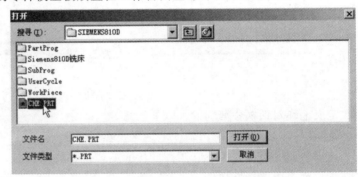

图 10-38 　导入零件模型对话框

（4）放置零件。

依次点击菜单栏中的"零件/放置零件"或者在工具栏中点击图标"　"，系统将弹出"选择零件"对话框,如图 10-39 所示。

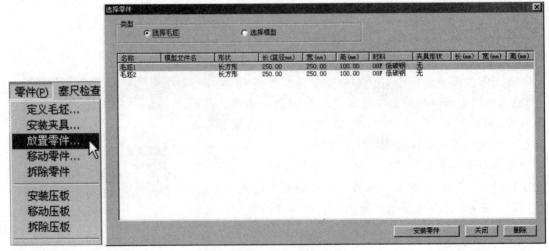

图 10-39 　"选择零件"对话框

在列表中点击所需的零件,选中的零件信息将会加亮显示,按下"确定"按钮,系统将自动关闭对话框,零件和夹具(如果已经选择了夹具)将被放到机床上。对于卧式加工中心还可以选择是否使用角尺板。如果选择了使用角尺板,那么在放置零件时,角尺板同时出现在机床台面上。如果经过"导入零件模型"的操作,对话框的零件列表中会显示模型文件名,若在类型列表中选择"选择模型",则可以选择导入零件模型文件,如图 10-40 所示。选择后,零件模型即经过部分加工的成形毛坯被放置在机床台面上,如图 10-41 所示。

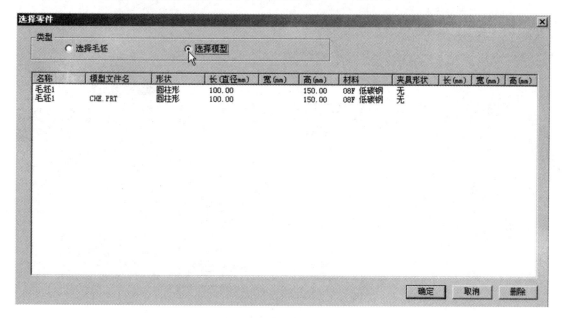

图 10-40　类型列表对话框

(5) 调整零件位置。

可以通过本操作在工作台上任意移动零件的位置。毛坯被放置在工作台上后,系统将自动弹出一个小键盘。铣床、加工中心如图 10-42 所示,车床如图 10-43 所示,通过按动小键盘上的方向按钮,实现零件的平移和旋转或车床零件调头。小键盘上的"退出"按钮用于关闭小键盘。

图 10-41　成形毛坯

图 10-42　铣床、加工中心菜单

注:车床中通过点击图 10-43 中的" "图标将零件调头。

2.大森系统标准车床面板操作

大森系统车床操作面板如图 10-44 所示。

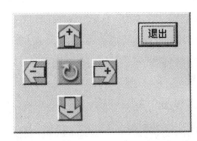

图 10-43　车床小键盘

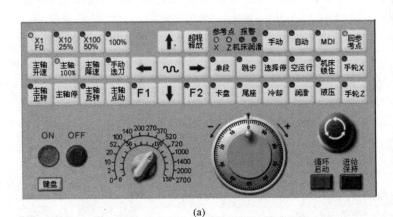

(a)　　　　　　　　　　　　　　　　　(b)

图 10-44　大森系统车床操作面板

1) 面板简介

大森系统车床操作面板具体含义如表 10-5 和表 10-6 所示。

表 10-5　大森系统车床操作面板介绍(一)

按　　钮	名　　称	功　能　简　介
	紧急停止	按下急停按钮,使机床移动立即停止,并且所有的输出如主轴的转动等都会关闭
	电源开	打开电源
	电源关	关闭电源
	进给倍率选择按钮	在手动快速或手轮方式下,用于选择进给速度
	手动方式	手动方式,连续进给
	回参考点方式	机床回零;机床必须首先执行回零操作,然后才可以运行
	自动方式	进入自动加工模式

按 钮	名 称	功 能 简 介
单段	单段	当此按钮被按下时,运行程序时每次执行一条数控指令
MDI	手动数据输入(MDI)	单程序段执行模式
主轴正转	主轴正转	按下此按钮,主轴开始正转
主轴停	主轴停止	按下此按钮,主轴停止转动
主轴反转	主轴反转	按下此按钮,主轴开始反转
∿	快速按钮	在手动方式下,按下此按钮后,再按下移动按钮则可以快速移动机床
← ↑ → ↓	移动按钮	
进给保持	进给保持	程序运行暂停,在程序运行过程中,按下此按钮运行暂停
循环启动	运行开始	程序运行开始或继续运行被暂停的程序
主轴升速 主轴100% 主轴降速	主轴倍率修调	通过鼠标点击"主轴升速"和"主轴降速"来调节主轴倍率
进给倍率修调	进给倍率修调	调节数控程序自动运行时的进给速度倍率。置光标于旋钮上,点击鼠标左键,旋钮逆时针转动,点击鼠标右键,旋钮顺时针转动
手动选刀	手动选刀键	在手动状态下,用鼠标点击此键可手动选择与当前刀号相邻的下一把刀具
跳步	跳步键	当指示灯亮时,数控程序中的跳过符号"/"有效
选择停	选择停止键	当指示灯亮时,程序中的 M01 指令生效,自动运行暂停
空运行	空运行键	按照机床默认的参数执行程序
机床锁住	机床锁住按键	X、Y、Z 三方向轴全部被锁定,当此键被按下时,机床不能移动
手轮X	手轮 X	将手轮移动轴设置成 X 轴
手轮Z	手轮 Z	将手轮移动轴设置成 Z 轴
手轮	手轮	用手轮移动机床
超程释放	超程释放键	

表 10-6　大森系统车床操作面板介绍(二)

按　键	名　称	功 能 简 介
MON-ITOR	查看机能区域键	点击此键,切换到查看机能区域
TOOL PARAM	参数设置区域键	点击此键,切换到参数设置界面
EDIT MDI	程序管理区域键	点击此键,切换到程序管理界面
DIAGN IN/OUT	资料输入键	点击此键,切换到程序的输入、输出界面
SFG	轨迹模拟键	在自动方式下点击此键,切换到查看轨迹模拟状态
EOB]	分号键	
DELETE INS	删除/插入键	直接点击是删除功能,按 SHIFT 后再点击是插入功能
C.B CAN	全部删除键	
SHIFT	移位键	
INPUT CALC	输入键	
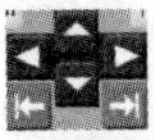 光标移动键	光标移动键	
RESET	复位键	按下此键,取消当前程序的运行,通道转向复位状态

2) 机床准备

(1) 激活机床。

检查急停按钮是否松开至 ◉ 状态,若未松开,点击急停按钮 ◉,将其松开,然后点击 ● 启动电源。

(2) 机床回参考点。

● 进入回参考点模式

系统启动之后,机床将自动处于"手动"模式。点击按钮 回参考点,进入"回参考点"模式。

● 回参考点操作步骤

X 轴回参考点

点击按钮 ↑,X 轴将回到参考点,回到参考点之后,X 轴的回零灯变亮;

Z 轴回参考点

点击按钮 →,Z 轴将回到参考点,回到参考点之后,Z 轴的回零灯变亮;

回参考点前的界面如图 10-45 所示。

回参考点后的界面如图 10-46 所示。

图 10-45　机床回参考点前界面图　　　　图 10-46　机床回参考点后界面图

（3）选择刀具。

依次点击菜单栏中的"机床/选择刀具"或者在工具栏中点击图标" "，系统将弹出"刀具选择"对话框，如图 10-47 所示。

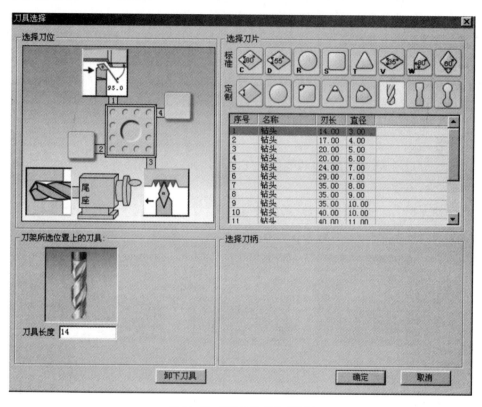

图 10-47　"刀具选择"对话框

后置刀架的数控车床允许同时安装 8 把刀具。前置刀架的车床允许同时安装 4 把刀具，钻头将被安装在尾座上。

① 选择车刀。

（a）在对话框左侧排列的编号 1 至 8 中，选择所需的刀位号。刀位号即车床刀架上的位置编号。被选中的刀位编号的背景颜色变为蓝色。

（b）指定加工方式，可选择内圆加工或外圆加工。

（c）在刀片列表框中选择了所需的刀片后，系统自动给出相匹配的刀柄供选择。

（d）选择刀柄，当刀片和刀柄都选择完毕，刀具被确定，并且输入到所选的刀位中，旁边的图片显示其适用的方式。

② 刀尖半径。

显示刀尖半径，允许操作者修改刀尖半径，刀尖半径可以是 0，单位：mm。

③ 刀具长度。

显示刀具长度,允许修改刀具长度。刀具长度是指从刀尖开始到刀架的距离。

④ 确认选刀。

选择完刀具,完成刀尖半径,刀具长度修改后,按"确认"键完成选刀,或者按"取消"键退出选刀操作。

⑤ 删除刀具。

在当前选中的刀位号中的刀具可通过"删除当前刀具"键删除。

(4) 对刀。

数控程序一般按工件坐标系编程,对刀过程就是建立工件坐标系与机床坐标系之间对应关系的过程。常见的是将工件右端面中心点设为工件坐标系原点。

本书采用的是将工件右端面中心点设为工件坐标原点的方法。将工件上其他点设为工件坐标系原点的对刀方法同此处介绍的方法类似。

注:本系统提供了多种观察机床的视图。可点击菜单"视图"进行选择,也可点击主菜单工具栏上的小图标进行选择。

① 单把刀具对刀。

● 试切法对刀

此方式对刀是用所选的刀具试切零件的外圆和端面,经过测量和计算得到零件端面中心点的坐标值。具体操作过程如下。

点击操作面板上的 手动 按钮,切换到手动状态,通过点击 ↑ 、↓ 、← 、→ 按钮,使刀具移动到可切削零件的大致位置,如图 10-48(a)所示。

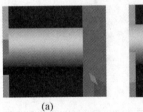

图 10-48　刀具移动位置示意图

点击操作面板上的 主轴正转 或 主轴反转 按钮,控制主轴的转动。

点击 键盘 ,打开系统操作面板,如图 10-44(b)所示。

"刀长补正"方式设置工件坐标系。

● X 方向对刀

点击 TOOL PARAM ,此时 CRT 显示界面如图 10-49 所示。

点击 ← 按钮,用所选刀具沿 Z 方向试切工件外圆,如图 10-48(b)所示。

点击 → 按钮,将刀具沿 Z 方向退至工件外部,点击操作面板上的 主轴停 ,使主轴停止转动,如图 10-48(c)所示。

依次点击菜单中的"测量/剖面图测量",点击刀具试切外圆时所切线段(选中的线段由红色变为黄色)。记下下面对话框中对应的 X 的值,记为 X2;在 CRT 上的 #（ ）里输入 1 后,再点击键盘上的 X(此时文字 X 被反白显示),然后输入测量所得到的 X2 的值;点击软键 INPUT CALC ,系统将自动计算,并将计算结果记录在 X 偏置栏中。

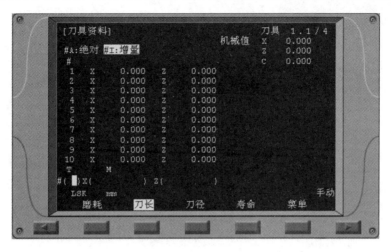

图 10-49 CRT 显示界面

● Z 方向对刀

通过点击按钮 ↑ ↓ ← → ，将刀具移动到如图 10-50 所示的位置，点击操作面板上的按钮 主轴正转 或 主轴反转，控制主轴的转动。

点击按钮 ↓ ，沿 X 方向试切工件端面，如图 10-51 所示。然后点击 ↑ ，沿 X 方向将刀具退出到工件外部，点击操作面板上的按钮 主轴停，使主轴停止转动。

图 10-50   图 10-51

在 # [ ] 里输入 1 后，再点击键盘上的 Z（此时文字 Z 被反白显示），然后输入 0，点击 INPUT CALC，系统将自动计算，并将计算结果记录在 Z 偏置栏中。

② 多把刀具对刀。

第一把刀的对刀方法请参考①中所述操作，其他刀具按照如下的步骤进行对刀（以 2 号刀为例）。

注：工件坐标系的零点被设在工件右侧端面的中心点。

（a）首先进行换刀操作，将 2 号刀切换为当前刀具。

（b）进行多把刀对刀时，从第二把刀开始都是以所对的第一把刀为基准来进行对刀的，因此，以对 2 号刀为例，把 2 号刀的左上刀尖与毛坯的右下端点相重合时来进行对刀，当此两点重合后在刀长菜单栏中进行对刀操作，所输入的 X 和 Z 的值与对第一把刀时的相同。

③ 换刀。

在操作面板上点击 MDI 进入 MDI 模式，点击 键盘 打开系统面板，再点击 EDIT MDI，此时显示界面如图 10-52 所示。

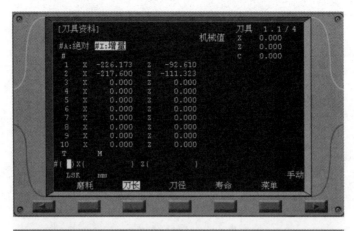

图 10-52 显示界面

此时,通过系统面板在上图所示界面中输入换刀指令"Txxnn"(xx 表示刀具号码,nn 表示刀补号码,例如输入"T0101"),然后点击 ^{INPUT}_{CALC} 输入,再点击"循环启动"按钮 ▓,运行 MDI 程序。

执行完毕后,xx 号刀被换到当前刀位。例如执行"T0101"指令,则 1 号刀被换到当前刀位上。

(5) 自动加工。

① 自动/连续方式。

● 自动加工流程

(a) 检查机床是否回参考点。若未回参考点,先将机床回参考点。

(b) 使用程序控制机床运行,已经选择好的运行程序参考选择待执行的程序。

(c) 按下控制面板上的自动方式按钮 ▓,若显示当前界面为查看机能区,则系统显示出如图 10-36 所示的界面。否则点击按钮 ▓,进入到查看机能界面。

(d) 呼出要加工的程序。点击软键 ▓,此时 CRT 显示如图 10-53 所示。在 ▓ 中输入程序编号,在 ▓ 中输入顺序编号和单节编号,点击 ^{INPUT}_{CALC},待加工的程序即被呼出。

(e) 点击循环启动按钮 ▓,开始执行程序。

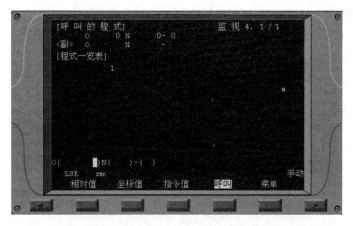

图 10-53 CRT 显示界面

（f）程序执行完毕。按复位键 RESET 中断加工程序,再按启动键则从头开始。

● 中断运行

数控程序在运行过程中可根据需要暂停、停止、急停和重新运行。

数控程序在运行过程中,点击"进给保持"按钮 ,程序暂停运行,机床保持暂停运行时的状态。再次点击"循环启动"按钮 ,程序从暂停运行开始继续运行。

数控程序在运行过程中,点击"复位"按钮 RESET ,程序停止运行,机床停止;再次点击"循环启动"按钮 ,程序从头开始继续运行。

数控程序在运行过程中,按"急停"按钮 ,数控程序中断运行;继续运行时,先将急停按钮松开,再点击"循环启动"按钮 ,数控程序则从头行开始执行。

② 自动/单段方式。

（a）检查机床是否回参考点。若未回参考点,先将机床回参考点。

（b）选择一个供自动加工的数控程序。

（c）点击操作面板上的按钮 自动 ,使其指示灯变亮,机床进入自动加工模式。

（d）点击操作面板上的按钮 单段 ,使其指示灯变亮,机床进入单段执行模式。

（e）每点击一次"循环启动"按钮 ,数控程序执行一行,可以通过主轴倍率按钮 主轴增速 / 主轴降速 和进给倍率旋钮 来调节主轴旋转的速度和移动的速度。

注:数控程序执行后,想回到程序开头,可点击操作面板上的"复位"按钮 RESET 。

（6）机床操作的一些其他功能。

① 手轮。

在手动/连续加工或在对刀,需精确调节机床时,可用手动脉冲方式调节机床。

点击 手动 进入手动方式,点击 ×1 F0 / ×10 25% / ×100 50% 设置手轮进给速率,其中×1 为 0.001 mm,×10 为 0.01 mm,×100 为 0.1 mm。

用软键 手轮X 或 手轮Z 可以选择当前需要用手轮操作的轴。

在操作面板的右下方,鼠标对准手轮,点击鼠标左键或右键,精确控制机床的移动。

② MDI 方式。

(a) 按下控制面板上的 MDI 按钮,机床切换到 MDI 运行方式,再点击系统面板上的 EDIT MDI 按钮,则显示界面上显示出如图 10-54 所示,图中右上角显示当前操作模式"MDI"。

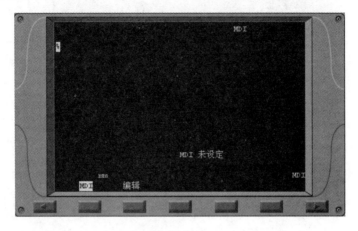

图 10-54

(b) 用系统面板输入指令。

(c) 输入完一段程序后,点击 INPUT CALC ,光标自动定位到程序头,并有"MDI 设定完成"显示,如图 10-55 所示,点击操作面板上的"循环启动"按钮,运行程序。程序执行完自动结束,或按停止按键中止程序运行。

注:在程序启动后不可以再对程序进行编辑,只在"停止"和"复位"状态下才能编辑。

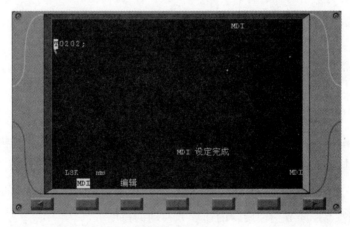

图 10-55

(7) 数控程序处理。

数控程序可以通过记事本或写字板等编缉软件输入并保存为文本格式文件,也可直接用 DASEN3I 系统内部的编辑器直接输入程序。

① 新建一个数控程序。

(a) 在系统面板上按下按钮 EDIT MDI ,进入程序编辑机能区,再点击 CRT 下方的软键,程序编辑界面如图 10-56 所示。

点击"程序"按钮,则界面如图 10-57 所示。

(b) 在 O( ) 里输入程序编号,在 注解( ) 里可输入程序的注释。

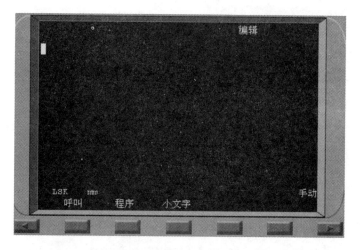

图 10-56

图 10-57

（c）点击 INPUT CALC ，生成新程序文件，并进入到编辑界面，如图 10-58 所示。

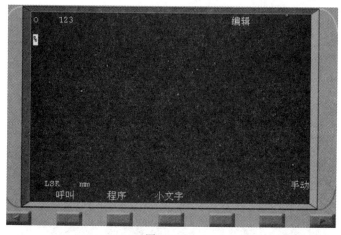

图 10-58

（d）其他说明：软键 ■用于呼出已有程序调到编辑状态，软键 ■用于切换画面的字体显示，"大字体"时每行显示 40 个字符，"小字体"时每行显示 80 个字符。

② 数控程序传送。

● 输入程序

先利用记事本或写字板方式编辑好加工程序并保存为文本文件格式。

打开 键盘 ，按下 DIAGN IN/OUT ，进入诊断/输入输出管理界面。

点击软键 ，在 #（ ）里输入 1(表示加工程序)，在资料（ ）里输入程序编号。

在菜单栏中选择"机床/DNC 传送"或快捷按钮 ，弹出对话框，选择事先编辑好的程序，点击 INPUT CALC ，此程序将被自动复制进数控系统。

● 输出程序

打开键盘，按下 DIAGN IN/OUT ，进入输入/输出管理界面。

点击软键 ，在 #（ ）里输入 1(表示加工程序)，在资料（ ）里输入程序编号。

点击 INPUT CALC ，弹出保存对话框，显示如图 10-59 所示的对话框。

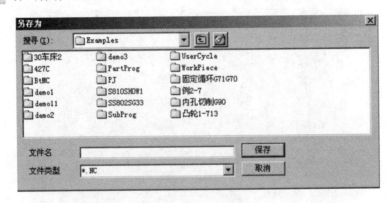

图 10-59

选择好需要保存的路径，输入文件名，按保存键保存。

③ 选择待执行的程序。

(a) 在系统面板上按"查看机能"按钮 MON-ITOR ，CTR 将进入如图 10-60 所示的界面。用鼠标点击软键 。在 O（ ）N（ ）-（ ）里输入呼叫要加工的程序号、顺序号、单节号。点击 INPUT CALC ，呼叫的程序将被作为运行程序，在 CRT 中的左下部将显示此程序的名称，如图 10-61 所示。

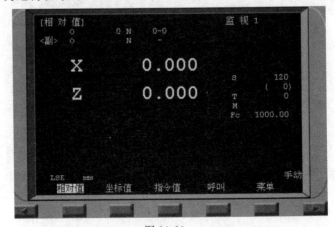

图 10-60

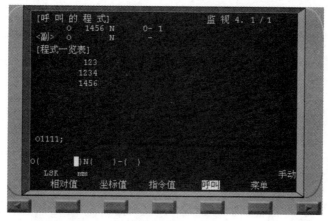

图 10-61

（b）按其他软键（如 或 等），切换到其他界面。

④ 删除程序。

（a）点击 进入到诊断/输入输出区域，CRT 界面如图 10-62 所示。

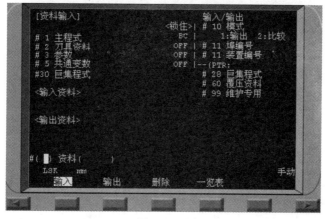

图 10-62

（b）用鼠标点击软键 ，在 #（　　）里输入 1（表示程序），在 资料（　　　　　　　）里输入要删除的程序编号。

（c）点击 **INPUT CALC**，系统出现如图 10-63 所示的"删除完成"字样界面。

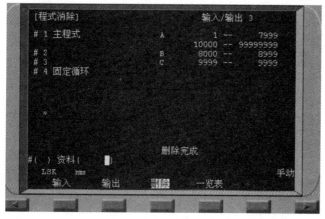

图 10-63

● 编辑程序

(a) 在系统面板上按下 <kbd>EDIT MDI</kbd>,进入程序编辑机能区域,再点击 CRT 下方的软键▆,再点击软键▆,在 O(　　) 里输入要呼出编辑的程序编号,点击 <kbd>INPUT CALC</kbd>,要编辑的程序即被呼出。

(b) 修改后,点击 <kbd>INPUT CALC</kbd>,修改后的程序即被存储。

(c) 修改程序如果是当前正在加工的程序,加工程序随即自动变为修改后的程序。

● 搜索程序顺序号

(a) 在当前的程序编辑界面,点击软键▆,在 O(　　) 里输入当前编辑的程序编号,在 N(　　) 里输入程序顺序号,在 -(　) 里输入单节字符号。

(b) 点击 <kbd>INPUT CALC</kbd>,系统将自动找到所输入的顺序号,并把光标停在第一个字符上,如图 10-64 所示。若顺序号相同,则系统会把光标停到第一处。

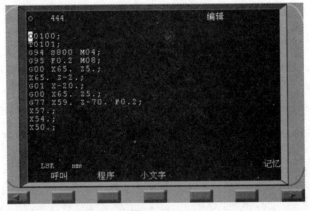

图 10-64

⑤ 检查运行轨迹。

通过线框图模拟出刀具的运行轨迹。

前置条件:当前为自动运行方式且已经选择了待加工的程序。

(a) 点击按钮 <kbd>自动</kbd>,在系统面板上,点击按钮 <kbd>SFG</kbd>,系统进入如图 10-64 所示界面。

(b) 按"循环启动"按钮▆开始模拟执行程序。执行后,则可看到加工的轨迹并可以通过工具栏上的 🔍🔍🔍✛🔄▢▢▢▢ 来调整观看的角度及画面的大小,结果如图 10-65 所示。

图 10-65

10.8.2　数控铣床的加工仿真

1）选择机床类型

打开菜单"机床/选择机床…"，在选择机床对话框中选择控制系统类型和相应的机床并按确定按钮，此时界面如图 10-66 所示。

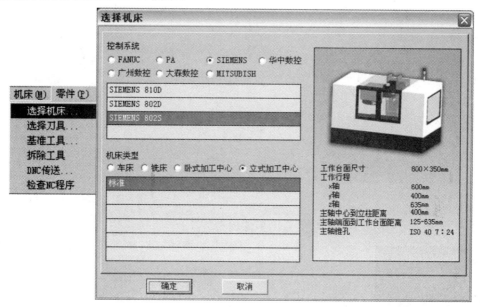

图 10-66

2）工件的定义和使用

（1）定义毛坯。

打开菜单"零件/定义毛坯"或在工具条上选择"<image-tool>"，系统打开如图 10-67 所示的对话框。

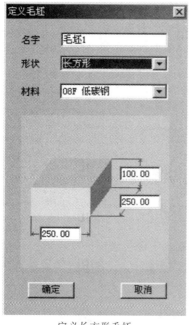

定义长方形毛坯

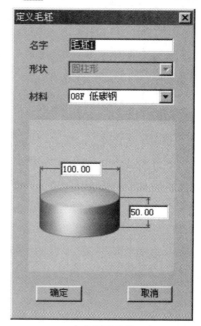

定义圆形毛坯

图 10-67　定义毛坯

● 名字输入。

在毛坯名字输入框内输入毛坯名,也可使用缺省值。

● 选择毛坯形状。

铣床、加工中心有两种形状的毛坯供选择:长方形毛坯和圆柱形毛坯。可以在"形状"下拉列表中选择毛坯形状。

车床仅提供圆柱形毛坯。

● 选择毛坯材料。

毛坯材料列表框中提供了多种供加工的毛坯材料,可根据需要在"材料"下拉列表中选择毛坯材料。

● 参数输入。

尺寸输入框用于输入尺寸,单位:mm。

● 保存退出。

按"确定"按钮,保存定义的毛坯并且退出本操作。

● 取消退出。

按"取消"按钮,退出本操作。

图 10-68

(2) 导出零件模型。

导出零件模型相当的功能是把经过部分加工的零件作为成形毛坯予以单独保存。如图 10-68 所示,此毛坯已经过部分加工,称为零件模型。可通过导出零件模型功能予以保存。

打开菜单"文件/导出零件模型",系统弹出"另存为"对话框,在对话框中输入文件名,按保存按钮,此零件模型即被保存。可在以后需要时被调用。文件的后缀名为"prt",请不要更改后缀名。

(3) 导入零件模型。

机床在加工零件时,除了可以使用原始定义的毛坯,还可以对经过部分加工的毛坯进行再加工,这个毛坯被称为零件模型,可以通过导入零件模型的功能调用零件模型。

打开菜单"文件/导入零件模型",若已通过导出零件模型功能保存过成形毛坯,则系统将弹出"打开"对话框,在此对话框中选择并且打开所需的后缀名为"PRT"的零件文件,则选中的零件模型被放置在工作台面上。

(4) 使用夹具。

打开菜单"零件/安装夹具"命令或者在工具条上选择图标，打开操作对话框。

首先在"选择零件"列表框中选择毛坯。然后在"选择夹具"列表框中选择夹具,长方体零件可以使用工艺板或者平口钳,圆柱形零件可以选择工艺板或者卡盘,如图 10-69 所示。

"夹具尺寸"输入框显示的是系统提供的尺寸,用户可以修改工艺板的尺寸。

各个方向的"移动"按钮供操作者调整毛坯在夹具上的位置。

车床没有这一步操作,铣床和加工中心也可以不使用夹具,让工件直接放在机床台面上。

(5) 放置零件。

打开菜单"零件/放置零件"命令或者在工具条上选择图标，系统弹出操作对话框,如图 10-70 所示。

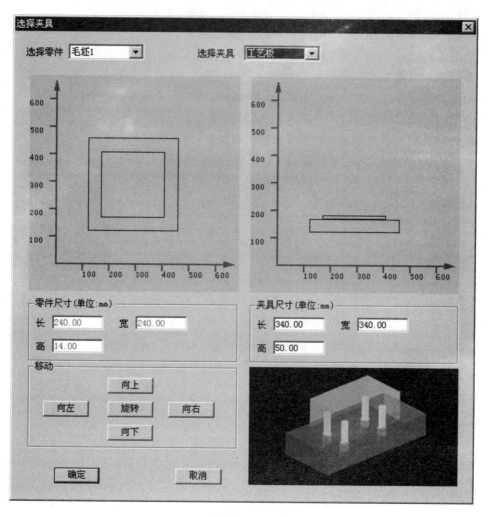

图 10-69

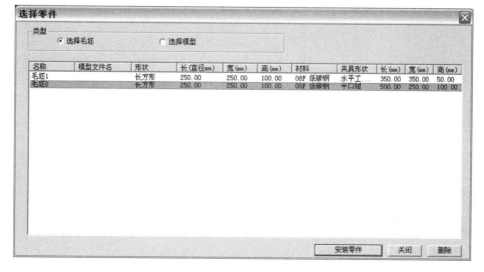

图 10-70 "选择零件"对话框

在列表中点击所需的零件,选中的零件信息加亮显示,按下"安装零件"按钮,系统自动关闭对话框,零件和夹具(如果已经选择了夹具)将被放到机床上。对于卧式加工中心还可以在上述对话框中选择是否使用角尺板。如果选择了使用角尺板,那么在放置零件时,角尺板会同时出现在机床台面上。

如果进行过"导入零件模型"的操作,对话框的零件列表中会显示模型文件名,若在类型列表中选择"选择模型",则可以选择导入零件模型文件,如图 10-71 所示。选择的零件模型即经过部分加工的成形毛坯被放置在机床台面上或卡盘上,如图 10-72 所示。

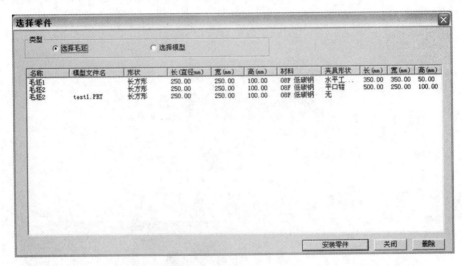

图 10-71

(6) 调整零件位置。

零件可以在工作台面上移动。毛坯放上工作台后,系统将自动弹出一个小键盘(铣床、加工中心见图 10-73,车床见图 10-74),通过按动小键盘上的方向按钮,实现零件的平移和旋转或车床零件调头。小键盘上的"退出"按钮用于关闭小键盘。选择菜单"零件/移动零件"也可以打开小键盘。请在执行其他操作前关闭小键盘。

图 10-72

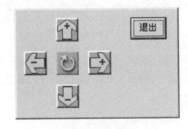

图 10-73

图 10-74

(7) 使用压板。

当使用工艺板或者不使用夹具时,可以使用压板。

● 安装压板。

打开菜单"零件/安装压板"。系统打开"选择压板"对话框,如图 10-75 所示。

对话框中列出各种安装方案,可以拉动滚动条浏览全部许可的方案。然后选择所需要的安装方案,按下"确定"按钮,压板将出现在台面上。

在"压板尺寸"中可更改压板长、高、宽。范围:长 30～100;高 10～20;宽 10～50。

● 移动压板

打开菜单"零件/移动压板"。系统弹出小键盘,操作者可以根据需要平移压板(但是不能旋转压板)。首先用鼠标选择需移动的压板,被选中的压板变成灰色;然后按动小键盘中的方向按钮操纵压板移动,如图 10-76 所示。

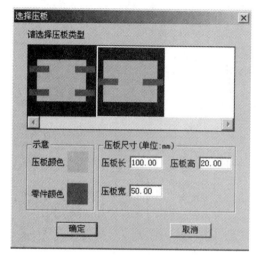

图 10-75

图 10-76　拆除压板

选择菜单"零件/拆除压板",将拆除全部压板。

3）选择刀具

打开菜单"机床/选择刀具"或者在工具条中选择"〔图〕",系统弹出刀具选择对话框。

加工中心和数控铣床选刀步骤如下所示。

（1）按条件列出工具清单。

筛选的条件是直径和类型。

在"所需刀具直径"输入框内输入直径,如果不把直径作为筛选条件,请输入数字"0"。

在"所需刀具类型"选择列表中选择刀具类型。可供选择的刀具类型有平底刀,平底带 R 刀,球头刀,钻头,镗刀等。

按下"确定",符合条件的刀具在"可选刀具"列表中显示。

（2）指定刀位号。

对话框的下半部中的序号就是刀库中的刀位号,如图 10-77 所示。卧式加工中心允许同时选择 20 把刀具;立式加工中心允许同时选择 24 把刀具。对于铣床,对话框中只有 1 号刀位可以使用。用鼠标点击"已经选择刀具"列表中的序号制定刀位号。

（3）选择需要的刀具。

指定刀位号后,再用鼠标点击"可选刀具"列表中的所需刀具,选中的刀具对应显示在"已经选择刀具"列表中选中的刀位号所在行。

（4）输入刀柄参数。

操作者可以按需要输入刀柄参数。参数有直径和长度两个。总长度是刀柄长度与刀具长度之和。

（5）删除当前刀具。

按"删除当前刀具"键可删除此时"已选择的刀具"列表中光标所在行的刀具。

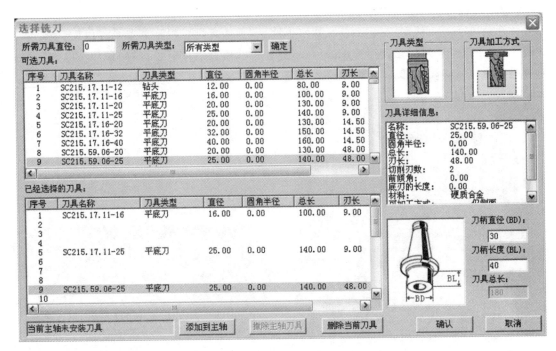

图 10-77　加工中心指定刀位号

（6）确认选刀。

选择完全部刀具,按"确认"键完成选刀操作。或者按"取消"键退出选刀操作。

加工中心的刀具在刀库中,如果在选择刀具的操作中同时要指定某把刀安装到主轴上,可以先用光标选中,然后点击"添加到主轴"按钮。铣床的刀具自动装到主轴上。

4）数控铣床操作面板按钮说明（见表 10-6）

表 10-6　数控铣床操作面板按钮说明

按　　钮	名　　称	功 能 说 明
	自动运行	此按钮被按下后,系统进入自动加工模式
	编辑	此按钮被按下后,系统进入程序编辑状态
	MDI	此按钮被按下后,系统进入 MDI 模式,手动输入并执行指令
	远程执行	此按钮被按下后,系统进入远程执行模式即（DNC 模式）,输入或输出资料
	单节	此按钮被按下后,运行程序时每次执行一条数控指令
	单节忽略	此按钮被按下后,数控程序中的注释符号"/"有效
	选择性停止	此按钮被按下后,"M01"代码有效
	机械锁定	锁定机床

续表

按　　钮	名　　称	功 能 说 明
	试运行	空运行
	进给保持	程序运行暂停;在程序运行过程中,按下此按钮运行暂停。按"循环启动" ▢ 恢复运行
	循环启动	程序运行开始;系统处于"自动运行"或"MDI"位置时按下有效,其余模式下使用无效
	循环停止	程序运行停止;在数控程序运行中,按下此按钮停止程序运行
	回原点	机床处于回零模式;机床必须首先执行回零操作,然后才可以运行
	手动	机床处于手动模式,连续移动
	手动脉冲	机床处于手轮控制模式
	手动脉冲	机床处于手轮控制模式
	X 轴选择按钮	手动状态下 X 轴选择按钮
	Y 轴选择按钮	手动状态下 Y 轴选择按钮
	Z 轴选择按钮	手动状态下 Z 轴选择按钮
	正向移动按钮	手动状态下,点击该按钮系统将向所选轴正向移动。在回零状态时,点击该按钮将所选轴回零
	负向移动按钮	手动状态下,点击该按钮系统将向所选轴负向移动
	快速按钮	点击该按钮将进入手动快速状态
	主轴控制按钮	依次为主轴正转、主轴停止、主轴反转
	启动	系统启动
	停止	系统停止
	超程释放	系统超程释放
	主轴倍率选择旋钮	将光标移至此旋钮上后,通过点击鼠标的左键或右键来调节主轴旋转倍率
	进给倍率	调节运行时的进给速度倍率
	急停按钮	按下急停按钮,使机床移动立即停止,并且所有的输出如主轴的转动等都会关闭

续表

按　　钮	名　　称	功 能 说 明
![手轮显示按钮]	手轮显示按钮	按下此按钮,则可以显示出手轮
![手轮面板]	手轮面板	点击 H 按钮,将显示手轮面板,点击手轮面板右下角的 H 按钮手轮面板将被隐藏
![手轮轴选择旋钮]	手轮轴选择旋钮	手轮状态下,将光标移至此旋钮上后,通过点击鼠标的左键或右键来选择进给轴
![手轮进给倍率旋钮]	手轮进给倍率旋钮	手轮状态下,将光标移至此旋钮上后,通过点击鼠标的左键或右键来调节点动/手轮步长。X1、X10、X100 分别代表移动量为 0.001 mm、0.01 mm、0.1 mm
![手轮]	手轮	将光标移至此旋钮上后,通过点击鼠标的左键或右键来转动手轮

5) 机床准备

(1) 激活机床。

点击"启动"按钮 ![启动] ,此时机床电机和伺服控制的指示灯 ![机床电机 伺服控制] 变亮。

检查"急停"按钮是否松开至 ![急停] 状态,若未松开,点击"急停"按钮 ![急停] ,将其松开。

(2) 机床回参考点。

检查操作面板上回原点指示灯 ![回原点] 是否亮,若指示灯亮,则已进入回原点模式;若指示灯不亮,则点击"回原点"按钮 ![回原点] ,转入回原点模式。

图 10-78　CRT 界面

在回原点模式下,先将 X 轴回原点,点击操作面板上的"X 轴选择"按钮 ![X] ,使 X 轴方向移动指示灯 ![x] 变亮,点击 ![+] ,此时 X 轴将回原点,X 轴回原点灯 ![X原点灯] 变亮,CRT 上的 X 坐标变为"0.000"。同样,再分别点击 Y 轴、Z 轴方向按钮 ![Y] 、![Z] ,使指示灯变亮,点击 ![+] ,此时 Y 轴、Z 轴将回原点,Y 轴、Z 轴回原点灯 ![X原点灯 Y原点灯 Z原点灯] 变亮。此时 CRT 界面如图 10-78 所示。

6) 对刀

数控程序一般按工件坐标系编程,对刀的过程就是建立工件坐标系与机床坐标系之间关系的过程。

下面将具体说明铣床和卧式加工中心对刀的方法。铣床和卧式加工中心将工件上表面中心点设为工件坐标系原点。

将工件上其他点设为工件坐标系与对刀方法类似。

一般铣床及加工中心在 X、Y 方向对刀时使用的基准工具包括刚性靠棒和寻边器两种。

(1) 刚性靠棒 X,Y 轴对刀。

刚性靠棒采用检查塞尺松紧的方式对刀,具体过程如下:我们采用将零件放置在基准工具的左侧(正面视图)的方式。

点击菜单"机床/基准工具...",弹出的基准工具对话框中,左边的是刚性靠棒基准工具,右边的是寻边器,如图 10-79 所示。

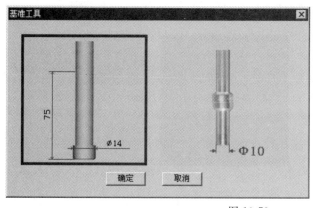
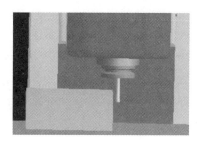

图 10-79

X 轴方向对刀的操作步骤如下。

点击操作面板中的"手动"按钮，手动状态灯亮，进入"手动"方式。

点击 MDI 键盘上的，使 CRT 界面上显示坐标值；借助"视图"菜单中的动态旋转、动态放缩、动态平移等工具，适当点击 X，Y，Z 按钮和 +，- 按钮，将机床移动到合适位置。

移动到大致位置后，可以采用手轮调节方式移动机床，点击菜单"塞尺检查/1 mm"，基准工具和零件之间被插入塞尺。

点击操作面板上的"手动脉冲"按钮或，使手动脉冲指示灯变亮，采用手动脉冲方式精确移动机床，点击显示手轮，将手轮对应轴旋钮置于 X 挡，调节手轮进给速度旋钮，在手轮上点击鼠标左键或右键精确移动靠棒。使得提示信息对话框显示"塞尺检查的结果：合适"，如图 10-80 所示。

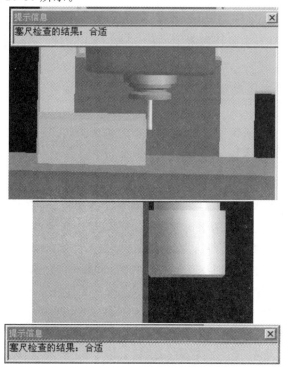

图 10-80

记下塞尺检查结果为"合适"时 CRT 界面中的 X 坐标值,此为基准工具中心的 X 坐标,记为 X_1;将定义毛坯数据时设定的零件的长度记为 X_2;将塞尺厚度记为 X_3;将基准工件直径记为 X_4(可在选择基准工具时读出)。

工件上表面中心的 X 的坐标为基准工具中心的 X 的坐标减去零件长度的一半减去塞尺厚度减去基准工具半径,记为 X。

Y 方向对刀采用同样的方法可得到工件中心的 Y 坐标,记为 Y。

完成 X,Y 方向对刀后,点击菜单"塞尺检查/收回塞尺"将塞尺收回,点击"手动"按钮 [图],手动灯 [图] 亮,机床转入手动操作状态,点击按钮 [Z] 和 [+],将 Z 轴提起,再点击菜单"机床/拆除工具"拆除基准工具。

注:塞尺有各种不同尺寸,可以根据需要调用。本系统提供的塞尺尺寸有 0.05 mm,0.1 mm,0.2 mm,1 mm,2 mm,3 mm,100 mm(量块)。

(2)寻边器 X,Y 轴对刀。

寻边器有固定端和测量端两部分组成。固定端由刀具夹头夹持在机床主轴上,中心线与主轴轴线重合。在测量时,主轴以 400 r/mm 旋转。通过手动方式,使寻边器向工件基准面移动靠近,让测量端接触基准面。在测量端未接触工件时,固定端与测量端的中心线不重合,两者呈偏心状态。当测量端与工件接触后,偏心距减小,这时使用点动方式或手轮方式微调进给,寻边器继续向工件移动,偏心距逐渐减小。当测量端和固定端的中心线重合的瞬间,测量端会明显偏出,出现明显的偏心状态。这是主轴中心位置距离工件基准面的距离等于测量端的半径。

X 轴方向对刀的操作步骤如下。

点击操作面板中的"手动"按钮 [图],手动灯 [图] 亮,系统进入"手动"方式。

点击 MDI 键盘上的 [POS] 使显示器界面显示坐标值;借助"视图"菜单中的动态旋转、动态放缩、动态平移等工具,适当点击操作面板上的按钮 [X],[Y],[Z] 和 [+],[−],将机床移动到适当的位置。

在手动状态下,点击操作面板上的按钮 [图] 或 [图],使主轴转动。未与工件接触时,寻边器测量端大幅度晃动。

移动到大致位置后,可采用手动脉冲方式移动机床,点击操作面板上的"手动脉冲"按钮 [图] 或 [图],使手动脉冲指示灯 [图] 变亮,采用手动脉冲方式精确移动机床,点击 [H] 显示手轮控制面板 [图],将手轮对应轴旋钮 [图] 置于 X 挡,调节手轮进给速度旋钮 [图],在手轮 [图] 上点击鼠标左键或右键精确移动寻边器。寻边器测量端晃动幅度逐渐减小,直至固定端与测量端的中心线重合,如图 10-81 所示,若此时用增量或手轮方式以最小脉冲当量进给,寻边器的测量端突然大幅度偏移,如图 10-82 所示。即认为此时寻边器与工件恰好吻合。

记下寻边器与工件恰好吻合时 CRT 界面中的 X 坐标,此为基准工具中心的 X 坐标,记为 X_1;将定义毛坯数据时设定的零件的长度记为 X_2;将基准工件直径记为 X_3(可在选择基准工具时读出)。

则工件上表面中心的 X 的坐标为基准工具中心的 X 的坐标减去零件长度的一半减去基准工具半径,记为 X。

Y 方向对刀采用同样的方法可得到工件中心的 Y 坐标,记为 Y。

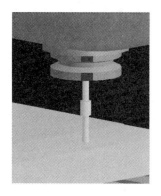

图 10-81　　　　　　　　　　　　　　　图 10-82

完成 X,Y 方向对刀后,点击按钮 $\boxed{Z}$ 和 $\boxed{+}$,将 Z 轴提起,停止主轴转动,再点击菜单"机床/拆除工具"拆除基准工具。

(3) 塞尺法 Z 轴对刀。

铣床 Z 轴对刀时采用实际加工时所要使用的刀具。

点击菜单"机床/选择刀具"或点击工具条上的小图标 ,选择所需刀具。

装好刀具后,点击操作面板中的"手动"按钮 ,手动状态指示灯 亮,系统进入"手动"方式。

利用操作面板上的按钮 $\boxed{X}$,$\boxed{Y}$,$\boxed{Z}$ 和 $\boxed{+}$,$\boxed{-}$,将机床移到如图 10-83 所示的大致位置。

类似在 X,Y 方向对刀的方法进行塞尺检查,得到"塞尺检查的结果:合适"时 Z 的坐标值,记为 Z_1,如图 10-84 所示。则坐标值为 Z_1 减去塞尺厚度后数值为 Z 坐标原点,此时工件坐标系在工件上表面。

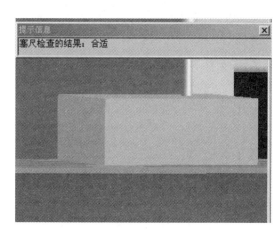

图 10-83　　　　　　　　　　　　　　　图 10-84

(4) 试切法 Z 轴对刀。

点击菜单"机床/选择刀具"或点击工具条上的小图标 ,选择所需刀具。

装好刀具后,利用操作面板上的按钮 $\boxed{X}$,$\boxed{Y}$,$\boxed{Z}$ 和 $\boxed{+}$,$\boxed{-}$,将机床移到适当的位置。

打开菜单"视图/选项…"中"声音开"和"铁屑开"选项。

点击操作面板上按钮 或 使主轴转动;点击操作面板上的按钮 $\boxed{Z}$ 和 $\boxed{-}$,切削零件的声音刚响起时就停止,使铣刀将零件切削小部分,记下此时 Z 的坐标值,记为 Z,此为工件表面一点处 Z 的坐标值。

通过对刀得到的坐标值 (X,Y,Z) 即为工件坐标系原点在机床坐标系中的坐标值。

7) 手动操作

(1) 手动/连续方式。

点击操作面板上的"手动"按钮▦,使其指示灯▦亮,机床进入手动模式。

分别点击按钮 X , Y , Z ,选择移动的坐标轴。

分别点击按钮 + , − ,控制机床的移动方向。

点击▥ ▥ ▥控制主轴的转动和停止。

注:刀具切削零件时,主轴需转动。加工过程中刀具与零件发生非正常碰撞后(非正常碰撞包括车刀的刀柄与零件发生碰撞;铣刀与夹具发生碰撞等),系统弹出警告对话框,同时主轴自动停止转动,调整到适当位置,继续加工时需再次点击按钮▥ ▥ ▥,使主轴重新转动。

(2) 手动脉冲方式。

在手动/连续方式,需精确调节机床时,可用手动脉冲方式调节机床。

点击操作面板上的"手动脉冲"按钮▦或◉,使指示灯◉变亮。

点击按钮H,显示手轮◉。

鼠标对准"轴选择"旋钮◉,点击左键或右键,选择坐标轴。

鼠标对准"手轮进给速度"旋钮◉,点击左键或右键,选择合适的脉冲当量。

鼠标对准手轮◉,点击左键或右键,精确控制机床的移动。

点击▥ ▥ ▥控制主轴的转动和停止。

点击H,可隐藏手轮。

8) 自动加工方式

(1) 自动/连续方式。

● 自动加工流程。

检查机床是否回零,若未回零,则先将机床回零。

导入数控程序或自行编写一段程序。

点击操作面板上的"自动运行"按钮▣,使其指示灯▣变亮。

点击操作面板上的"循环启动"按钮Ⅰ,程序开始执行。

● 中断运行。

数控程序在运行过程中可根据需要暂停、停止、急停和重新运行。

数控程序在运行时,按"进给保持"按钮◉,程序停止执行;再点击按钮Ⅰ,程序从暂停位置开始执行。

数控程序在运行时,按"循环停止"按钮◉,程序停止执行;再点击按钮Ⅰ,程序从开头重新执行。

数控程序在运行时,按下"急停"按钮◉,数控程序中断运行,继续运行时,先将急停按钮松开,再按按钮Ⅰ,余下的数控程序从中断行开始作为一个独立的程序执行。

（2）自动/单段方式。

检查机床是否机床回零。若未回零,则先将机床回零。

再导入数控程序或自行编写一段程序。

点击操作面板上的"自动运行"按钮 ⬛,使其指示灯变亮 ⬛。

点击操作面板上的"单节"按钮 ⬛。

点击操作面板上的"循环启动"按钮 ⬛,程序开始执行。

注:自动/单段方式执行每一行程序均需点击一次"循环启动"按钮 ⬛。

点击"单节跳过"按钮 ⬛,则程序运行时跳过符号"/"有效,该行成为注释行,不执行。

点击"选择性停止"按钮 ⬛,则程序中 M01 有效。

可以通过"主轴倍率"旋钮 ⬛ 和"进给倍率"旋钮 ⬛ 来调节主轴旋转的速度和移动的速度。

点击按钮 ⬛ 可将程序重置。

（3）检查运行轨迹。

NC 程序导入后,可检查运行轨迹。

点击操作面板上的"自动运行"按钮 ⬛,使其指示灯变亮 ⬛,转入自动加工模式,点击 MDI 键盘上的按钮 ⬛,点击数字/字母键,输入"Ox"(x 为所需要检查运行轨迹的数控程序号),按 ⬛ 开始搜索,找到后,程序显示在显示器界面上。点击按钮 ⬛,进入检查运行轨迹模式,点击操作面板上的"循环启动"按钮 ⬛,即可观察数控程序的运行轨迹,此时也可通过"视图"菜单中的动态旋转、动态放缩、动态平移等方式对三维运行轨迹进行全方位的动态观察。

10.9　数控机床安全操作规程

10.9.1　数控车床安全操作规程

（1）学生进入工程训练中心实习,必须经过安全文明生产和数控车床操作规程的学习。

（2）进入实训场地后,应服从安排,不得擅自启动或操作车床数控装置。

（3）按规定穿戴好劳动保护用品。不许穿高跟鞋、拖鞋进行实训,不允许戴手套和围巾进行操作,袖口要扎紧,女同学的长头发要扎好然后戴帽子。

（4）开机前,要检查车床电气控制系统是否正常,润滑系统是否畅通、油质是否良好,各操作手柄是否正确,工件、夹具及刀具是否已夹持牢固,检查冷却液是否充足,然后开慢车空转 3～5 min,检查各传动部件是否正常,确认无故障后,才可正常使用。

（5）程序输入完成后,必须经任课老师同意方可按步骤操作,未经任课老师许可,擅自操作或违章操作,造成事故者,按相关规定处分并赔偿相应损失。

（6）完成对刀后,要做模拟换刀试验,以防止正式操作时发生撞坏刀具、工件或设备等事故。

（7）在数控车削过程中,要选择好操作者的观察位置,不允许随意离开实训岗位,发现机床运转不正常时,应立即停车,向任课老师报告,待查明原因,排除故障,严禁设备带故障工作。

(8) 操作数控装置面板时,对各按键及开关的操作不得用力过猛,更不允许用扳手或其他工具进行操作。

(9) 在数控车削过程中,因观察加工过程的时间多于操作时间,所以一定要选择好操作者的观察位置,不允许随意离开实训岗位,以确保安全。

(10) 操作数控装置面板及操作数控机床时,严禁两人同时操作。

(11) 机床在通电状态时,操作者千万不要打开和接触机床上示有闪电符号的、装有强电装置的部位,以防被电击伤。

(12) 机床主轴在运转过程中,务必关上机床的防护门,关门时务必注意手的安全,避免造成伤害。

(13) 自动运行加工时,操作者应集中思想,左手手指应放在"急停"按键上,眼睛观察刀尖运动情况,右手控制修调开关,控制机床拖板运行速率,发现问题及时按下"急停"按键,以确保刀具和数控机床安全,防止各类事故发生。

(14) 机床运转过程中,不要清除切屑,要避免用手接触机床运动部件。

(15) 清除切屑时,要使用一定的工具,应当注意不要被切屑划破手脚。

(16) 要测量工件时,必须在机床停止状态下进行。

(17) 实训结束时,应切断机床电源或总电源,将刀具和工件从工作部位退出,清理安放好所使用的工、夹、量具,按规定保养、清扫机床,并搞好实训室的清洁卫生工作。

10.9.2 数控铣床安全操作规程

(1) 学生进入工程训练中心实习,必须经过安全文明生产和机床操作规程的学习。

(2) 按规定穿戴好劳动保护用品。不许穿高跟鞋、拖鞋进行实训,不允许戴手套和围巾进行操作,袖口要扎紧,女同学的长头发要扎好然后戴帽子。

(3) 操作前必须认真检查机床的技术状况,夹具、刀具及工件夹持必须良好,才能进行切削。如有异常情况应及时报告老师,以防止造成事故。

(4) 学生必须在老师指定的机床上操作,不得随意启动他人的机床,当一人在操作时,他人不得干扰以防造成事故。

(5) 切削前必须用图形卡模拟切削过程,确认无误,经老师同意后方可进行切削。

加工前必须关上机床的防护门。

(6) 加工过程中不允许擅自离开机床,如遇紧急情况应按红色"急停"按钮,经修正后方可再进行加工。

(7) 机床运转过程中,不要清除切屑,要避免用手接触机床运动部件。

(8) 清除切屑时,要使用一定的工具,应当注意不要被切屑划破手脚。

(9) 要测量工件时,必须在机床停止状态下进行。

(10) 加工完毕后必须进行机床的清洁和润滑保养工作。

(11) 必须注意开机和关机程序,文明操作。

(12) 工量具放置应符合安全文明规定。

(13) 工量具及设备损坏照价赔偿。

10.9.3 数控电火花线切割机床安全操作规程

(1) 学生进入工程训练中心实习,必须经过安全文明生产和机床操作规程的学习。

(2) 按规定穿戴好劳动保护用品。不许穿高跟鞋、拖鞋进行实训,不允许戴手套和围巾进行操作,袖口要扎紧,女同学的长头发要扎好然后戴帽子。

(3) 操作者必须熟悉线切割机床的操作技术,开机前应按设备润滑要求,对机床有关部位注油润滑。

(4) 操作者必须熟悉线切割加工工艺,恰当地选取加工参数,按规定操作顺序操作,防止造成断丝等故障。

(5) 用手摇柄操作储丝筒后,应及时将摇柄拔出,防止储丝筒转动时将摇柄甩出伤人。装卸钼丝时,注意防止钼丝扎手。换下来的废丝要放在规定的容器内,防止混入电路和走丝系统造成电气短路,触电和断丝等事故。注意防止因丝筒惯性造成断丝及传动件碰撞。为此,停机时,要在储丝筒刚换向后再尽快按下停止按钮。

(6) 正式加工工件之前,应确认工件位置已经安装正确,防止碰撞线架和因超程撞坏丝杠、螺母等传动部件。

(7) 机床附近不得放置易燃易爆物品,防止因工作液一时供应不足产生的放电火花引起事故。

(8) 定期检查机床各部位是否漏电,合上加工电源后,不可用手或手持导电工具同时接触床身与工件。以防触电。

(9) 禁止用湿手按开关或接触电器部分。一旦发生因电器短路造成火灾时,应首先切断电源,立即用合适灭火器灭火,不准用水灭火。

(10) 停机时,应首先停高频脉冲电源,后停工作液,并等储丝筒反向后再停走丝,工作结束后,关掉总电源,擦净工作台和夹具。

10.9.4 电火花成型机床安全操作规程

(1) 学生进入工程训练中心实习,必须经过安全文明生产和机床操作规程的学习。

(2) 按规定穿戴好劳动保护用品。不许穿高跟鞋、拖鞋进行实训,不允许戴手套和围巾进行操作,袖口要扎紧,女同学的长头发要扎好然后戴帽子。

(3) 机床通电后,应观察机床有无异常动作和异常声音等情况后,在确保无异常时,可以用手动状态进行主轴伺服控制系统的试验。

(4) 启动工作液系统将工作液注入槽中,使液面达到距槽顶边 50 mm 时为止,观察工作液槽是否有渗漏现象,以防止工作液渗进导轨及丝杠等重要工作部位。

(5) 为了保证安全,开机时严禁将脉冲电压中的高压电源连接在电极接板上。

(6) 严禁操作者站立在工作台面上进行其他工作,机床在工作时,操作人员严禁擅离岗位。

(7) 应避免工具及其他类硬的物品掉落在工作台面上。

(8) 应经常性地对机床加润滑油进行润滑,以确保使用寿命,机床边安放的灭火器等消防器材不得挪作他用。

(9) 工作完毕,按保养规定需要清理机床,切断电源,关闭风扇及照明灯,经仔细查看后方可离开。

复习思考题

1. 数控机床由哪几部分组成？数控装置有哪些功能？

2. 数控机床是如何分类的？

3. 数控电火花线切割机床的加工原理是什么？

4. 数控程序和程序段的格式是什么？包括哪几类指令代码？

5. 数控车床有几种对刀方法？数控铣床有几种对刀方法？

参 考 文 献

[1] 张福润,徐鸿本,刘延林.机械制造技术基础[M].2版.武汉:华中科技大学出版社,2000.

[2] 王平,叶晓苇.车削工艺技术[M].沈阳:辽宁科学技术出版社,2009.

[3] 朱荣锋,韩勇娜,李俊.车工项目训练教程[M].北京:高等教育出版社,2011.

[4] 王永国.金属加工刀具及其应用[M].北京:机械工业出版社,2011.

[5] 马建宏.车工基本技能[M].2版.北京:中国劳动社会保障出版社,2009.

[6] 郑文虎.典型工件车削[M].北京:机械工业出版社,2012.

[7] 叶琦.焊接技术[M].北京:化学工业出版社,2005.

[8] 钱建清.金属材料塑性成形指导教程[M].北京:冶金工业出版社,2012.

[9] 刘劲松.金属工艺基础与实践[M].北京:清华大学出版社,2007.

[10] 徐翠萍,赵树国,等.工程材料与成型工艺[M].北京:冶金工业出版社,2012.

[11] 夏巨谌.材料成形工艺[M].北京:机械工业出版社,2010.

[12] 汤酞则.材料成形技术基础[M].北京:清华大学出版社,2008.

[13] 李兵,曹少泳.金工实习[M].北京:北京理工大学出版社,2011.

[14] 谭英杰.金工实训教程[M].北京:国防工业出版社,2011.

[15] 刘云龙.焊工技能[M].北京:机械工业出版社,2007.

[16] 赵志业.金属塑性变形与轧制理论.北京:冶金工业出版社,2005.

[17] 于永宁.金属学原理[M].北京:冶金工业出版社,2013.

[18] 郭永环,姜银方.金工实习[M].北京:北京大学出版社,2006.

[19] 邵刚.金工实训[M].北京:电子工业出版社,2004.

[20] 康力,张义安.金工实训指导[M].北京:煤炭工业出版社,2007.

[21] 魏永涛,刘兴芝.金工实训教程[M].北京:清华出版社,2013.

[22] 朱华炳,田杰.工程训练简明教程[M].北京:机械工业出版社,2015.

[23] 刘元义.机械工程训练[M].北京:清华出版社,2013.